高等职业教育“十四五”规划教材

公差配合与测量技术

党威武　黄金荣　张涛　胡艳凯◎主编
李俊涛◎主审

中国石化出版社
·北京·

内 容 提 要

本书主要内容包括互换性基本概念、测量基础知识、尺寸公差与配合、几何公差与检测、表面粗糙度与检测、键联接的公差配合与检测、普通螺纹联接的公差配合与检测、圆锥的公差配合与检测、滚动轴承的公差配合与检测、齿轮的公差与检测等。本书针对装备制造业市场对技术技能人才的实际需求，兼顾应用型本、专科职业教育教学特点，针对重难点内容配有数字化教学资源，便于教师更好开展课堂教学和学生自学。

本书既可作为机电一体化技术、机械制造及自动化、数控技术、工业产品质量检测技术、工业机器人技术等智能制造产业和高端装备制造业的教学用书，亦可作为行企业培训教材和相关工程技术人员的参考用书。

图书在版编目(CIP)数据

公差配合与测量技术/党威武等主编. -- 北京 :
中国石化出版社，2024. 8(2025. 7 重印). -- (高等职业教育
“十四五”规划教材). -- ISBN 978 - 7 - 5114 - 7602 - 9

Ⅰ. TG801

中国国家版本馆 CIP 数据核字第 20241YE280 号

未经本社书面授权，本书任何部分不得被复制、抄袭，或者以任何形式或任何方式传播。版权所有，侵权必究。

中国石化出版社出版发行

地址:北京市东城区安定门外大街 58 号

邮编:100011　电话:(010)57512500

发行部电话:(010)57512575

http://www. sinopec-press. com

E-mail:press@ sinopec. com

宝蕾元仁浩(天津)印刷有限公司印刷

全国各地新华书店经销

*

787 毫米×1092 毫米 16 开本 14. 25 印张 340 千字

2024 年 8 月第 1 版　2025 年 7 月第 2 次印刷

定价: 46. 00 元

前　　言

装备制造业是我国实体经济的重要组成部分，是制造业的脊梁。党的二十大报告提出：装备制造业将承担起突破关键核心技术、打造自主可控产业体系的重要使命，成为推动经济社会高质量发展的强大引擎。国家“十四五”规划也明确指出：装备制造业将成为推动制造业向高端化、智能化、绿色化发展的重要力量。习近平总书记强调：发展新质生产力，关键靠“人”，特别是用好人才这个“第一资源”。装备制造业的新质生产力发展离不开具备公差配合与测量技术、质量控制技术等的高水平技能人才。

“公差配合与测量技术”是高等职业院校装备制造大类专业的重要技术基础课程。本书在总结吸收高等职业教育教学经验的基础上，依据装备制造相关专业培养目标，结合最新国家标准，遵守实用为本、够用为度、应用为主的原则进行了教学内容的编写，同时也是一本以优质教学资源库为支撑，配备丰富电子素材的立体化教材。全书共分 10 章，主要内容包括互换性基本概念、测量基础知识、尺寸公差与配合、几何公差与检测、表面粗糙度与检测、常用连接件的公差配合与检测、圆锥的公差配合与检测、滚动轴承的公差配合与检测、齿轮的公差与检测等，本书既可作为应用型本科和高等职业院校装备制造相关专业的教学用书，亦可作为行业企业培训教材和相关工程技术人员的参考资料。

参与本书编写的有陕西国防工业职业技术学院党威武（第 1 章、第 2 章、第 5 章、第 10 章，共计 111 千字）、黄金荣（第 4 章、第 6 章，共计 123 千字）、张涛（第 3 章、第 7 章，共计 70 千字）、胡艳凯（第 8 章、

第9章，共计36千字），本书由党威武统稿，由陕西国防工业职业技术学院李俊涛教授主审。编写过程中，晋西工业集团有限责任公司研究员级高级工程师尹建山、陕西柴油机重工有限公司高级工程师李兴等结合企业实际应用情况，共同为本书提出了契合职业教育发展规律的意见和建议；此外，本书也参考了一些相关国家标准及资料，在此一并表示衷心的感谢！

由于编者水平有限，加之时间仓促，书中不妥之处还望各位学者与读者谅解与指正。

编　者

2024年8月

目　录

第1章　绪论

课程性质和任务

1.1　课程简介

本课程是装备制造大类专业的一门必修的专业基础与技术基础课程，是后续学习专业核心课程的重要基础。课程内容主要包括公差配合与测量技术两部分，主要讲述机械制造中有关零件的尺寸公差、几何公差、表面粗糙度等技术要求，以及各种测量的理论知识与基本方法。本课程的理论性、实践性均较强，要求学习者具有一定的机械制图、生产实践等基础知识，学习过程中，应与专业课程知识、生产实际需要结合起来，加深知识理解，促进学习效果。

本课程的主要学习任务有：

(1)互换性、标准化、优先数系等基本概念；

(2)测量的概念、计量器具与测量方法、常用计量器具与维护保养、测量误差与数据处理；

(3)极限与配合的基本术语及定义、标准公差与基本偏差、极限与配合的选用、光滑尺寸检测；

(4)几何公差项目的含义、标注、选用、检测；

(5)表面粗糙度与检测，键联接、普通螺纹联接、圆锥、滚动轴承、齿轮的公差配合与检测。

通过本课程的学习，学生应具有精度分析与设计的基本能力，能根据零部件的功能定位，分析与设计合理的精度要求，以协调生产成本与质量要求之间的矛盾。同时，本课程的内容框架将为学生后续专业学习、学历深造、工作实际提供一定的知识与技术基础，力争助力学生未来发展。

1.2　互换性概述

互换性概念

1.2.1　互换性的概念

互换性是指同一规格的一批零部件中，任取其中一件，不需经任何挑选、调整或辅助加工，就能装配到机器上，并能满足其使用性能要求的一种特性。在现代企业生产和实际生活中，互换性现象较为普遍，如汽车、电脑、手机中零部件出现磨损甚至损坏时，可以通过更换同规格的恢复其使用功能，极大了满足人们的生产生活需要。互换性也是现代企业产品设计、制造、应用的重要原则。

1.2.2 互换性的分类

互换性的分类方法众多，按其互换程度一般可分为完全互换和不完全互换。

完全互换是指零件在装配或更换时，不需挑选、调整或辅助加工，而直接进行的零件之间互换，且互换后能满足预定或设计的使用性能。不完全互换是指在零件装配或更换时，允许有附加选择或分组。如装配精度要求较高时，为了避免因零件制造精度要求较高而造成的加工困难，生产上将零件的制造公差适当增大，也就是按照加工完后零件的实际尺寸进行分组，装配时，按照大孔配大轴、小孔配小轴的基本原则，进行对应组之间的装配，这样既保证了装配精度，又降低了生产成本，这种由于分组仅限组内进行的互换称为不完全互换，也叫分组互换。

1.2.3 互换性的作用

设计方面，零件具有互换性，可以最大限度采用标准件、通用件，减少设计(绘图和计算)工作量，缩短设计周期，同时可形成标准化、规范化设计流程，优化设计，提高效率。

制造方面，零件具有互换性，有利于形成加工过程自动化、生产过程协作化。如零件加工过程中采用标准的夹具、刀具、量具及专用设备，组织专业的自动化生产线。生产过程协作化是指按照互换性原则组织生产、分工协作。这些都有利于提升产品质量，提高生产效率，降低生产成本，对现代装备制造业和高端产业发展具有重要的作用。

使用方面，零件具有互换性，在机器零件出现磨损或损坏时，可以及时更换、维修，保证机器连续运转，提高使用价值。如汽车轮胎磨损至极限甚至损坏时，为了保障人身安全，可以及时更换同规格轮胎，以保证汽车正常行驶，满足人们的日常出行需要。

1.2.4 互换性的实现条件

为了实现互换性，理论上同规格零件的几何参数可以完全一致，但在实际生产中，由于加工、检测过程以及人员、环境等各种因素的影响，生产几何参数完全一致的零件是不可能的，而只要零件的几何参数在允许的范围内变动，即可满足互换性要求。也就是说，实现互换性的条件是将零件的几何参数误差限定在一定范围内，这种“范围”就是公差，只要零件的几何参数误差在公差范围内变动，即可实现互换性。

零件的几何参数公差包含尺寸公差、几何公差(形状、位置等)及表面粗糙度。零件给定的公差越大，精度要求越低，越容易满足，生产成本就低；反之，公差越小，精度要求越高，越难满足，生产成本相对较高。可见，合理的公差要求(精度设计)是满足互换性要求、保证产品质量、提升企业效益的重要方法，这也是机械行业从业人员必备的工程素养。

1.3　标准化与优先数系

标准化与
优先数系

1.3.1　标准和标准化

标准是指在理论分析、科学试验及生产实践总结的基础上，对具有重复特征的事务或概念所做的科学、统一的规定。标准经过规定程序审批、颁布生效后实施，在一定范围内具有推荐性、强制性、法制性等特征，是相关社会活动必须遵守的准则和依据。而标准化是指标准的调研、制定、发布、贯彻实施、反馈修订等全部活动过程，以期获得最佳社会秩序和经济效益。

标准按适用的范围可分为国际标准、国家标准、行业标准、地方标准和企业标准。1946 年，国际标准化组织（ISO）成立，负责制定各种国际标准，主要任务是促进全球范围内的标准化及有关活动，并在知识、科学、技术和各种经济活动中发展国家之间的相互合作。我国国家标准有强制性标准（如 GB 17120—2012《锻压机械　安全技术条件》）和推荐性标准（如 GB/T 39589—2020《机械产品零部件模块化设计评价规范》）。行业标准如机械行业标准 JB/T 14008—2020《滚动轴承　振动机械用轴承》。地方标准如黑龙江省 DB23/T 3153—2022《固体矿产绿色勘查技术规范》。企业标准如某汽车传动集团有限责任公司的 Q/S 61026—2015《客车机械式变速器总成》。这些标准在不同范围、不同级别发挥着重要作用，已经涉及社会生产生活的各个领域。当前，标准化已经受到各个国家的重视，是一个国家现代化程度的集中反映，对现代制造业发展具有极其深远的意义。

1.3.2　优先数和优先数系

在制定技术标准或设计零件参数时，会出现大量彼此相关的各种参数，且选定零件某一参数时，会直接或间接出现尺寸传递效应，即这个参数会按照某一规律向与之相关配合的零部件传递。工程上，为了避免因为参数传递而造成的尺寸规格繁多杂乱现象，要求对各种技术参数进行简化、协调和统一，即将参数值合理地分级分档，以满足各种技术需求。优先数系是国际上统一的数值分级制度，也是一种科学的数值制度，它是标准化的重要内容和具体体现，可以有效将参数选择一开始引入标准化轨道。

优先数系是一种十进制的等比级数，国家标准 GB/T 321—2005《优先数和优先数系》规定了 5 个系列，其公比依次为 $\sqrt[5]{10}$、$\sqrt[10]{10}$、$\sqrt[20]{10}$、$\sqrt[40]{10}$、$\sqrt[80]{10}$，分别用 R5、R10、R20、R40、R80 表示，这也是一种国际代号，其中，前 4 个为基本系列，R80 为补充系列，补充系列主要应用于分级很细的场合。R5 系列的各项值包含在 R10 系列中，R10 系列的各项值包含在 R20 系列中，以此类推。

优先数系中的任何一个数即为优先数。表 1－1 中列出了 4 个基本系列的 1 ~ 10 范围内的优先数系，表中所列优先数乘以 0.1、0.01…或 10、100…即可得到其他范围优先数。另外，由于生产需要，优先数系还有派生系列和复合系列，以 R10 系列为例，每逢三项取一个优先数形成新的派生系列，当首项为 1 时，此派生系列依次为 1.00、2.00、4.00、

8.00…其公比 $q=(\sqrt[10]{10})^3\approx 2$，若每逢 n 项，则 $q=(\sqrt[10]{10})^n$。

表 1－1　优先数系基本系列的公比及常用值

基本系列	公比	1～10 的优先数
R5	$\sqrt[5]{10}\approx 1.60$	1.00　1.60　2.50　4.00　6.30　10.00
R10	$\sqrt[10]{10}\approx 1.25$	1.00　1.25　1.60　2.00　2.50　3.15　4.00　5.00　6.30　8.00　10.00
R20	$\sqrt[20]{10}\approx 1.12$	1.00　1.12　1.25　1.40　1.60　1.80　2.00　2.24　2.50　2.80　3.15　3.55　4.00　4.50　5.00　5.60　6.30　7.10　8.00　9.00　10.00
R40	$\sqrt[40]{10}\approx 1.06$	1.00　1.06　1.12　1.18　1.25　1.32　1.40　1.50　1.60　1.70　1.80　1.90　2.00　2.12　2.24　2.36　2.50　2.65　2.80　3.00　3.15　3.35　3.55　3.75　4.00　4.25　4.50　4.75　5.00　5.30　5.60　6.00　6.30　6.70　7.10　7.50　8.00　8.50　9.00　9.50　10.00

优先数系运算方便、分级合理、疏密适中、简单易记、应用广泛。选用基本系列时，应当按照 R5、R10、R20、R40 的顺序选取，优先选取公比较大的系列，即遵守先疏后密的原则。当基本系列不能满足分级要求时，可选用派生系列。

课后练习

1. 填空题

(1) 国际标准化组织，简称______，我国于 1978 年被恢复该组织成员资格。

(2) 标准化是组织现代化生产的重要手段，是实现________的必要前提。

(3) 互换性按其互换程度的不同可分为__________和____________两种。装配前将零件分组，零件仅在同组内进行互换，不同组间不可互换，这种互换称为____________。

(4) 制造零件时，为了使零件具有互换性，并不要求零件的尺寸做得绝对准确，而只要求在一个合理范围之内，由此就规定了__________。

(5) 实行专业化协作生产必须采用__________原则。

2. 单选题

(1) 互换性的零件应是(　　)。

A. 相同规格的零件　　B. 不同规格的零件

C. 相互配合的零件　　D. 一模一样的零件

(2) 互换性按其(　　)可分为完全互换和不完全互换。

A. 方法　　B. 性质　　C. 程度　　D. 效果

3. 多选题

(1) 标准化的意义在于(　　)。

A. 是现代化大生产的重要手段　　B. 是科学管理的基础

C. 是产品设计的基本要求　　D. 是实现互换性的必要前提

(2) 互换性在机械制造业中的作用有(　　)。

A. 便于采用高效专用设备　　B. 便于装配自动化

C. 便于提高劳动生产率　　　　D. 便于组织大规模专业化生产

4. 判断题

(1)标准化是一个包括制订标准、贯彻标准、修订标准，循环往复、不断提高的过程。( )

(2)在确定产品的参数或参数系列时，应最大限度地采用优先数和优先数系。( )

(3)互换性原则在任何情况下都适用。( )

(4)分组装配法属于不完全互换性。( )

(5)具有互换性的零件，其几何参数必须绝对精确。( )

(6)只要零件不经挑选或修配，便能装配到机器上去，则该零件具有互换性。( )

(7)机器制造业中的互换性生产必定是大量或成批生产，小批量生产一定不是互换性生产。( )

(8)为了使零件具有互换性，必须使各零件的几何尺寸完全一致。( )

(9)不完全互换性是指一批零件中，一部分零件具有互换性，而另一部分零件必须经过修配才有互换性。( )

(10)零件装配时不需任何修配和调整就能装配的性质称为互换性。( )

(11)优先数系是由一些十进制等差数列构成的。( )

(12)允许零件几何参数的变动量称为“误差”。( )

5. 简答题

(1)什么是标准和标准化？标准按适用范围可分为哪几类？在现代生产中实行标准化有何重要意义？

(2)什么是互换性？互换性分为哪几类？各有何特点？

(3)什么是优先数系和优先数？简述优先数系的特点及其选用要求。

第 2 章　测量基础知识

检测技术的发展

本章主要介绍了测量的概念、测量单位以及量值传递系统及量块的基础知识；计量器具的分类；计量器具的技术性能指标以及测量方法的分类；常用计量器具的基础知识；测量误差与数据处理基础知识等内容；并设置了部分课后练习。

2.1　测量概述

2.1.1　测量的基本知识

测量的基本知识

2.1.1.1　测量定义

测量是指将某一被测量与对应的标准量进行比较，以确定该被测量量值大小的实验过程。

$$L = q \times E$$

式中　L——被测量的量值；

q——被测量和标准量的比值；

E——计量单位。

上式表明，任一被测量的量值 L，都能由表征被测量的数值 q 和该被测量的计量单位 E 的矢量积来表示。例如，用千分尺测得某零件的长度为 3.69mm，这里 mm 是长度的计量单位毫米，3.69 是以 mm 为计量单位时被测量对应的数值。

2.1.1.2　测量四要素

根据测量概念，要完成一个完整的测量过程，需要具备四个基本要素：被测对象、计量单位、测量方法和测量精度。

被测对象——几何量，即长度、角度、表面粗糙度以及轴承、键、螺纹、齿轮等零件的几何参数。

计量单位——量值的标准量，在我国颁布的法定计量单位中，长度的基本单位是米（m），其常用单位是毫米（mm）、微米（μm）等，角度的单位是弧度（rad）以及度（°）分（′）秒（″）。

测量方法——在理想的测量条件下，根据给定的测量原理，使用适当的测量工具，获得正确测量结果的方式。

测量精度——被测量的实际测量结果与其真值的一致程度。

2.1.2　测量单位

2.1.2.1　长度基准

长度基准，指长度测量的衡量标准。我国现行的长度基准是米(m)。

为了保证长度测量的准确性，1983 年 10 月第 17 届国际计量大会在巴黎举行，通过了以“米”为长度基准的决议。即米的定义为：1 米等于光在真空中 1/299792458 秒时间间隔所通过的距离。由于激光技术的发展，采用激光波长作为长度基准的媒介具有很好的稳定性和复现性，是一把上天下海的好尺子，我国与国际保持一致，采用 633nm 氦氖激光辐射作为波长标准，来复现“米”的定义。

2.1.2.2　长度单位

1959 年，国务院发布《关于统一计量制度的命令》，确定了我国的法定计量单位，法定计量单位是强制执行的，各行业组织都必须遵照执行，以确保使用单位的一致性，此项制度极大促进了我国经济、文化、科技等各方面的快速发展。

我国的法定计量单位中长度的基本单位是“米”，其符号为“m”，与国际单位一致。机械制造及其测量中，常用的长度计量单位是“毫米”，其符号为“mm”。在精密测量中，长度计量单位为“微米”，其符号为“μm”。在超精密测量中，长度的计量单位为“纳米”，其符号为“nm”。

米、毫米、微米及纳米之间的转换关系如下所示：

$$1\text{m} = 10^3\text{mm} = 10^6\mu\text{m} = 10^9\text{nm}$$

$$1\text{mm} = 10^3\mu\text{m} = 10^6\text{nm}$$

$$1\mu\text{m} = 10^3\text{nm}$$

2.1.3　量值传递系统

用激光波长作为长度基准的媒介，虽然非常精确，但因当前技术水平的限制，不便于在实际生产中对其进行普遍应用。为了广泛使用这一长度基准，就必须把长度基准的准确量值非常精确地传递到各种计量器具和工件上去，这样就能保证实际生产中量值的准确性和统一性，以满足社会化大生产的需要。

既然长度基准是以激光的波长体现出来的，那么只需要将激光波长的量值转化成各种计量器具和工件上对应的量值即可，为此建立了长度量值传递系统，其基本含义如图 2－1 所示。

量值传递系统是根据《中华人民共和国计量法》和国家计量检定系统表，以计量检定和校准为手段，由国家基准波长开始，通过线纹量具和端面量具这两个平行系统向下逐级传递。它的主要优点是传递可靠、便于管理，是法治计量的根本保障。因此，量块和线纹尺都是量值传递的实体媒介，并且以量块的应用更为广泛，这样就满足了我国各行业的实际生产需要。

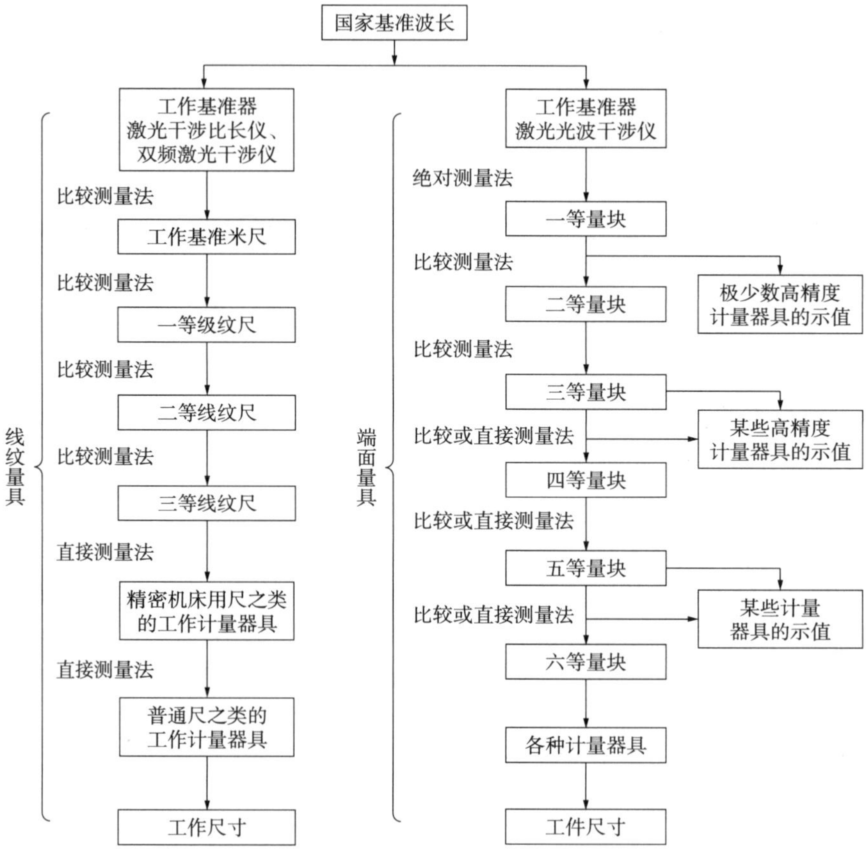

图 2－1　两种量值传递系统

2.1.4　量块的基础知识

量块

2.1.4.1　量块的认识

量块是一种具有一对平行测量面的实物量具。

量块是用铬锰钢等耐磨材料制成的，具有线膨胀系数小、稳定性高、耐磨性好等特点。其形状为长方体，它有 2 个相互平行的测量平面和 4 个非测量平面，如图 2－2 所示。测量表面光滑、平整，粗糙度 *Ra* 值极小，一般可达 0.012μm 以上。

图 2－2　量块实物图

2.1.4.2 量块的专业术语

量块长度——量块上一个测量面上的任意点到与其平行的另一测量面相研合的辅助体平面之间的垂直距离，用“l”表示。

量块中心长度——未研合时，量块上两个平行测量平面中心点的垂直距离，用“l_c”表示。

量块标称长度——量块上两个测量面之间的垂直距离，又称量块工作长度，用“l_n”表示。量块标称长度值一般刻印在量块上，当 $l_n \leqslant 5.5$mm 时，其标称长度值刻印在工作面上；当 $l_n \geqslant 5.5$mm 时，其标称长度值刻印在一个较宽大的非测量面上，即一个较宽大侧面上，如图 2－2 所示。

任意点的量块长度偏差——量块上任意点的量块长度与标称长度的代数差，用“e”表示，即 $e = l - l_n$。

量块长度变动量——量块测量面上任意点的最大量块长度与最小量块长度之差，用“v”表示，即 $v = l_{max} - l_{min}$。

研合性——量块的一个测量面与另一量块测量面或与另一经精加工的类似量块测量面的表面，通过分子力的作用而相互黏合的性能。

2.1.4.3 量块的精度等级

国家标准对量块的精度进行了 5 级和 6 等的划分，以满足不同场合的需要。

(1)量块的 5 级

量块的分级是根据量块长度的极限偏差 $\pm t_e$ 和量块长度的公差 t_v 划分的，根据 GB/T 6093—2001《几何量技术规范(GPS)长度标准　量块》规定，量块按制造精度可以分为 5 级，即 0、1、2、3 和 K 级。其中 0 级精度最高，精度依次递减，3 级精度最低。K 级为校准级。

(2)量块的 6 等

量块的分等是根据各等量块长度测量不确定度和量块长度变动量的允许值划分的，量块按其检定精度分为 6 等，即 1、2、3、4、5、6 等，其中 1 等精度最高，精度依次递减，6 等精度最低。

由于量块按“级”使用是从批量制造的角度出发，是以量块的标称长度作为工作尺寸，故该尺寸包含了制造误差。而量块按“等”使用是从单个检定的角度出发，是以检定后的实际尺寸作为工作尺寸，故该尺寸不包含制造误差，只包含了检定时较小的测量误差。

对于同一量块，检定时的测量误差要比制造误差小得多。所以，量块按“等”使用时其精度比按“级”使用时的测量精度高。

2.1.4.4 量块的应用

由于量块测量面有很好的研合性，故将不同量块顺着相接触的测量面加压推合，就能研合在一起。

量块是定尺寸量具，一个量块只对应一个尺寸，为了满足不同的使用需求，量块可以利用其黏合性，将多个尺寸不同的量块研合成量块组，得到所需的各种尺寸，从而扩大了量块的应用范围。因此，量块是成套制造的，每一套包括一定数量不同尺寸的量块，按照一定尺寸顺序装在木盒内。根据 GB/T 6093 规定，目前生产的成套量块有 91 块、83 块、46 块、38 块等多种规格。表 2－1 所示为成套量块的组合尺寸。

表 2－1　成套量块尺寸表（摘自 GB/T 6093—2001）

套别	总块数	级别	尺寸系列/mm	间隔/mm	数量/块
1	91	0，1	0.5	—	1
			1	—	1
			1.001，1.002，…，1.009	0.001	9
			1.01，1.02，…，1.49	0.01	49
			1.5，1.6，…，1.9	0.1	5
			2.0，2.5，…，9.5	0.5	16
			10，20，…，100	10	10
2	83	0，1，2	0.5	—	1
			1	—	1
			1.005	—	1
			1.01，1.02，…，1.49	0.01	49
			1.5，1.6，…，1.9	0.1	5
			2.0，2.5，…，9.5	0.5	16
			10，20，…，100	10	10
3	46	0，1，2	1	—	1
			1.001，1.002，…，1.009	0.001	9
			1.01，1.02，…，1.09	0.01	9
			1.1，1.2，…，1.9	0.1	9
			2，3，…，9	1	8
			10，20，…，100	10	10

在使用量块组进行测量时，为了减少累计误差，应尽可能减少量块组中的量块个数，一般要求不超过 4 个量块。量块组的组合方法为：从所需组合尺寸的最后一位数开始，每选择一个量块至少应减去一位尾数，直至减去组合尺寸的所有数字，此时所选择的全部量块，就能组成一个符合精度要求的量块组。

例如，从 83 块一套的量块组中选取量块组成尺寸 63.785mm，选择方法为：

```
  63.785 …………所需尺寸
－ 1.005 …………第一块量块尺寸
────────
  62.780
－ 1.28  …………第二块量块尺寸
────────
  61.500
－ 1.5   …………第三块量块尺寸
────────
  60.000
－ 60    …………第四块量块尺寸
────────
  0
```

故所选择量块分别为：1.005mm、1.28mm、1.5mm、60mm，共4块。

2.2　计量器具

计量器具

2.2.1　计量器具的定义

计量器具是指用于保证单位统一、量值准确的测量装置的总称。

计量器具广泛应用于生活、生产、科研等领域，与人民生活息息相关，它是计量部门提供计量保证的技术基础，在整个计量立法中处于十分重要的地位。1875年5月20日，多国在法国巴黎签署了“米制公约”。为使各国政府和公众了解计量，鼓励和推动各国计量领域的发展，确定每年5月20日为世界计量日。

2.2.2　计量器具的分类

计量器具按照结构特点可以分为量具、量规、量仪和计量装置等类型。

2.2.2.1　量具

量具指能以固定形式复现量值的计量器具，其特点是没有传动放大系统。

量具可以分为单值量具和多值量具。

(1)单值量具

用来复现单一量值的量具称为单值量具，常见的单值量具有量块、角度块等，通常为成套使用，如图2-3所示。

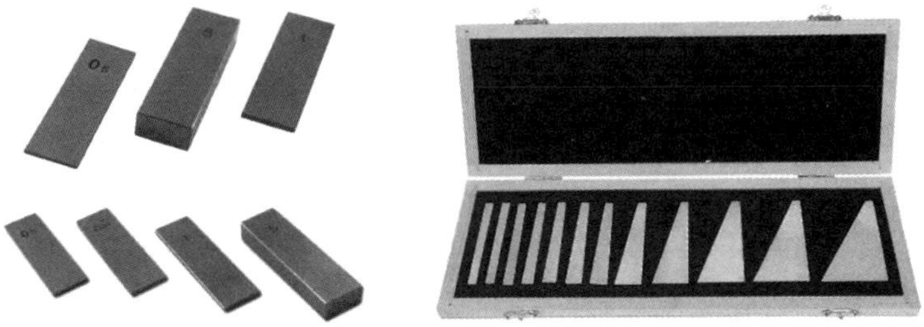

(a)量块　　(b)角度块

图2-3　单值量具

(2)多值量具

用来复现一定范围内的一系列不同量值的量具称为多值量具，常见的多值量具有线纹尺、游标卡尺以及千分尺等，如图2-4所示。

2.2.2.2　量规

量规是一种用来快速检验形状、尺寸和相对位置综合结果的专用计量器具，其特点是没有刻度，不能测量零件的具体尺寸数值，只能判断零件合格与否。常见的量规主要有光滑极限量规(图2-5)、位置量规、螺纹量规等。

量规的概述

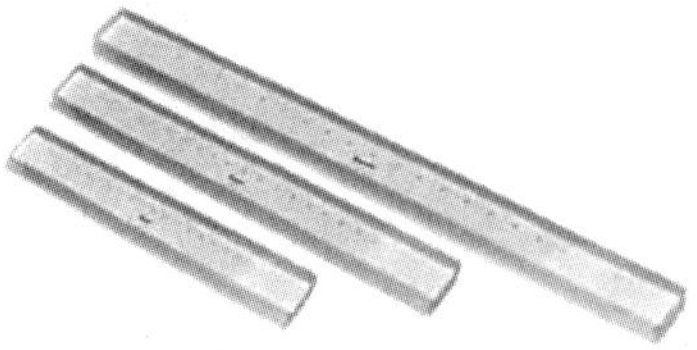

(a)线纹尺

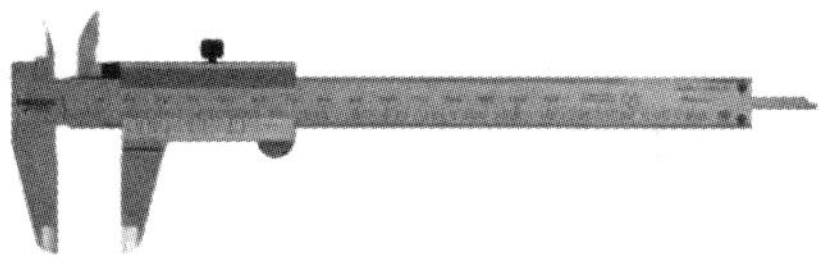

(b)游标卡尺

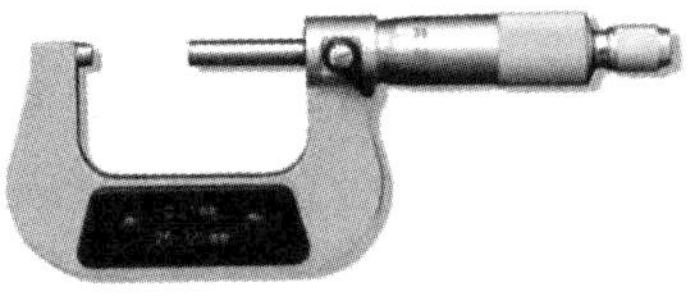

(c)外径千分尺

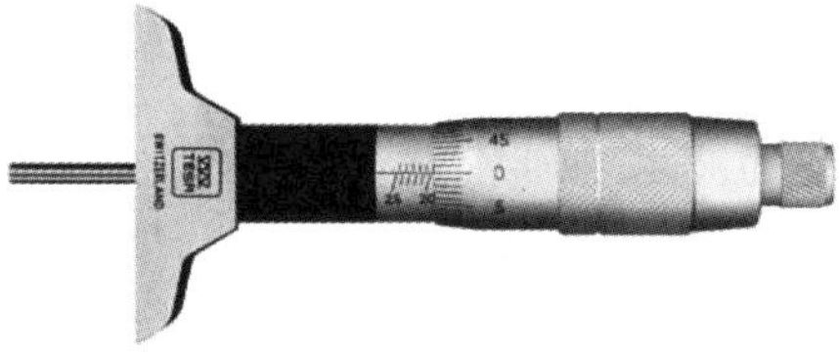

(d)深度千分尺

图 2－4　多值量具

(a)卡规

(b)环规

(c)塞规

图 2－5　光滑极限量规

量规设计

量规的举例应用

2.2.2.3　量仪

量仪是一种能将被测量转换成可直接观测信息的计量器具，又称计量仪器。

其特点是一般具有传动放大系统，根据测量的工作原理和其结构特点，量仪可以分为卡尺类、螺旋副类、机械类、光学类、气动类、电学类、光机电综合类等。

(1)卡尺类量仪。常用卡尺类量仪主要有数显卡尺、数显高度尺、数显量角器、游标卡尺等。

(2)微动螺旋副类量仪。常用微动螺旋副类量仪主要有数显千分尺、数显深度千分尺、普通千分尺。

(3)机械类量仪。常用机械类量仪主要有游标卡尺、百分表、千分尺、杠杆比较仪、扭簧比较仪等。

(4)光学类量仪。常用光学类量仪主要有工具显微镜、光学影像仪、立式光学比较仪等。

(5)气动类量仪。常用气动类量仪主要有压力式气动量仪、流量计式气动量仪等。

(6)电学类量仪。常用电学类量仪主要有电动轮廓仪、电感比较仪等。

(7)光机电综合类量仪。常用光机电综合类量仪主要有三坐标测量机、齿轮测量中心等。

2.2.2.4　计量装置

计量装置是一种专用检验工具。它能快速测量较复杂零件的几何参数，有利于实现自动测量和控制，如连杆、轴承、检验夹具等工件可用计量装置进行测量。

2.2.3　计量器具的度量指标

计量器具的度量指标

2.2.3.1　刻线间距

刻线间距又称分度间距，它是计量器具上相邻两刻线间的距离，为了适宜人眼观察，一般为 1 ~2.5mm，如图 2 –6 所示。

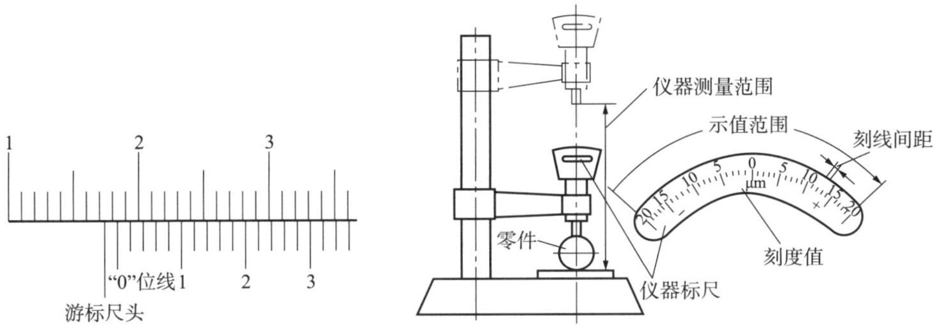

(a)标尺刻线　　(b)分度盘刻线

图 2 –6　计量器具刻线示意

2.2.3.2　分度值

分度值是计量器具上相邻两刻线间距所代表的量值大小。分度值越小，表示计量器具的测量精度越高。分度值通常取 1、2、5 的倍数，一般长度计量器具的分度值有 0.1mm、0.01mm、0.001mm、0.0005mm 等几种，如图 2 –6(a) 中标尺刻线的分度值为 0.02mm，图 2 –6(b) 中分度盘刻线的分度值为 1μm。

特别地，对于数显式量仪，其所能测量的最小增量称为分辨力，如图 2 –7 所示，电子秤的分辨力为 0.01g。

2.2.3.3　测量范围

测量范围是计量器具所能测量量值的变动范围，如图 2 –8 所示，钢尺的测量范围为 0 ~200mm。

图 2 –7　电子秤

图 2 –8　钢尺的测量范围

2.2.3.4 示值范围

示值范围指计量器具标尺或分度盘上所能显示的量值读取范围。如图 2 – 9 所示，立式光学比较仪的示值范围为 ±100μm，即 ±0.1mm，有些计量器具的测量范围和示值范围是相同的，如图 2 – 8 钢尺的测量范围和示值范围均为 0 ~ 200mm。

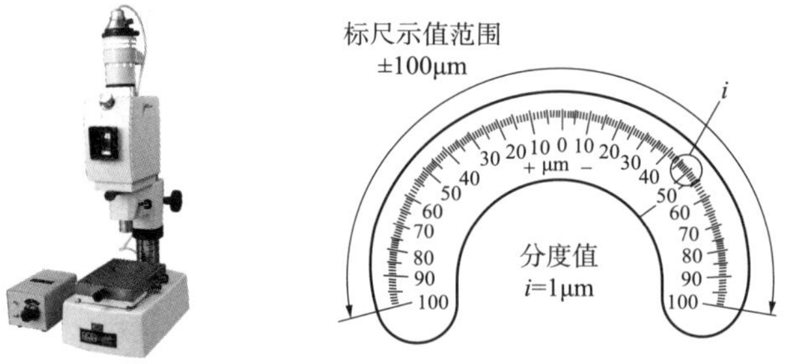

图 2 – 9 立式光学比较仪及其示值范围

2.2.3.5 示值误差

示值误差是被测量在计量器具上的示值与其真值的代数差。示值误差可通过对仪器的检定得到，也能通过实验统计确定，一般来说，计量器具示值误差越小，其测量准确度越高。

2.2.3.6 示值稳定性

示值稳定性指在同一测量条件下，对同一被测量多次重复测量，仪器示值的最大变动量。

2.2.3.7 灵敏度

灵敏度指计量器具对被测量值变化的反应能力，即被观测量的增量 ΔL 与对应被测量的增量 Δx 之比，用 S 表示。当被观测量和被测量单位一样时，灵敏度也称为“放大比”或者“放大倍数”，其值为常数。

$$S = \frac{\Delta L}{\Delta x}$$

2.2.3.8 回程误差

回程误差指在同一测量条件下，计量器具按正、反行程对同一被测量测量时，示值差的绝对值。回程误差主要是由仪器内部相关零件存在摩擦或间隙导致的。

2.2.3.9 不确定度

不确定度指由于计量器具存在误差而对被测量真值不能肯定的程度。它反映了计量器具精度的高低，是一个综合性指标。

2.2.3.10 修正值

修正值又称校正值，其大小与绝对误差相等，符号相反，将修正值加到测量结果上，可以消除系统误差。

2.2.3.11 测量力

测量力指计量器具测头与被测表面之间的接触压力。

2.2.4　测量方法分类

测量方法

随着科学技术的进步，测量方法呈现多样化发展，可以根据不同的标准进行分类。但一个具体测量过程，能同时具有多种测量方法的特征，如内径百分表测量孔径大小，可以采用直接测量法、相对测量法、接触测量法、静态测量法等。

2.2.4.1　按照测量结果是否为被测几何量分类

(1)直接测量法

直接测量法指被测量的量值就是测量结果的方法。如用游标卡尺测量壁厚，用内径百分表测量孔径。

(2)间接测量法

间接测量法指被测量的量值是通过测量结果按一定函数关系计算得到的方法。如图2-10所示，通过测量孔边距 l_1 和 l_2，再用公式 $a=(l_1+l_2)/2$ 计算求得孔心距 a 的大小；又如图2-11所示，测量大圆柱形物体的直径 D 时，可先测出圆柱周长 L，再利用公式 $D=L/\pi$ 计算出其直径。

一般来说，直接测量法比间接测量法的测量精度高。

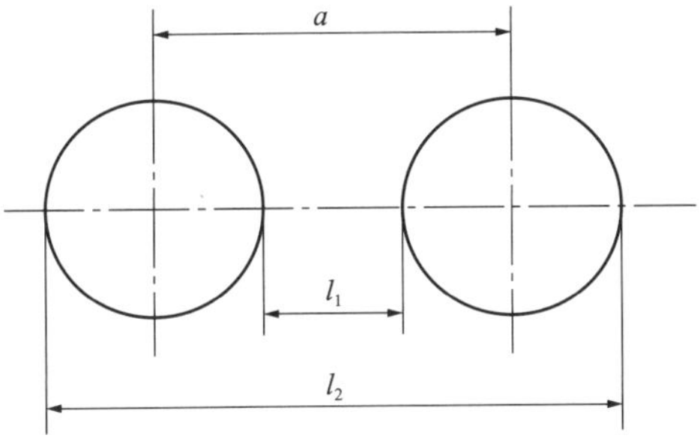

图2-10　用间接测量法测量孔心距

图2-11　用间接测量法测量树干直径尺寸

2.2.4.2　按照测量结果是否为被测几何量的整个量值分类

(1)绝对测量法

绝对测量法指计量器具的示值结果为被测量整个量值的测量方法。如使用外径千分尺测量轴径。

(2)相对测量法

相对测量法指计量器具的示值结果仅表示被测量相对于已知标准量的偏差，而被测量量值等于已知标准量与计量器具示值结果的代数和。

一般来说，相对测量法比绝对测量法的测量精度高。

2.2.4.3　按计量器具测头是否与被测表面接触分类

(1)接触测量法

接触测量法指测量时测头与被测表面直接接触，并存在测量力的测量方法。如用内径百分表测孔径。

(2)非接触测量法

非接触测量法指测量时测头不与被测表面接触的方法。如用气动量仪测量孔径。

一般来说，接触测量法由于存在测量力，会引起一定弹性变形，从而影响测量精度，而非接触测量法没有此影响。

2.2.4.4　按同时测量几何量的数量分类

(1)单项测量法

单项测量法指对被测对象的各种参数分别测量的方法。如使用计量器具分别测量螺纹的螺距、中径和牙型半角等参数。

(2)综合测量法

综合测量法指对被测对象的各种参数同时测量，并得到综合测量结果的方法。如螺纹塞规测量内螺纹的合格性。

2.2.4.5　按测量技术在机械制造事件所处的阶段分类

(1)主动测量法

主动测量法指加工过程中对零件参数进行的测量。其目的是能主动及时地防止废品的产生，主要应用在自动化生产线上。

(2)被动测量法

被动测量法指加工完成后对零件参数进行的测量。其目的是判断零件是否合格，以发现和剔除废品。

2.2.4.6　按被测量在测量过程中所处的状态分类

(1)静态测量法

静态测量法指测量时计量器具与被测表面处于相对静止状态的测量方法。如使用游标卡尺测量轴径。

(2)动态测量法

动态测量法指测量时计量器具与被测表面处于相对运动状态的测量方法。如图2-12所示，用光纤陀螺仪测量火箭的飞行速度。

图2-12　用仪器动态测量火箭的飞行速度

2.2.4.7　按测量条件是否改变分类

(1)等精度测量法

等精度测量法指测量中影响测量结果的条件不变的测量方法。

(2)不等精度测量法

不等精度测量法指测量时影响测量结果的条件改变的测量方法。

2.3　常用计量器具

常用计量器具使用频率高，是机械制造行业需要掌握的一项基本技能，在这里主要对游标卡尺、千分尺、百分表和万能角度尺等仪器的结构及使用进行简要介绍。

2.3.1　游标卡尺

2.3.1.1　游标卡尺的结构

游标卡尺的结构如图2－13所示。

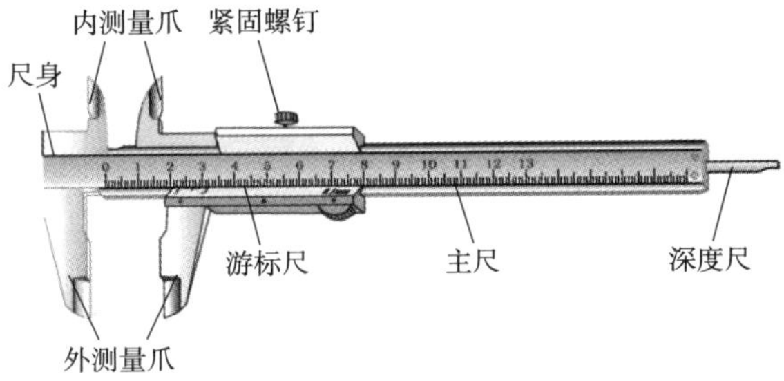

图2－13　游标卡尺的结构

2.3.1.2　游标卡尺的作用

(1)可以用外测量爪测量外尺寸，比如外轴径、壁厚等尺寸。

(2)可以用内测量爪测量内尺寸，比如内孔径、槽宽等尺寸。

(3)可以用深度尺测量深度尺寸，比如盲孔深度、槽深等尺寸。

2.3.1.3　游标卡尺的读数方法

(1)看游标尺上的分格数，并确定分度值大小。

(2)看游标尺上0刻线的位置，确定该刻线左边主尺上第1条刻线的数值，读出测量长度的整毫米数。

(3)看游标尺上第 N 条刻线与主尺上的某条刻线对齐，读出小数部分毫米数为 $N\times$ 分度值。

最终读书结果为：整毫米数 $+N\times$ 分度值。

2.3.1.4　读数举例

(1)图2－14中游标卡尺示值读数为：$3\text{mm}+6\times0.1\text{mm}=3.6\text{mm}$。

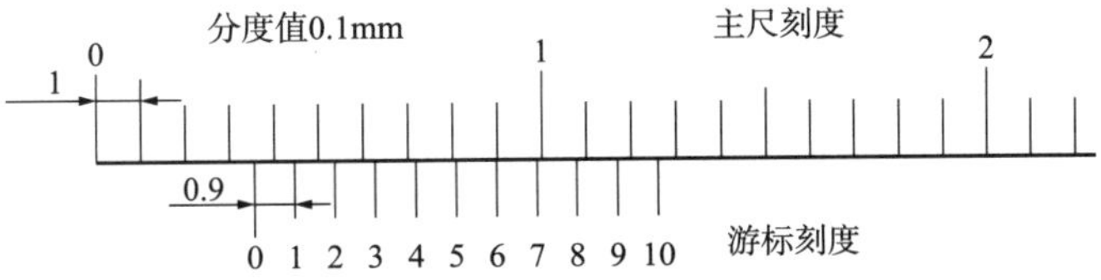

图2－14　分度值为0.1mm的游标卡尺读数举例1

(2)图 2－15 中游标卡尺示值读数为：3mm＋6×0.1mm＝3.6mm。

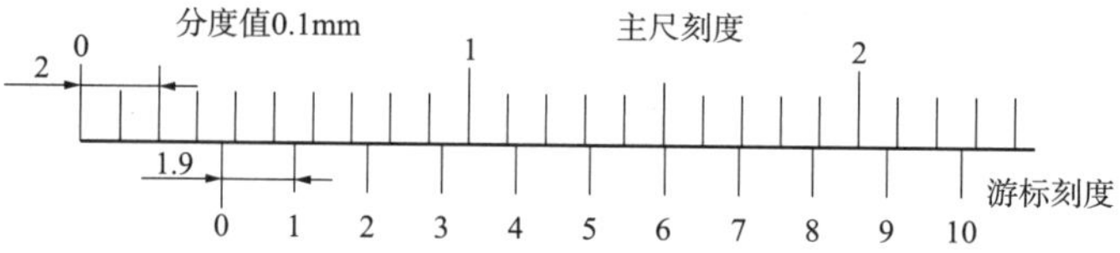

图 2－15　分度值为 0.1mm 的游标卡尺读数举例 2

(3)图 2－16 中游标卡尺示值读数为：2mm＋16×0.05mm＝2.80mm。

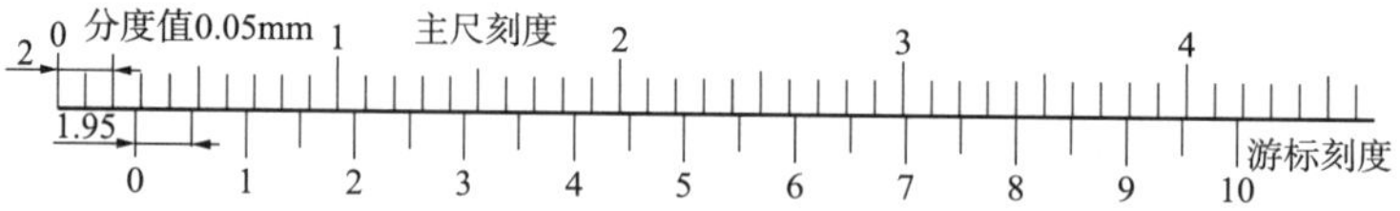

图 2－16　分度值为 0.05mm 的游标卡尺读数举例 3

(4)图 2－17 中游标卡尺示值读数为：5mm＋43×0.02mm＝5.86mm。

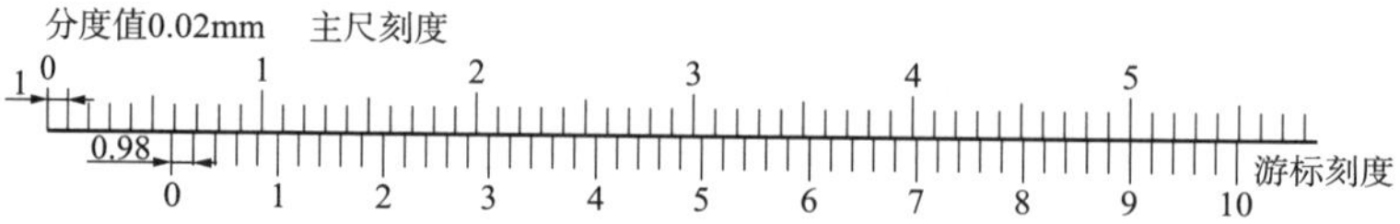

图 2－17　分度值为 0.02mm 的游标卡尺读数举例 4

2.3.2　千分尺

2.3.2.1　千分尺的结构

千分尺的结构如图 2－18 所示。

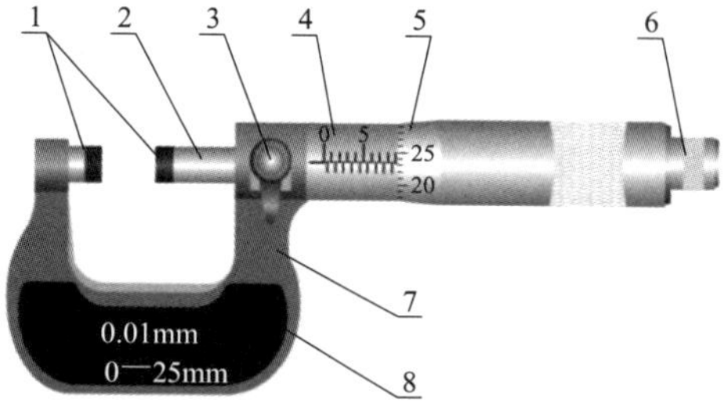

图 2－18　外径千分尺的结构

1—测砧；2—测微螺杆；3—止动旋钮；4—固定套筒；
5—微分筒；6—微调旋钮；7—弓形尺架；8—绝热片

2.3.2.2　外径千分尺的作用

(1)可以用测砧和测微螺杆测量外尺寸，比如外轴径、壁厚等尺寸。

(2)可以用于作为校准内径百分表等量具。

2.3.2.3　外径千分尺的读数方法

(1)看微分筒的左端面与固定套筒基准线的对齐位置，精确到半刻度，读出固定套筒上的示值，即整毫米数。

(2)看微分筒上刻度线与固定套筒基准线的对齐位置，若刻度线与基准线不对齐需估读，读出微分筒的示值为：$N\times$分度值0.01mm。

(3)最终读数结果为：整毫米数$+N\times$分度值0.01mm。

2.3.2.4　读数举例

图2-19(a)中千分尺示值读数为：5.5mm+25.8×0.01mm=5.758mm。

图2-19(b)中千分尺示值读数为：3.0mm+32.1×0.01mm=3.321mm。

图2-19(c)中千分尺示值读数为：10.5mm+15.7×0.01mm=10.657mm。

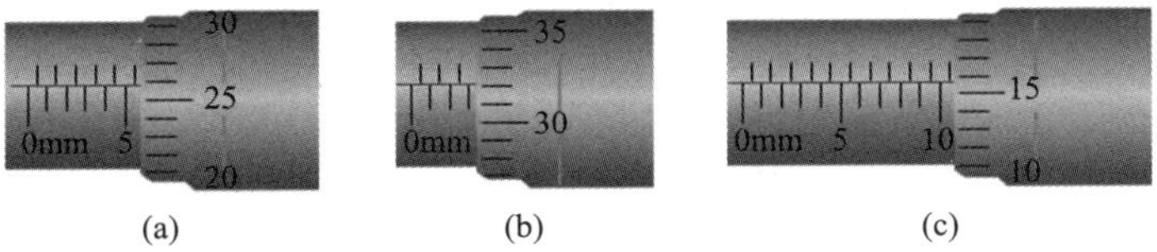

图2-19　千分尺读数举例

2.3.3　百分表

2.3.3.1　百分表的结构

百分表的结构如图2-20所示。

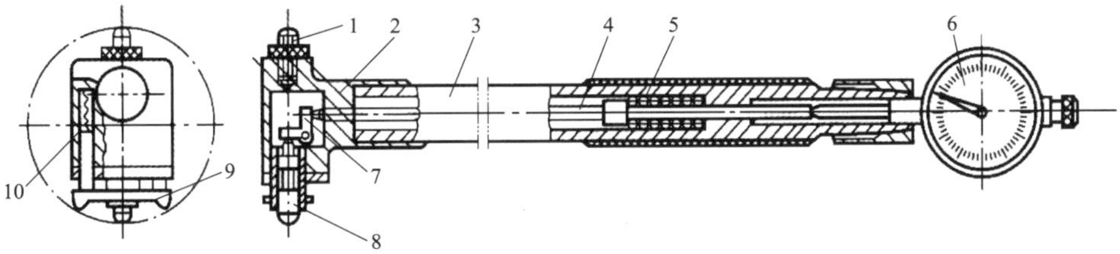

图2-20　百分表的结构

1—可换测头；2—表架头；3—表架套杆；4—传动杆；5—测力弹簧；6—百分表；7—杠杆；8—活动测头；9—定位装置；10—定位弹簧

百分表表盘的结构如图2-21所示。

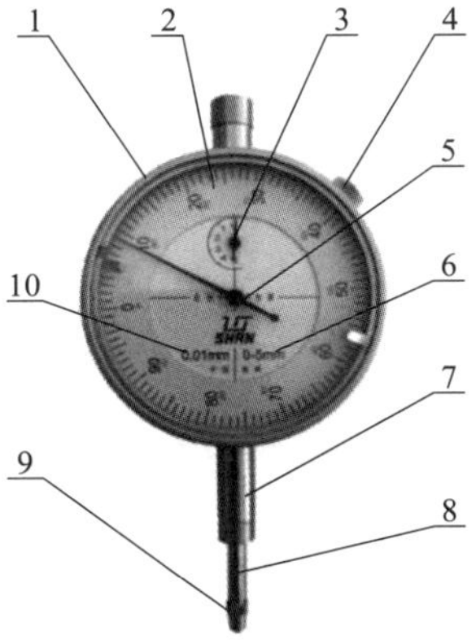

图2-21　百分表表盘的结构

1—表圈；2—表盘；3—小指针；4—锁紧螺钉；5—指针；6—测量范围；7—装夹套筒；8—测量杆；9—测头；10—分度值

2.3.3.2 百分表的作用

(1)用于测量内孔的尺寸偏差；

(2)用于测量几何误差，比如平面度、圆度、圆柱度、平行度、圆跳动等。

2.3.3.3 百分表的读数方法

(1)读出0刻度代表的标准量值大小。

(2)读出偏差值大小 N。

①先读小指针转过的刻度线(即整毫米数)。

②再读大指针转过的刻度线(即小数部分)，并乘以分度值0.01mm。

③计算偏差值 N = 整毫米数 + 小数部分 ×0.01。

百分表测量杆压缩量增大，指针在0刻线右侧；测量杆压缩量减小，指针在0刻线左侧。例如：测量内孔时，指针在0刻线左侧偏差为正，指针在0刻线右侧偏差为负。测量高度时，指针在0刻线左侧偏差为负，指针在0刻线右侧偏差为正。测量深度时，指针在0刻线左侧偏差为正，指针在0刻线右侧偏差为负。

(3)最终读数结果为：标准量值大小 ± N × 分度值0.01mm。

2.3.3.4 读数举例

(1)图2-22(a)中百分表表盘示值(即偏差值 N)读数为：$N = 0 + 78.0 \times 0.01\text{mm} = 0.780\text{mm}$。

(2)图2-22(b)中百分表表盘示值(即偏差值 N)读数为：$N = 0 + 82.3 \times 0.01\text{mm} = 0.823\text{mm}$。

(3)图2-22(c)中百分表表盘示值(即偏差值 N)读数为：$N = 0 + 86.5 \times 0.01\text{mm} = 0.865\text{mm}$。

(a)　　(b)　　(c)

图2-22　百分表读数举例

2.3.4 万能角度尺

2.3.4.1 万能角度尺的结构

万能角度尺的结构如图2-23所示。

2.3.4.2　万能角度尺的作用

用来测量零件内、外角度的量具。

2.3.4.3　万能角度尺的读数方法

(1)读主尺上的数值：看游标尺上 0 刻线的位置，确定该刻线左边主尺上第 1 条刻线的数值，读出测量长度的整度数，在主尺上示值的基础上加上对应的基数度数 0°、90°、180°、270°等。即度数为：整度数 +0°/90°/180°/270°。

(2)读游标尺上的数值：看游标尺上第 N 条刻线与主尺上的某条刻线对齐，读出小数部分的度数为：$N\times$分度值 2′。

(3)最终读数结果为：整度数 +0°/90°/180°/270° +$N\times$分度值 2′。

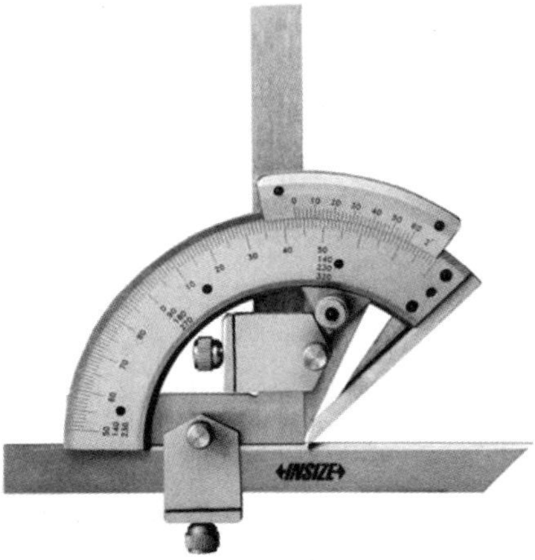

图 2－23　万能角度尺的结构

2.3.4.4　读数举例

(1)图 2－24(a)中万能角度尺示值读数为：34° +0° +24 ×2′ =34°48′。

(2)图 2－24(b)中万能角度尺示值读数为：69° +0° +23 ×2′ =69°46′。

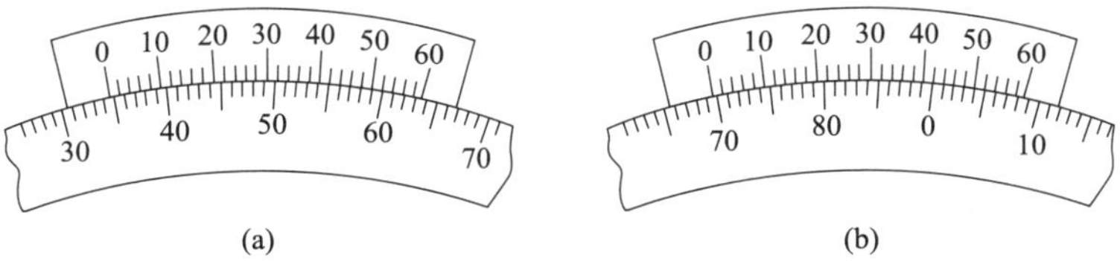

图 2－24　万能角度尺读数举例(基数度数以 0°为例)

2.4　测量误差与数据处理

人类为了更好地在自然界生存、发展，就需要不断地认识和适应自然界，在此过程中必不可少的一项任务是需要对自然现象进行更加深入的测量和研究。但由于人类技术水平所限，实际测量中获得的数据相比于被测量的真值，不可避免地存在着偏差，这样的测量偏差在数值上被称为误差。随着科学技术的快速发展和人们对自然界认识水平的提高，被测量的误差将会越来越小，但永远无法消除。

2.4.1　误差及其产生的原因

2.4.1.1　绝对误差

绝对误差指被测量的测得值与被测量的真值之间的偏差，绝对误差可能是正值，也可能是负值。

$$\delta = x - x_0$$

式中 δ——绝对误差；

x——被测量的测得值；

x_0——被测量的真值。

2.4.1.2 相对误差

相对误差指绝对误差的绝对值占被测量真值的百分比。

$$f=\frac{|\delta|}{x_0}\times 100\% =\frac{|x-x_0|}{x_0}\times 100\% \approx \frac{|x-\bar{x}|}{\bar{x}}\times 100\%$$

当不同被测量的量值相等或相近时，使用绝对误差体现不同被测量的测量精度大小为宜；当不同被测量的量值相差较大时，使用相对误差体现不同被测量的测量精度大小更为合理。例如，用某长度计量器具测量长度为 30mm，绝对误差 δ 为 0.003mm；用另一种长度计量器具测量长度为 380mm，绝对误差 δ 为 0.03mm，由于这两种长度量值相差较大，前者的绝对误差虽然比后者小，但前者的被测量值也比后者的被测量值小得多，两者不是同一个量级标准，若使用绝对误差大小来判断测量结果的精度高低显然不合适，为此这里使用相对误差判断其精度大小更为适宜。经计算：$f_1=\frac{|\delta|}{x_0}\times 100\% =\frac{0.003}{30}\times 100\% =0.01\%$，$f_2=\frac{|\delta|}{x_0}\times 100\% =\frac{0.03}{380}\times 100\% \approx 0.008\%$。显然 $f_2<f_1$，使用后一种长度计量器具的测量精度更高。

测量误差的来源

2.4.2 测量误差的来源

测量过程中的影响因素复杂多样，它们或多或少会影响到测量的精确程度，这些因素可以根据 5M1E 分析法，总体分为：人员误差、计量器具误差、方法误差、环境误差等 4 类。

2.4.2.1 人员误差

人员误差指由于测量者自身的固有习惯、分辨能力、疲劳程度以及精神疏忽等因素引起的观测误差。

2.4.2.2 计量器具误差

计量器具误差指由于计量器具本身的设计、制造、装配、调试等不准确而引起的测量误差，此种误差一般可用计量器具的示值误差或不确定度来表示。

2.4.2.3 方法误差

方法误差指用于测量的方法不够科学合理而引起的误差。例如，计算公式不够精确，采用近似方法等引起的误差。

2.4.2.4 环境误差

环境误差指实际测量环境与规定的标准环境不一致引起的测量误差。其中影响测量的主要环境因素有温度、振动、湿度、气压、灰尘等。由于温度对测量结果影响最大，故在长度计量中一般规定其标准测量温度为 20℃。

2.4.3　测量误差的分类

测量误差按其性质可以分为系统误差、随机误差和粗大误差，如图 2 – 25 所示。

- 测量误差
  - 系统误差
    - 定值系统误差
    - 变值系统误差
      - 线性变值系统误差
      - 周期性变值系统误差
  - 随机误差
  - 粗大误差

图 2 – 25　测量误差的分类

测量误差的分类

2.4.3.1　系统误差

(1) 系统误差的定义

多次测量同一量值时，误差不变或按一定规律变化的误差称为系统误差。

(2) 系统误差的分类

系统误差可以分为定值系统误差和变值系统误差，变值系统误差又可以分为线性变值系统误差和周期性变值系统误差。

比如用零位失准的千分尺测量工件时，对每次测量误差的影响都相同，属于定值系统误差；又如若环境温度产生均匀变化，则测量误差发生线性变化，属于变值系统误差。

(3) 系统误差的判断

定值系统误差可以结合定义进行判断，即若多次测量同一量值时误差不变则应为定值系统误差。

变值系统误差可以使用残余误差(简称残差)观察法进行判断，即将多次测量同一量值所对应的残余误差按测量顺序依次排列，得到该量值的残差分布图，并进行观察判断。如图 2 – 26(a)所示，若残差分布为：大体上呈正、负相间出现且无明显变化规律，则不存在变值系统误差；如图 2 – 26(b)所示，若残差分布为：按近似的线性规律递增或递减变化，则为线性变值系统误差；如图 2 – 26(c)所示，若残差分布为：循环交替重复变化，则为周期性变值系统误差。

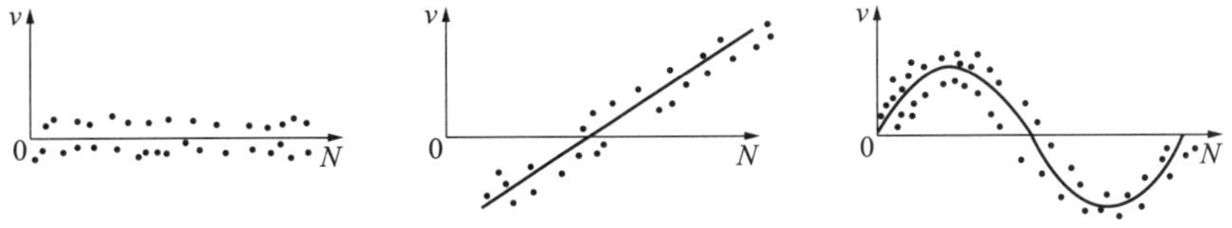

(a)不存在变值系统误差　(b)存在线性变值系统误差　(c)存在周期性变值系统误差

图 2 – 26　变值系统误差的判断方法

(4) 系统误差的消除

①定值系统误差的消除

在 2.2 节计量器具我们介绍过“修正值”的概念，定值系统误差的消除可用“修正值法”。即：取误差值的相反数作为修正值，将修正值与测量结果相加，从而消除测量结果中定值系统误差。例如：0 ~ 150mm 游标卡尺两测量面合拢时读数不为 0，而是 +0.2mm，用此游标卡尺测量零件时，每个测得值都将增大 +0.2mm。因此，被测量的测量结果中产生 +0.2mm 的定值系统误差，此时可用修正值 -0.2mm 对每个测量值进行修正，以消除定值系统误差。

②变值系统误差的消除

线性变值系统误差的消除可采用对称法，周期性系统误差的消除可采用半周期法。

2.4.3.2 随机误差

(1)随机误差的定义

同一条件下，多次测量同一量值时，误差的大小和符号随机变化的误差称为随机误差。随机误差是不可避免的，它既不能修正，也无法消除。

随机误差是测量时，由独立的、微小的、随机的因素引起的综合结果。例如，计量器具中构件的间隙、运动机构的摩擦力、环境温度、湿度、振动等引起的测量误差都是随机误差。

(2)随机误差的分布规律

对于单次测量来说，随机误差无规律可循，但对于多次重复测量来说，随机误差的总体是服从正态分布规律的。

正态分布曲线如图 2-27 所示，横坐标表示随机误差 δ，纵坐标表示概率密度 y，根据概率论原理，正态分布曲线的数学表达式为：

$$y=\frac{1}{\sigma\sqrt{2}}e^{-\frac{\delta^2}{2\sigma}}$$

式中 y——概率密度函数；

δ——随机误差；

e——自然对数的底数，e = 2.71828；

σ——标准偏差，可按下式计算：

$$\sigma=\sqrt{\frac{\delta_1^2+\delta_2^2+\cdots+\delta_n^2}{n}}=\sqrt{\frac{\sum_{i=1}^{n}\delta_i^2}{n}}$$

式中 n——测量次数。

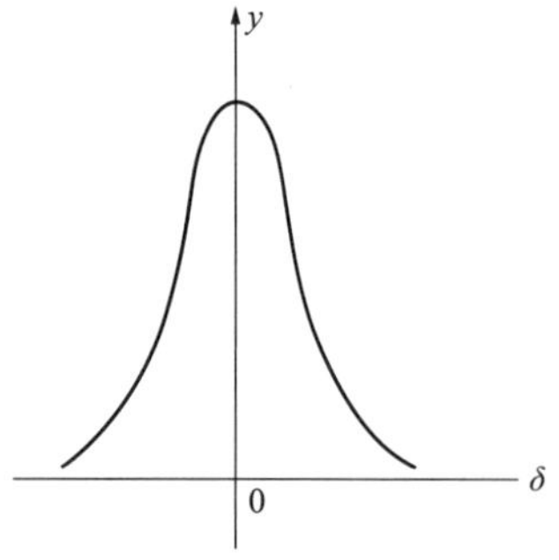

图 2-27 正态分布曲线

由图 2-27 可以观察出，随机误差分布状态与测量精度的高低：当 $\delta=0$ 时，概率密度最大，且有 $y_{max}=\frac{1}{\sigma\sqrt{2\pi}}$。概率密度的最大值 y_{max} 与标准差 σ 相关，即 σ 越小，y_{max} 越大，分布曲线越陡峭，随机误差分布越集中，测量精度就越高；反之，σ 越大，y_{max} 越小，分布曲线越平坦，随机误差分布越分散，测量精度就越低。

如图 2-28 所示，由于 $\sigma_1<\sigma_2<\sigma_3$，故 $y_{max1}>y_{max2}>y_{max3}$，在三种不同的正态分布曲线中，曲线 1 最陡峭，其次为曲线 2，曲线 3 最平坦，标准偏差 σ 代表了等精度测量列随机误差出现的概率分布情况，即代表了测量结果的分散程度，故 σ 可作为表示测量结果精密度的参数。

随机误差的分布规律：大量实验表明，随机误差出现的概率分布总体呈正态分布规律，故随机误差具有以下四个分布特征。

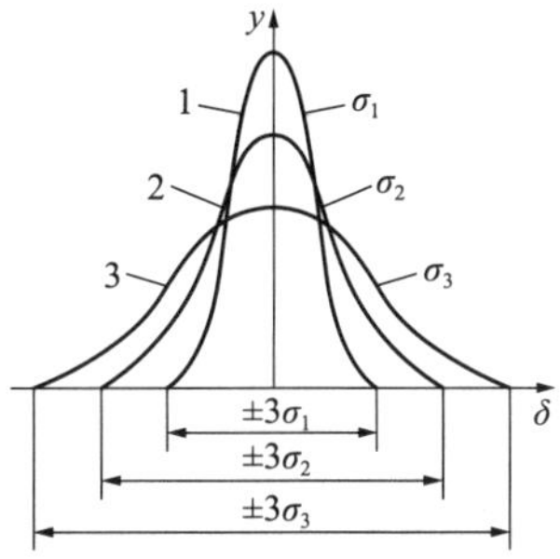

图 2－28　三种不同 σ 的正态分布曲线

①对称性

曲线关于纵坐标对称分布，表示绝对值相等的正、负误差出现的概率相等。

②单峰性

曲线只有一个峰值 y_{max}，表示绝对值小的随机误差比绝对值大的随机误差出现的概率大，曲线具有一个最高点。

③有界性

用以表示随机误差的正态分布曲线并不是向横坐标两端无限延伸的，而是有界限的。由实验可知，评定随机误差时以 $\pm 3\sigma$ 作为单次测量的极限误差，即 $\delta_{lim} = \pm 3\sigma$，可以认为 $\pm 3\sigma$ 是随机误差的实际分布范围，即有界性的界限为 $\pm 3\sigma$。

④抵偿性

由于随机误差的分布曲线关于纵坐标对称，绝对值相等的正、负误差值出现的概率相同，对于有限次测量，随机误差的算术平均值是一个有限小的量，但随着测量次数的增加，当测量次数无穷多时，随机误差的算术平均值趋近于零。

2.4.3.3　粗大误差

超出一定条件下的预估误差称为粗大误差。粗大误差可用“3σ 准则”判断，当 $|\delta_i| > 3\sigma$ 时，测量结果 x_i 就含有粗大误差，应予以剔除。

一般情况下，此种误差是由操作者粗心大意而引起的，故误差值较大，明显歪曲了实际的测量结果，例如测量时对错了标识、误读了数值、使用了有缺陷的计量器具、计量器具操作不当等都属于粗大误差。

2.4.4　测量精度的分类

测量精度的分类

测量精度是反映测量结果与真值接近程度的量。测量精度和测量误差分别从正、反两个角度说明了测量结果与真值的接近程度这一概念，即测量误差越大，测量精度越低，测量误差越小，测量精度越高。

通常由于测量结果已经将粗大误差剔除，可能仍含有系统误差和随机误差，为了区分系统误差和随机误差对测量结果的影响，可将测量精度进一步分为精密度、正确度和准确度。

2.4.4.1　精密度

精密度是在规定条件下，连续多次测量时，所得测量结果彼此之间的一致程度。随机误差的大小决定了测量结果的精密性，随机误差越小，则精密度越高。

2.4.4.2 正确度

正确度是在规定条件下，多次测量结果的平均值与真值的接近程度。系统误差的大小决定了测量结果的正确度，系统误差越小，则正确度越高。

2.4.4.3 精确度

精确度又称为精准度或准确度，是精密度和正确度的综合概念，随机误差和系统误差共同决定了测量结果的精确度，只有当随机误差和系统误差都小，才能说精确度高。

所以精密度、正确度和精确度三者之间的关系为：

精密度低，正确度低⟶精确度低；

精密度低，正确度高⟶精确度低；

精密度高，正确度低⟶精确度低；

精密度高，正确度高⟸⟹精确度高。

以射击为例，如图 2 – 29 所示，圆圈表示靶心，黑点表示弹孔。

图 2 – 29(a)所示，弹孔分散，且偏离靶心，说明随机误差和系统误差都大，精密度和正确度都低，综合来看精确度低。

图 2 – 29(b)所示，弹孔分散，但基本围绕靶心，说明随机误差大但系统误差较小，精密度低但正确度较高，综合来看精确度低。

图 2 – 29(c)所示，弹孔集中，但偏离靶心，说明随机误差小但系统误差大，精密度高但正确度低，综合来看精确度低。

图 2 – 29(d)所示，弹孔集中，且围绕靶心，说明随机误差和系统误差都小，精密度和正确度都高，综合来看精确度高。

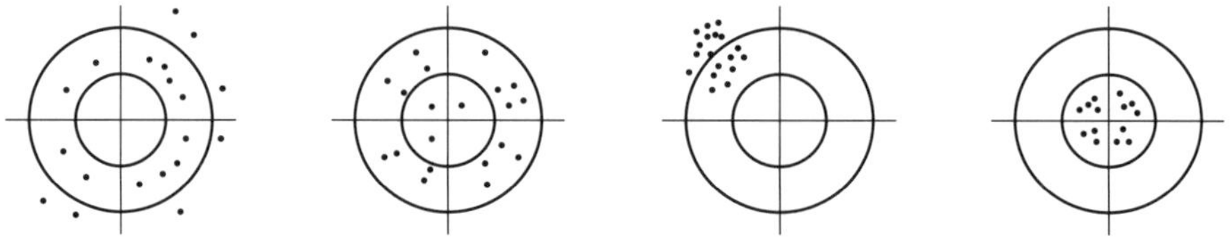

(a)精密度低，正确度低　(b)精密度低，正确度高　(c)精密度高，正确度低　(d)精密度高，正确度高

图 2 – 29　精密度、正确度与精确度射击示意图

2.4.5 测量列的数据处理

在相同条件下，对同一被测量进行多次等精度测量，得到 x_1、x_2、x_3、…、x_n，这一列测量结果称为“测量列”。一组测量列中可能同时存在系统误差、随机误差和粗大误差，故需要对某一被测对象的测量结果——测量列进行数据处理，以消除或减小测量误差的影响，提高测量结果的精度。

2.4.5.1 算术平均值 $\bar{x}$

算术平均值 $\bar{x}$ 的计算公式为：

$$\bar{x} = \frac{x_1 + x_2 + x_3 + \cdots + x_n}{n} = \frac{\sum_{i=1}^{n} x_i}{n}$$

式中 n——测量次数。

每次测量的随机误差分别为：

$$\delta_1 = x_1 - x_0,\ \delta_2 = x_2 - x_0,\ \cdots,\ \delta_n = x_n - x_0$$

将各次的随机误差等式两边相加得：

$$\delta_1 + \delta_2 + \cdots + \delta_n = (x_1 + x_2 + \cdots + x_n) - nx_0$$

即

$$\sum_{i=1}^{n} \delta_i = \sum_{i=1}^{n} x_i - nx_0$$

故真值为：

$$x_0 = \frac{\sum_{i=1}^{n} x_i}{n} - \frac{\sum_{i=1}^{n} \delta_i}{n} = \bar{x} - \frac{\sum_{i=1}^{n} \delta_i}{n}$$

由随机误差的抵偿性知：

$$\lim_{n \to \infty} \frac{\sum_{i=1}^{n} \delta_i}{n} = 0$$

故有

$$x_0 = \lim_{n \to \infty} \left(\bar{x} - \frac{\sum_{i=1}^{n} \delta_i}{n} \right) = \lim_{n \to \infty} \bar{x} - \lim_{n \to \infty} \frac{\sum_{i=1}^{n} \delta_i}{n} = \bar{x}$$

因此，在只有随机误差的情况下，当测量次数足够多时，算术平均值趋近于真值，即用算术平均值来代替真值合理且可靠。

2.4.5.2 残差 v

在测量时，被测量的真值未知，不可能按定义式 $\delta = x - x_0$ 求得绝对误差，可用算术平均值 $\bar{x}$ 来代替被测量的真值得到近似误差，即 $v = x - \bar{x}$，近似误差 v 称为残差。一组测量列中任一个测得值的残差为 $v_i = x_i - \bar{x}$，在实际应用中通常用残差 v_i 代替绝对误差 δ_i。

残差具有以下两个特性：

(1)一组测量列中各个数值的残差的代数和等于零，即

$$\sum_{i=1}^{n} v_i = 0$$

(2)残差的平方和为最小，即

$$\sum_{i=1}^{n} v_i^2 = min$$

由最小二乘法原理知，残差的平方和为最小，此时得到的测量结果最接近真值，为最佳值，同时也可说明 $\bar{x}$ 是 x_0 的最佳估计。

2.4.5.3 测量列中任一测得值的标准偏差 σ

测量列中任一测得值的标准偏差 σ 表示对同一被测量进行 n 次测量，所得测量列中任一测得值的分散程度，其数学表达式为：

$$\sigma = \sqrt{\frac{\delta_1^2 + \delta_2^2 + \cdots + \delta_n^2}{n}} = \sqrt{\frac{\sum_{i=1}^{n} \delta_i^2}{n}} = \sqrt{\frac{\sum_{i=1}^{n} (x_i - x_0)^2}{n}}$$

式中 δ_1，δ_2，…，δ_n——一组测量列中各个测得值对应的绝对误差；

n——测量次数。

但在测量时，被测量的真值 x_0 未知，绝对误差 δ_i 无法计算，故标准偏差 σ 亦无法计算。怎么办呢？在实际测量中，常用残差 v_i 代替绝对误差 δ_i，故标准偏差 σ 常用贝塞尔公式进行估算，即

$$\sigma \approx \sqrt{\frac{v_1^2 + v_2^2 + \cdots + v_n^2}{n-1}} = \sqrt{\frac{\sum_{i=1}^{n} v_i^2}{n-1}} = \sqrt{\frac{\sum_{i=1}^{n} (x_i - \bar{x})^2}{n-1}}$$

2.4.5.4 测量列算术平均值的标准偏差 $\sigma_{\bar{x}}$

测量列算术平均值的标准偏差 $\sigma_{\bar{x}}$ 表示对同一被测量进行 m 组测量，所得 m 组测量列的算术平均值的分布特性，其数学表达式为：

$$\sigma_{\bar{x}} = \frac{\sigma}{\sqrt{n}} = \sqrt{\frac{\sum_{i=1}^{n} v_i^2}{n(n-1)}}$$

2.4.5.5 测量列算术平均值的极限误差 $\delta_{\lim(\bar{x})}$ 和测量结果 x_0

测量列算术平均值的极限误差 $\delta_{\lim(\bar{x})}$ 表示被测量的误差边界，其数学表达式为：

$$\delta_{\lim(\bar{x})} = \pm 3\sigma_{\bar{x}}$$

被测量的测量结果，即被测量的真值 x_0 虽然无法得到，是未知的，但可以科学地将它确定在一定的范围内，即

$$x_0 = \bar{x} \pm \delta_{\lim(\bar{x})} = \bar{x} \pm 3\sigma_{\bar{x}}(P = 99.73\%) = \bar{x} \pm 3\frac{\sigma}{\sqrt{n}}(P = 99.73\%)$$

由上式可知，增加重复测量次数 n 可以减小标准偏差 $\sigma_{\bar{x}}$，进而提高测量精确度。但当 $n > 20$以后，再增加重复测量次数，$\sigma_{\bar{x}}$ 减小已很缓慢，对提高测量精确度效果不大，故一般取 $n = 10 \sim 15$。

【案例】对同一几何量进行 15 次等精度测量，所得数据列表 2－2，假设测量中无系统误差，试求测量结果。

解：

①求算术平均值

$$\bar{x} = \frac{x_1 + x_2 + \cdots + x_{15}}{15} = \frac{\sum_{i=1}^{15} x_i}{15} = 80.060(\text{mm})$$

②计算残差

由残差定义，根据式 $v_i = x_i - \bar{x}$，分别计算出 v_i、v_i^2、$\sum_{i=1}^{15} v_i$，列于表 2－2 中。

表 2－2　某尺寸等精度测量数据表

序号	测得值 x_i/mm	残差 $v(=x_i-\bar{x})$/μm	残差的平方 v_i^2/μm²
1	80.056	－4	16
2	80.062	＋2	4
3	80.061	＋1	1
4	80.064	＋4	16
5	80.059	－1	1
6	80.058	－2	4
7	80.060	0	0
8	80.057	－3	9
9	80.061	＋1	1
10	80.060	0	0
11	80.058	－2	4
12	80.063	＋3	9
13	80.062	＋2	4
14	80.059	－1	1
15	80.060	0	0
总和	$\bar{x}=80.060$	$\sum_{i=1}^{15} v_i = 0$	$\sum_{i=1}^{15} v_i^2 = 70$

③判断系统误差

根据残余误差观察法判断，测量列中的残差大体上呈现正、负相间，且无明显规律的变化，如图 2－30 所示，故认为无变值系统误差。

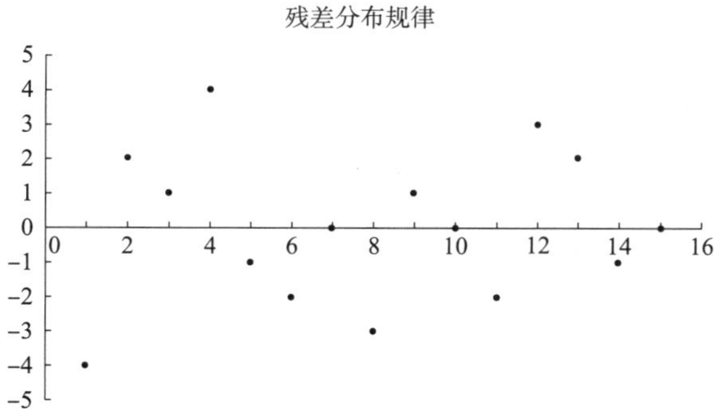

图 2－30　被测几何量的残差分布规律

④测量列中任一测得值的标准偏差 σ

在实际测量中，标准偏差 σ 用残差来估算，常用贝塞尔公式计算，即

$$\sigma = \sqrt{\frac{\sum_{i=1}^{15} v_i^2}{n-1}} = 2.24$$

⑤判断粗大误差

由标准偏差知，可求得粗大误差的界限 $|\delta_i| < 3\sigma = 6.71\mu m$，而所有的 v_i 均小于粗大误差界限，故不存在粗大误差。

⑥求任一测得值的极限误差

$$\delta_{lim} = \pm 3\sigma = \pm 6.71\mu m$$

⑦求测量列算术平均值的标准偏差

$$\sigma_{\bar{x}} = \frac{\sigma}{\sqrt{n}} = 0.58\mu m$$

⑧求算术平均值的测量极限误差

$$\delta_{lim(\bar{x})} = \pm 3\sigma_{\bar{x}} = \pm 1.73\mu m \approx 2\mu m$$

测量结果为

$$x_0 = \bar{x} \pm \delta_{lim(\bar{x})} = 80.060 \pm 0.002mm (P = 99.73\%)$$

课后练习

1. 判断题

(1) 有两个量块，如果它们的检定极限误差分别为 ±0.5μm 和 ±0.4μm，那么这两个量块研合后组成的量块组的极限误差应该是 ±0.0009mm。 (　　)

(2) 测量误差是可以避免的。 (　　)

(3) 千分尺的分度值是千分之一毫米。 (　　)

(4) 使用量块越多，组合的尺寸就越精确。 (　　)

(5) 在评定测量精度时，精确度高则正确度也一定高。 (　　)

(6) 随机误差具有有界性，其界限是 $\pm 3\sigma$。 (　　)

(7) 粗大误差的界限是 $\pm 3\sigma$。 (　　)

(8) 游标卡尺测量轴径尺寸，既属于直接测量法，又属于相对测量法。 (　　)

(9) 百分表测量轴径尺寸，既属于直接测量法，又属于相对测量法。 (　　)

(10) 实际尺寸就是真实的尺寸，简称真值。 (　　)

(11) 量块按“等”使用比按“级”使用精度高。 (　　)

(12) 长度的基本单位是米。 (　　)

(13) 有一测得值为 40.975mm，进行数据处理时，若保留四位有效数字，则该值可以取成 40.97mm。 (　　)

(14) 残差就是绝对误差的近似值。 (　　)

(15) 对某一尺寸多次测量取平均值就能得到真值。 (　　)

2. 试从 83 块一套的量块中选择合适的量块，分别组成下列尺寸

(1)27.765　　　　(2)86.33　　　　(3)111.935

3. 请正确读出下列量具的测量结果

(1)游标卡尺

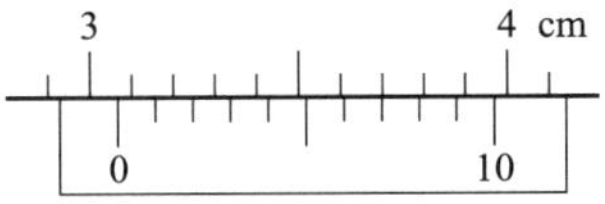

(a)读数______mm

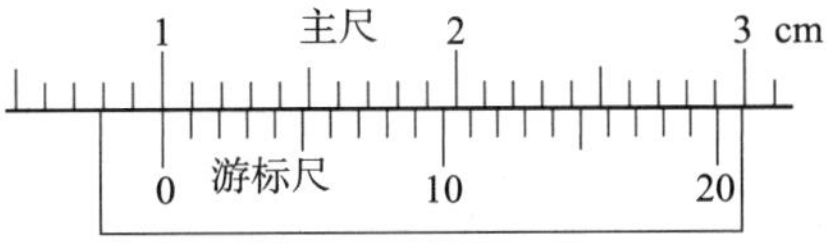

(b)读数______mm

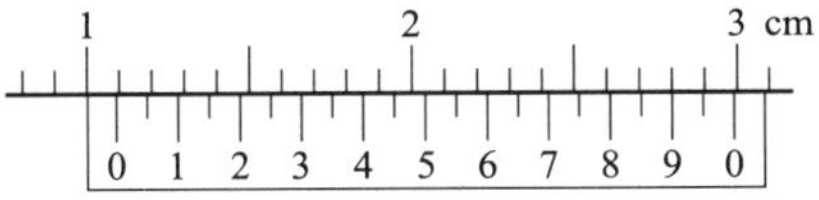

(c)读数______mm

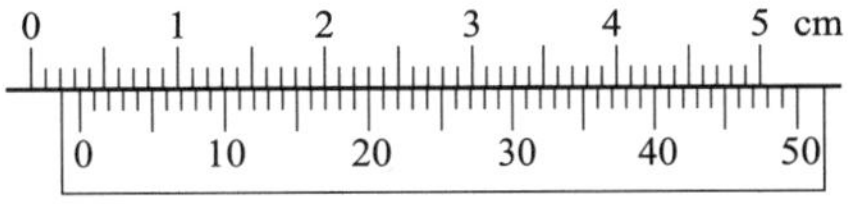

(d)读数______mm

(2)千分尺

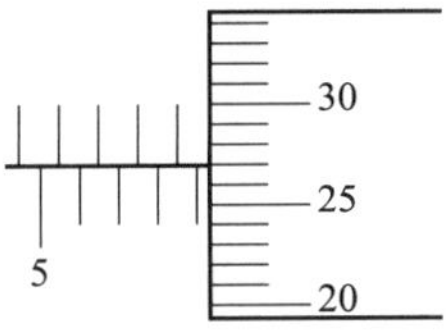

(a)读数______mm

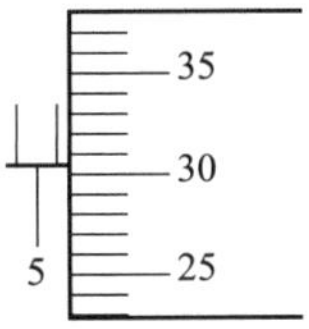

(b)读数______mm

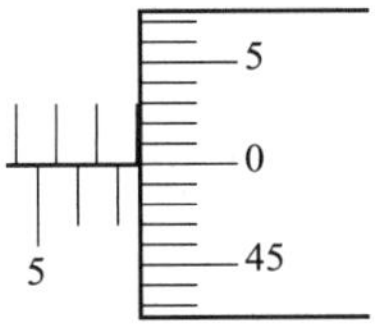

(c)读数______mm

4. 计算题

(1)用分度值为 0.001mm 的立式光学比较仪测量某轴径尺寸，工作尺寸标注为 $\phi 35_{0}^{+0.021}$，选用标称值为 30mm 和 5mm 的两个量块组成的量块组对仪器调零，测量零件时仪器标尺如图 2－31 所示，试计算零件的实际尺寸，并进一步判断零件的合格性是否达标。

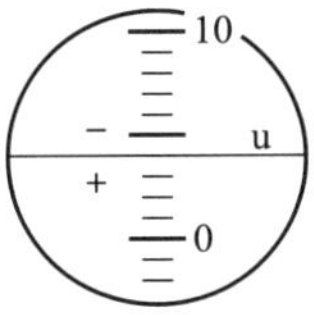

图 2－31　习题 4－1 图

(2)对某一尺寸进行 10 次等精度测量，各次的测得值按测量顺序记录如下，假定，测量列中不存在定值系统误差，试求其测量结果。

30.049	30.047	30.048	30.046	30.050
30.051	30.043	30.052	30.045	30.049

第3章　尺寸公差与配合

本章内容主要有尺寸公差与配合基本术语定义、公差带画法；配合类型、特点、参数计算及配合公差概念；标准公差数值表、孔与轴的基本偏差数值表、孔和轴常用公差带的极限偏差表的查表方法、基孔制和基轴制的定义；基准制选用、公差等级的选用及配合类型的选用原则。

3.1　极限与配合的基本术语及定义

孔轴及尺寸术语定义

3.1.1　孔与轴

孔通常指工件的圆柱形内表面，也包括非圆柱形的内表面(由两个平行平面或切面形成的包容面)，如图3－1所示。

轴是指工件的圆柱外表面，也包括非圆柱形的外表面(由两个平行平面或切面形成的被包容面)，如图3－1所示。

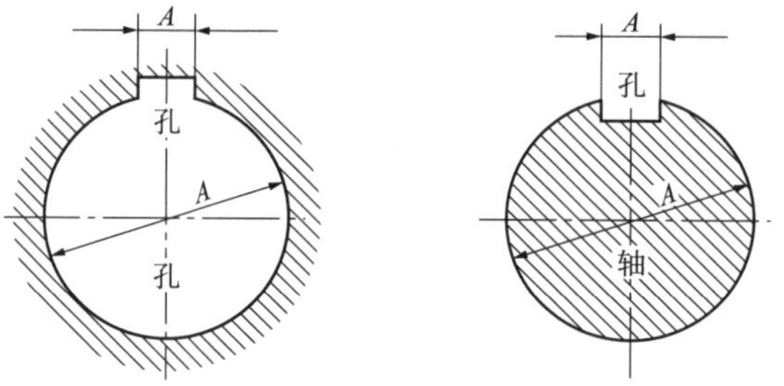

图3－1　孔与轴

上述为孔和轴的广泛定义，从包容与被包容的角度讲，孔是包容面，轴为被包容面；从加工的角度讲，随着材料余量的去除，孔的尺寸由小变大，轴的尺寸由大变小。

3.1.1.1　尺寸

尺寸是指用特定单位表示长度值的数字。长度类型包括距离、直径、宽度、深度、高度和中心距等。在机械制图中，图样上的尺寸单位默认为mm，在标注时可将单位省略，仅标注数值。当单位不是mm时，则应在尺寸数字后加注相应的单位。

3.1.1.2　公称尺寸

公称尺寸也称名义尺寸，是设计时给定的尺寸。设计时根据使用要求，通过材料强度和刚度计算或功能要求等方面给定尺寸。公称尺寸一般按照标准尺寸系列选取，孔的公称

尺寸用 D 表示，轴的公称尺寸用 d 表示，如图 3－2(a)所示。

3.1.1.3　实际尺寸

实际尺寸为选取合适的测量工具或仪器所测得的尺寸。由于加工误差的存在，同一零件不同位置所测得的实际尺寸可能不一样，如图 3－2(b)所示。因此实际尺寸是测量零件上某一位置尺寸，并非零件尺寸的真值，孔的实际尺寸用 D_a 表示，轴的实际尺寸用 d_a 表示。

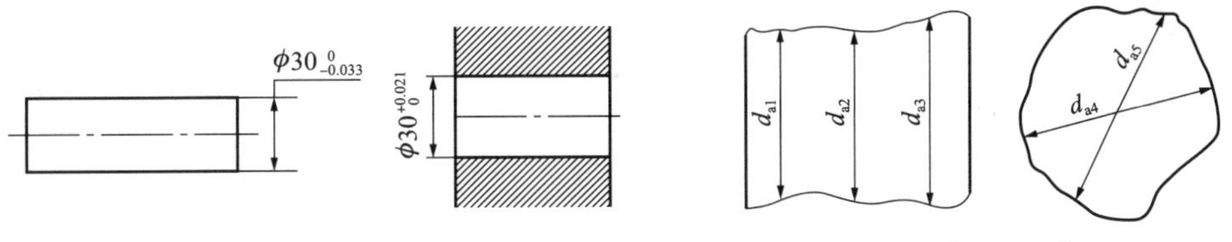

(a)零件公称尺寸　　(b)零件实际要素

图 3－2　零件尺寸

3.1.1.4　极限尺寸

极限尺寸是指允许尺寸变化的最大值和最小值。孔或轴允许的最大尺寸称为最大极限尺寸，也称上极限尺寸；孔或轴允许的最小尺寸称为最小极限尺寸，也称为下极限尺寸。孔的最大和最小极限尺寸用 D_{max} 和 D_{min} 表示，轴的最大和最小极限尺寸用 d_{max} 和 d_{min} 表示。极限尺寸目的在于限制加工零件的尺寸变动范围。当实际尺寸大于等于最小极限尺寸，小于等于最大极限尺寸则零件尺寸合格，否则，尺寸不合格。即

孔：$D_{min} \leqslant D_a \leqslant D_{max}$

轴：$d_{min} \leqslant d_a \leqslant d_{max}$

偏差的术语定义

3.1.2　偏差

3.1.2.1　尺寸偏差

某一尺寸减其公称尺寸所得的代数差，称为尺寸偏差。孔用 E 表示，轴用 e 表示。偏差可能为正或负，亦可为零。

3.1.2.2　实际偏差

实际尺寸减其公称尺寸所得的代数差，称为实际偏差。孔用 E_a 表示，轴用 e_a 表示。由于实际尺寸可能大于、小于或等于公称尺寸，因此实际偏差也可能为正、负或零值，注意正负号需要标注。

3.1.2.3　极限偏差

极限尺寸减其公称尺寸所得的代数差，称为极限偏差。

上极限尺寸减其公称尺寸所得的代数差，称为上极限偏差(ES，es)；

下极限尺寸减其公称尺寸所得的代数差，称为下极限偏差(EI，ei)。用公式表示为：

孔：$ES = D_{max} - D$，$EI = D_{min} - D$

轴：$es = d_{max} - d$，$ei = d_{min} - d$

上极限偏差和下极限偏差可以是正、负或零。由于上极限尺寸始终大于下极限尺寸，因此上极限偏差始终大于下极限偏差。在零件图上采用公称尺寸加上、下限偏差的标注方法，可以直观地显示公差尺寸和极限尺寸的大小。此外，对于标称尺寸相同的孔和轴，使用上、下极限偏差比使用极限尺寸更容易计算它们之间的关系。因此，极限偏差在实际生产中得到了广泛的应用。标记和计算偏差时，极限偏差前面必须标记为“+”或“-”，还必须标记为“0”。

3.1.3 公差

公差的术语定义

3.1.3.1 尺寸公差

尺寸公差是指允许的尺寸变动量，简称公差，如图 3-3 所示。孔和轴的公差分别用 T_h、T_s表示，公差、极限尺寸、极限偏差的关系为：

$$孔：T_h = D_{max} - D_{min} = ES - EI$$

$$轴：T_s = d_{max} - d_{min} = es - ei$$

公差与偏差是两个不同的概念。公差表示制造精度的要求，反映加工的难易程度；公差值越小，精度越高，加工越困难，反之亦然。而偏差表示与公称尺寸的偏移程度，仅仅表示公差带的位置，不能反映加工精度和加工难易程度。

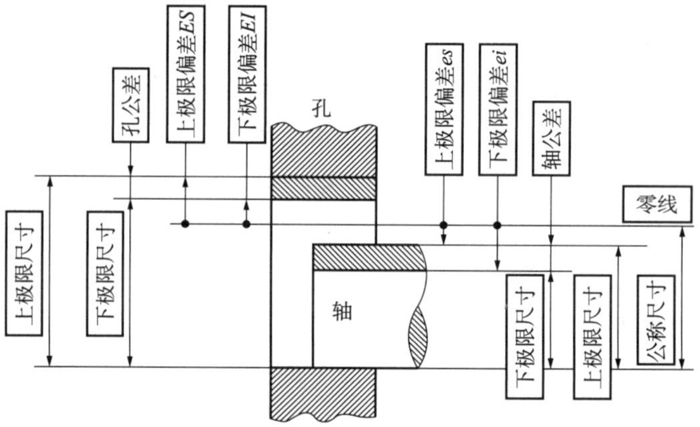

图 3-3　公称尺寸、极限尺寸、极限偏差、公差

3.1.3.2 公差带及公差带图

公差带表示零件的尺寸相对其公称尺寸所允许变动的范围。用图表示的公差带，称为公差带图，如图 3-4 所示。

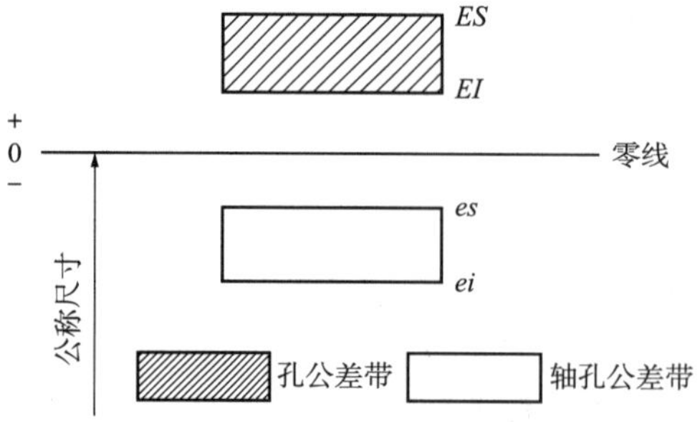

图 3-4　公差带图

由于孔轴配合部分画法较为复杂，在绘制时不必画出孔和轴的全部，而采用简单的公差带图表示。用尺寸公差带的宽度和位置表示公差大小和配合性质，公差带图由零线、公称尺寸线和公差带组成。

(1)零线

在公差带图中，零线是确定极限偏差的一条基准线。极限偏差位于零线上方，表示偏差为正；位于零线下方，表示偏差为负；当与零线重合时，表示偏差为零。

(2)公差带

上、下极限偏差在垂直方向上的宽度表示公差带大小，即公差值。公差带沿水平方向的长度可以适当。公差带图中，尺寸单位为毫米(mm)，偏差及公差的单位也可以用微米(μm)表示，单位省略不写。

(3)公差带图的作图步骤

①画零线，标“0”“＋”“－”，画公称尺寸箭头指向零线左侧，并在平行于尺寸线的方向标注公称尺寸。

②按合适比例画出孔、轴公差带，为了区分孔和轴为不同的零件，在公差带中画剖面线，剖面线方向相反。

③标注上、下偏差，公差等数值。

【案例】在孔轴配合处，若已知公称尺寸 $D=d=46$mm，孔的极限尺寸 $D_{max}=46.016$mm，$D_{min}=46$mm；轴的极限尺寸 $d_{max}=45.950$mm，$d_{min}=45.934$mm。现测得孔、轴的实际尺寸分别为 $D_a=46.010$mm，$d_a=45.946$mm，求孔、轴的极限偏差、实际偏差及公差并画出公差带图。

解：

孔的极限偏差为

$ES=D_{max}-D=46.016-46=+0.016(\mathrm{mm})$

$EI=D_{min}-D=46-46=0(\mathrm{mm})$

轴的极限偏差为

$es=d_{max}-d=45.950-46=-0.050(\mathrm{mm})$

$ei=d_{min}-d=45.934-46=-0.066(\mathrm{mm})$

偏差与公差举例应用

孔的实际偏差为

$E_a=D_a-D=46.010-46=+0.010(\mathrm{mm})$

轴的实际偏差为

$e_a=d_a-d=45.946-46=-0.054(\mathrm{mm})$

孔的公差为

$T_h=D_{max}-D_{min}=ES-EI=0.016(\mathrm{mm})$

轴的公差为

$T_s=d_{max}-d_{min}=es-ei=0.016(\mathrm{mm})$

公差带图如图 3－5 所示。

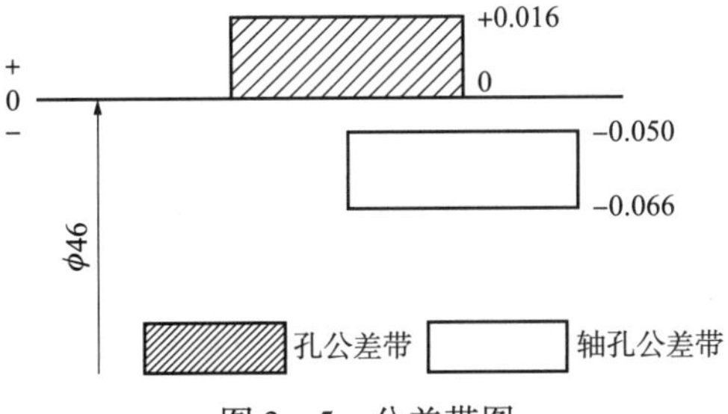

图 3－5 公差带图

3.1.4 配合

3.1.4.1 配合

配合是指公称尺寸相同的、一批相互结合

的孔与轴公差带之间的关系。配合反映了机器上相互结合零件之间的松紧程度。

配合

3.1.4.2 间隙或过盈

间隙或过盈是指在孔与轴的配合中，孔的尺寸减去轴的尺寸所得的代数差，其值为正值时称为间隙，用 X 表示；其值为负值时称为过盈，用 Y 表示。

3.1.4.3 间隙配合

间隙配合是指具有间隙(包括最小间隙为零)的配合。孔的公差带位于轴的公差带之上，如图 3 –6 所示。

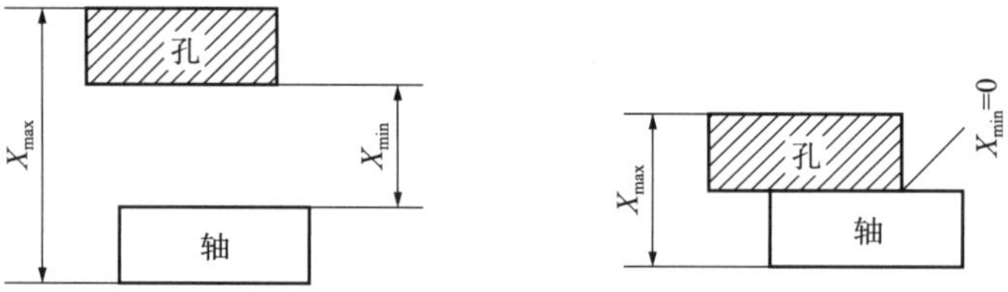

图 3 –6　间隙配合公差带图

间隙配合与间隙量计算

从图 3 –6 中可知，由于孔和轴的尺寸是在公差带范围内变化，得到的间隙是个变化值，存在最大值和最小值。当孔的上极限尺寸(D_{max})减轴的下极限尺寸(d_{min})所得的代数差，或孔的上极限偏差(ES)减轴的下极限偏差(ei)所得的代数差，称为最大间隙，用 X_{max} 表示；当孔的下极限尺寸(D_{min})减轴的上极限尺寸(d_{max})所得的代数差，或孔的下极限偏差(EI)减轴的上偏差(es)所得的代数差，称为最小间隙，用 X_{min} 表示；计算公式为：

$$X_{max}=D_{max}-d_{min}=ES-ei$$

$$X_{min}=D_{min}-d_{max}=EI-es$$

当孔的最小极限尺寸和轴的最大极限尺寸相同时，最小间隙为“0”。

3.1.4.4 过盈配合

过盈配合是指具有过盈(包括最小过盈为零)的配合。孔的公差带位于轴的公差带之下，通常是指孔小、轴大的配合，如图 3 –7 所示。

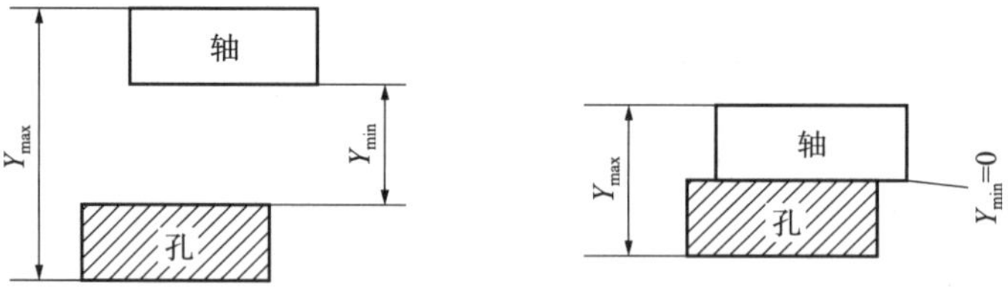

图 3 –7　过盈配合公差带图

过盈配合与过盈量计算

从图 3 –7 中可知，由于孔和轴的尺寸是在公差带范围内变化，得到的过盈是个变化值，存在最大值和最小值。当孔的下极限尺寸(D_{min})减轴的上极限尺寸(d_{max})所得的代数差，或孔的极限偏差(EI)减轴的上极差(es)所得的代数差，称为最大过盈，用 Y_{max} 表示；当孔的上极限尺寸(D_{max})减轴的下极限尺寸(d_{min})所得的代数差，或孔的上极限偏差(ES)减轴的下极限偏差(ei)所得的代数差，称为最小过盈，用 Y_{min} 表示；计算公式为：

$$Y_{max}=D_{min}-d_{max}=EI-es$$

$$Y_{min} = D_{max} - d_{min} = ES - ei$$

当孔的最大极限尺寸和轴的最小极限尺寸相同时，最小过盈为“0”。

3.1.4.5　过渡配合

过渡配合是指可能产生间隙或过盈的配合。孔的公差带与轴的公差带存在相互重合的部分，特点是其间隙或过盈的数值都较小，一般来讲，过渡配合的工件精度都较高，如图 3－8 所示。

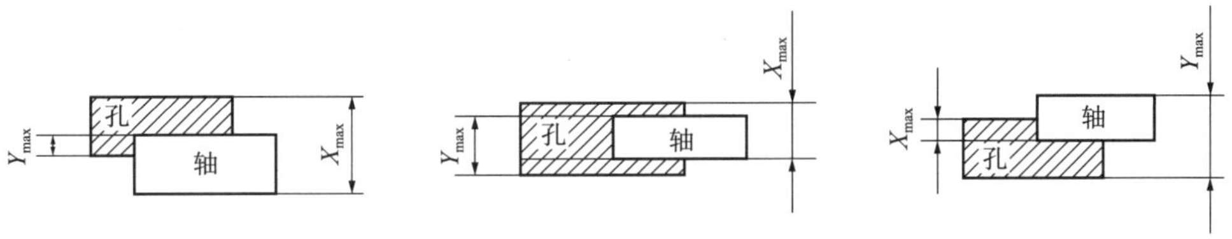

图 3－8　过渡配合公差带图

从图 3－8 中可知，过渡配合中，随着孔和轴的实际尺寸在相应的极限尺寸范围内变化，配合的松紧程度可从最大间隙变化到最大过盈。其最大间隙和最大过盈的计算方法分别与间隙配合中的最大间隙和过盈配合中的最大过盈相同。计算公式为：

$$X_{max} = D_{max} - d_{min} = ES - ei$$

$$Y_{max} = D_{min} - d_{max} = EI - es$$

过渡配合

3.1.4.6　配合公差

配合公差是组成配合的孔、轴公差之和，指允许间隙或过盈的变动量，它表明配合松紧程度的变化范围。配合公差用 T_f表示，配合公差为绝对值。对于间隙配合，其配合公差为最大间隙与最小间隙之差；对于过盈配合，其配合公差为最小过盈与最大过盈之差；对于过渡配合，其配合公差为最大间隙与最大过盈之差。其计算公式分别为：

间隙配合 $T_f = X_{max} - X_{min} = T_h + T_s$

过盈配合 $T_f = Y_{min} - Y_{max} = T_h + T_s$

过渡配合 $T_f = X_{max} - Y_{max} = T_h + T_s$

【案例】求下列 3 种孔、轴配合的极限间隙或过盈、配合公差，并绘制公差带图。

(1)孔 $\phi 24_{0}^{+0.016}$ 与轴 $\phi 24_{-0.033}^{-0.020}$

(2)孔 $\phi 24_{0}^{+0.021}$ 与轴 $\phi 24_{+0.028}^{+0.041}$

(3)孔 $\phi 24_{0}^{+0.021}$ 与轴 $\phi 24_{+0.002}^{+0.015}$

解：(1)$X_{max} = ES - ei = 0.016 - (-0.033) = 0.049$(mm)

$X_{min} = EI - es = 0 - (-0.020) = 0.020$(mm)

$T_f = T_h + T_s = 0.016 + 0.013 = 0.029$(mm)

配合举例应用

公差带图如图 3－9(a)所示。

(2)$Y_{max} = EI - es = 0 - 0.041 = -0.041$(mm)

$Y_{min} = ES - ei = 0.021 - 0.028 = -0.007$(mm)

$T_f = T_h + T_s = 0.021 + (0.041 - 0.028) = 0.034$(mm)

公差带图如图 3－9(b)所示。

(3) $X_{max}=ES-ei=0.021-0.002=0.019(mm)$

$Y_{max}=EI-es=0-0.015=-0.015(mm)$

$T_f=T_h+T_s=0.021+(0.015-0.002)=0.034(mm)$

公差带图如图 3－9(c)所示。

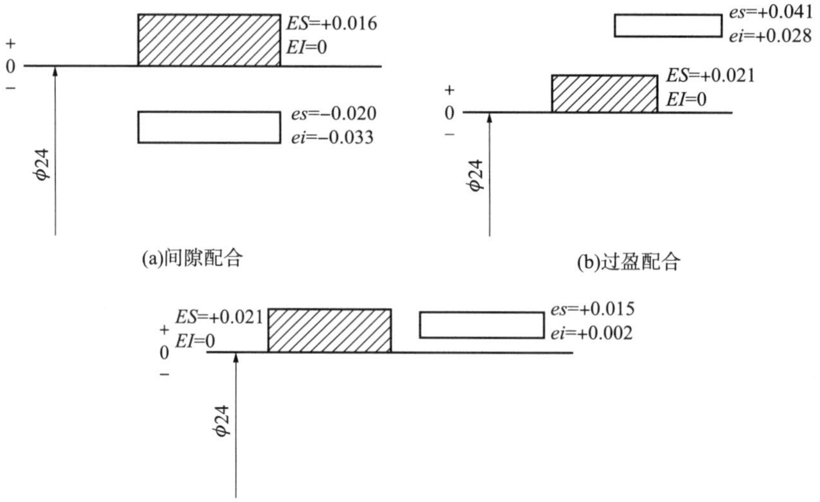

(a)间隙配合 (b)过盈配合

(c)过渡配合

图 3－9 公差带图

3.2 标准公差及基本偏差

基本偏差系列和标准公差系列

3.2.1 标准公差系列

标准公差系列是国家标准制定出的一系列标准公差数值，它包含以下内容。

3.2.1.1 标准公差因子

标准公差系列

标准公差因子也称公差单位，是确定标准公差的基本单位，是公称尺寸的函数，是制定标准公差数值的基础。

在生产制造中，公称尺寸相同的零件，公差大小可以评定其制造精度的高低；对公称尺寸不同的零件，评定其制造精度时就不能仅看公差大小。实际上，在相同的加工条件下，公称尺寸不同的零件加工后产生的加工误差也不同。为了合理规定公差数值，需建立公差单位。

根据国家标准给出公差单位的计算公式，公称尺寸≤500mm，IT5～IT18 的公差单位 i 的计算公式为：

$$i=0.45\sqrt[3]{D(d)}+0.001D(d)$$

式中 $D(d)$——公称尺寸分段的计算尺寸，mm；

i——公差单位，μm。

上式第一项主要反映加工误差，表示公差与公称尺寸符合立方抛物线规律；第二项反映的是测量误差的影响，这里主要指温度对测量结果的影响。

3.2.1.2　公差等级

公差等级是确定尺寸精确程度的等级。在实际生产中，不同零件或同一零件不同部位的尺寸，对精确程度的要求往往不同，为了满足生产的需要，国家标准规定了 20 个公差等级，各级标准公差的代号为 IT01，IT0，IT1，IT2，…，IT18。其中 IT01 精度最高，从左到右依次降低，标准公差值依次增大，加工难度依次降低。

同一公差等级，虽然公差值随着公称尺寸的不同而变化，但认为具有同等的精确程度。同一公称尺寸的孔和轴，其标准公差取决于公差等级的高低。规定和划分公差等级的目的是简化和统一公差的要求，使规定的等级既能满足不同的使用要求，又能大致代表各种加工方法的精度，为零件的设计和制造带来了极大的方便。

在公称尺寸≤500mm 的常用尺寸范围内，各级标准公差计算公式见表 3－1。

表 3－1　标准公差的计算公式

公差等级	IT01	IT0	IT1	IT2	IT3	IT4
公差值	$0.3+0.8D$	$0.5+0.12D$	$0.8+0.02D$	$IT1\left(\frac{IT5}{IT1}\right)^{\frac{1}{4}}$	$IT1\left(\frac{IT5}{IT1}\right)^{\frac{1}{2}}$	$IT1\left(\frac{IT5}{IT1}\right)^{\frac{3}{4}}$

公差等级	IT5	IT6	IT7	IT8	IT9	IT10	IT11	IT12	IT13	IT14	IT15	IT16	IT17	IT18
公差值	$7i$	$10i$	$16i$	$25i$	$40i$	$64i$	$100i$	$160i$	$250i$	$400i$	$640i$	$1000i$	$1600i$	$2500i$

3.2.1.3　尺寸分段

由标准公差的计算公式可知，对应每一个公称尺寸和公差等级可以计算出一个相应的公差值，但这样编制的公差表格会非常庞大，给生产、设计带来麻烦，同时也不利于公差值的标准化、系列化。为了减少标准公差的数目，统一公差值，简化公差表格，便于实际应用，国家标准对公称尺寸进行了分段。对同一尺寸段内所有的公称尺寸，在相同公差等情况下，规定相同的标准公差。标准公差数值见表 3－2。

标准公差查表法

表 3－2　标准公差数值

公称尺寸/mm		公差等级																			
大于	至	IT01	IT0	IT1	IT2	IT3	IT4	IT5	IT6	IT7	IT8	IT9	IT10	IT11	IT12	IT13	IT14	IT15	IT16	IT17	IT18
		μm													mm						
—	3	0.3	0.5	0.8	1.2	2	3	4	6	10	14	25	40	60	0.1	0.14	0.25	0.4	0.6	1	1.4
3	6	0.4	0.6	1	1.5	2.5	4	5	8	12	18	30	48	75	0.12	0.18	0.3	0.48	0.75	1.2	1.8
6	10	0.4	0.6	1	1.5	2.5	4	6	9	15	22	36	58	90	0.15	0.22	0.36	0.58	0.9	1.5	2.2

续表

公称尺寸/mm		公差等级																	
大于	至	IT01	IT0	IT1	IT2	IT3	IT4	IT5	IT6	IT7	IT8	IT9	IT10	IT11	IT12	IT13	IT14	IT15	IT16	IT17	IT18
		μm													mm						
10	18	0.5	0.8	1.2	2	3	5	8	11	18	27	43	70	110	0.18	0.27	0.43	0.7	1.1	1.8	2.7
18	30	0.6	1	1.5	2.5	4	6	9	13	21	33	52	84	130	0.21	0.33	0.52	0.84	1.3	2.1	3.3
30	50	0.6	1	1.5	2.5	4	7	11	16	25	39	62	100	160	0.25	0.39	0.62	1	1.6	2.5	3.9
50	80	0.8	1.2	2	3	5	8	13	19	30	46	74	120	190	0.3	0.46	0.74	1.2	1.9	3	4.6
80	120	1	1.5	2.5	4	6	10	15	22	35	54	87	140	220	0.35	0.54	0.87	1.4	2.2	3.5	5.4
120	180	1.2	2	3.5	5	8	12	18	25	40	63	100	160	250	0.4	0.63	1	1.6	2.5	4	6.3
180	250	2	3	4.5	7	10	14	20	29	46	72	115	185	290	0.46	0.72	1.15	1.85	2.9	4.6	7.2
250	315	2.5	4	6	8	12	16	23	32	52	81	130	210	320	0.52	0.81	1.3	2.1	3.2	5.2	8.1
315	400	3	5	7	9	13	18	25	36	57	89	140	230	360	0.57	0.89	1.4	2.3	3.6	5.7	8.9
400	500	4	6	8	10	15	20	27	40	63	97	155	250	400	0.63	0.97	1.55	2.5	4	6.3	9.7
500	630	4.5	6	9	11	16	22	30	44	70	110	175	280	440	0.7	1.1	1.75	2.8	4.4	7	11
630	800	5	7	10	13	18	25	35	50	80	125	200	320	500	0.8	1.25	2	3.2	5	8	12.5
800	1000	5.5	8	11	15	21	29	40	56	90	140	230	360	560	0.9	1.4	2.3	3.6	5.6	9	14
1000	1250	6.5	9	13	18	24	34	46	66	105	165	260	420	660	1.05	1.65	2.6	4.2	6.6	10.5	16.5
1250	1600	8	11	15	21	29	40	54	78	125	195	310	500	780	1.25	1.95	3.1	5	7.8	12.5	19.5
1600	2000	9	13	18	25	35	48	65	92	150	230	370	600	920	1.5	2.3	3.7	6	9.2	15	23
2000	2500	11	15	22	30	41	57	77	110	175	280	440	700	1100	1.75	2.8	4.4	7	11	17.5	28
2500	3150	13	18	26	36	50	69	93	135	210	330	540	860	1350	2.1	3.3	5.4	8.6	13.5	21	33

注：①公称尺寸大于 500mm 的 IT1 ~ IT5 的标准公差数值为试行；

②公称尺寸小于或等于 1mm 时，无 IT14 ~ IT18。

3.2.1.4 基本偏差系列

基本偏差是指零件公差带靠近零线位置的上极限偏差或下极限偏差，它是公差带位置标准化的唯一指标。当公差带位置在零线以上时，其基本偏差为下极限偏差；当公差带位置在零线以下时，其基本偏差为上极限偏差。

(1)基本偏差代号

基本偏差的代号用英文字母表示，小写字母代轴，大写字母代表孔。以轴为例，其排列顺序基本上从 a 到 z，在英文字母中，除去与其他代号易混淆的 5 个字母 i、l、o、q、w，增加了 7 个双字母代号 cd、ef、fg、js、za、zb、zc，共组成 28 个基本偏差代号。其排列顺序如图 3 – 10 所示。孔的 28 个基本偏差代号与轴完全相同，用大写字母表示。

在图 3 – 10 中，表示公称尺寸相同的 28 种轴、孔基本偏差相对零线的位置，其基本偏差是“开口”的公差带。这是因为基本偏差只是表示公差带的位置，而不表示公差带的大小，其另一端开口的位置将由公差等级来决定。

基本偏差系列代号及特征

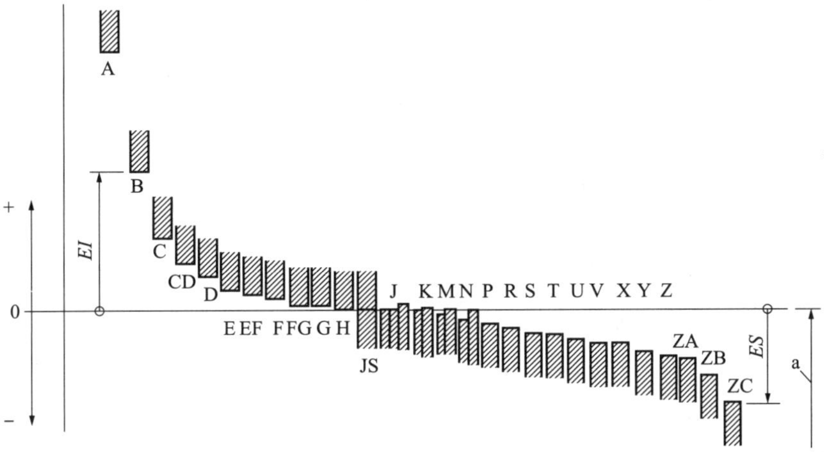

(a)孔的基本偏差

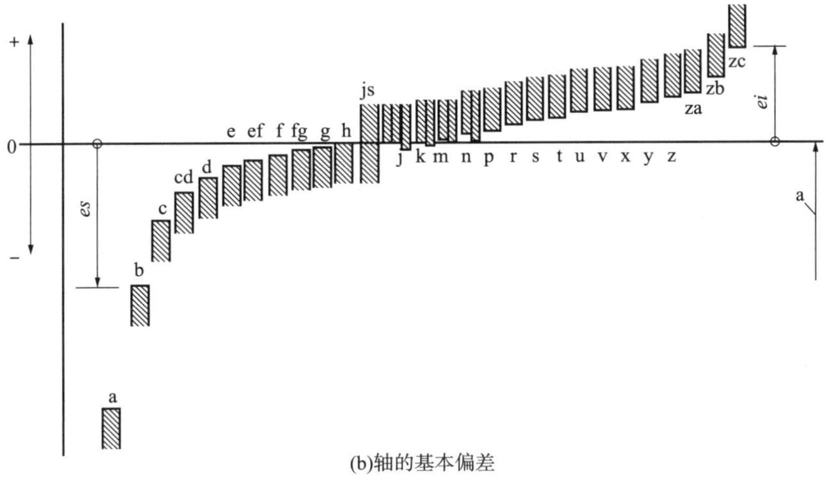

(b)轴的基本偏差

图 3－10　基本偏差系列图

极限与配合的应用举例

(2)基本偏差系列图的主要特点

①轴的基本偏差

从 a ~ h 规定为上极限偏差(*es*)，绝对值依次减小，且公差带都分布在零线以下；从 j ~ zc 规定为下极限偏差(*ei*)，k ~ zc 其绝对值依次增大，且公差带都分布在零线以上。

②孔的基本偏差

A ~ H 规定为下极限偏差(*EI*)，绝对值依次减小，且公差带都分布在零线以上；J ~ ZC 规定为上极限偏差(*ES*)，N ~ ZC 其绝对值依次增大，且公差带都分布在零线以下。

③JS 和 js 完全对称于零线分布

基本偏差可以用上极限偏差(IT/2)，也可以用下极限偏差(IT/2)。J 和 j 近似对称于零线分布，并且逐渐被 JS 和 js 所代替。

④基准孔和基准轴

代号为 H 的孔的基本偏差为下极限偏差(EI)，它总是等于零，称为基准孔；代号为 h 的轴的基本偏差为上极限偏差(es)，它总是等于零，称为基准轴。

孔的基本偏差数值表

⑤基本偏差的大小

除 JS 和 js 以外，基本偏差数值原则上与公差等级无关。但对 j、k 和 J、K、M、N 等，则随公差等级不同而有不同的基本偏差数值。

公称尺寸≤500mm 的孔、轴基本偏差数值，可查表 3－3 和表 3－4。

轴的基本偏差数值表

3.2.1.5 公差带与配合的表示

孔、偏差代号和公差等级数字组成。例如，H8、F7、K7、P7 等为孔的公差带代号；h7、f6、r6、p6 等为轴的公差带代号。

配合代号用孔、轴公差带的组合表示，写成分数形式，分子为孔的公差带代号，分母为轴的公差带代号，如 H7/f6 或$\frac{H7}{f6}$。

若指某公称尺寸的配合，则公称尺寸标在配合代号之前，如 $\phi30\ \frac{H7}{f6}$或 $\phi30H7/f6$。

孔、轴公差在零件图上主要标注公称尺寸和极限偏差数值，零件图上尺寸公差的标注方法有 3 种，如图 3－11 所示。

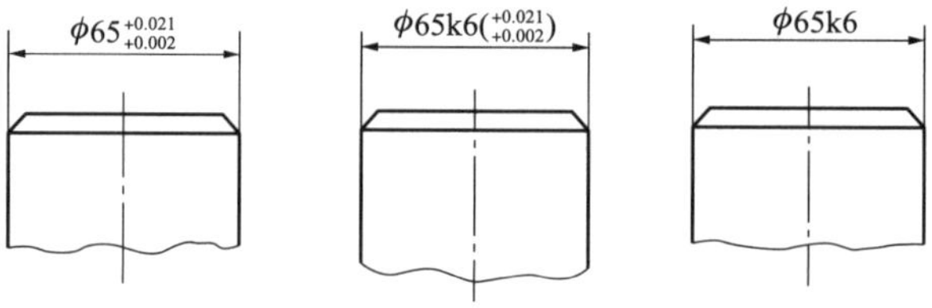

图 3－11　尺寸公差在图样上标注

装配图上，主要标注公称尺寸和配合代号，配合代号即标注孔、轴的偏差代号及公差等级，如图 3－12 所示。

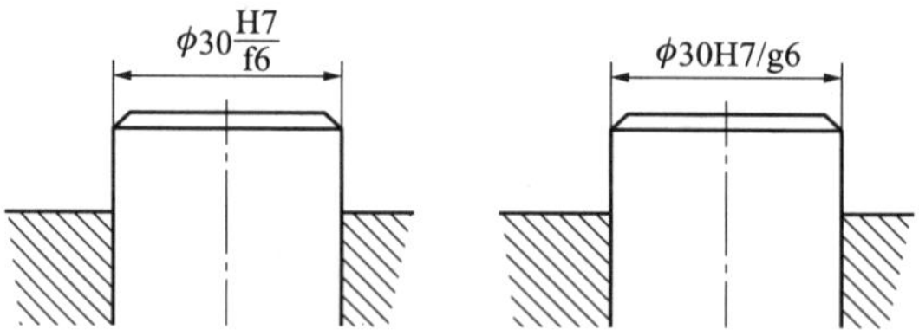

图 3－12　配合在图样上标注

3.2.1.6 标准温度

根据国家标准，本章所列数值均以 20℃的标准温度为基准。因此，整个测量过程应在 20℃恒温环境中完成。在实际生产中，通常使用室温测量值来评估零件尺寸是否合格。对于高精度生产车间，有必要对车间的温度进行控制。

表 3-3　孔的基本偏差值

公称尺寸/mm		基本偏差数值：下偏差 *EI*（μm）												基本偏差数值：上偏差 *ES*（μm）									
		所有公差等级												IT6	IT7	IT8	≤IT8	>IT8	≤IT8	>IT8	≤IT8	>IT8
>	≤	A	B	C	CD	D	E	EF	F	FG	G	H	JS	J			K		M		N	
—	3	270	140	60	34	20	14	10	6	4	2	0		2	4	6	0	0	-2+Δ	-2	-4	-4
3	6	270	140	70	46	30	20	14	10	6	4	0		5	6	10	-1+Δ		-4+Δ	-4	-8+Δ	0
6	10	280	150	80	56	40	25	18	13	8	5	0		5	8	12	-1+Δ		-6+Δ	-6	-10+Δ	0
10	14	290	150	95		50	32		16		6	0		6	10	15	-1+Δ		-7+Δ	-7	-12+Δ	0
14	18	290	150	95		50	32		16		6	0		6	10	15	-1+Δ		-7+Δ	-7	-12+Δ	0
18	24	300	160	110		65	40		20		7	0		8	12	20	-2+Δ		-8+Δ	-8	-15+Δ	0
24	30	300	160	110		65	40		20		7	0		8	12	20	-2+Δ		-8+Δ	-8	-15+Δ	0
30	40	310	170	120		80	50		25		9	0		10	14	24.24	-2+Δ		-9+Δ	-9	-17+Δ	0
40	50	320	180	130		80	50		25		9	0		10	14	24	-2+Δ		-9+Δ	-9	-17+Δ	0
50	65	340	190	140		100	60		30		10	0		13	18	28	-2+Δ		-11+Δ	-11	-20+Δ	0
65	80	360	200	150		100	60		30		10	0		13	18	28	-2+Δ		-11+Δ	-11	-20+Δ	0
80	100	380	220	170		120	72		36		12	0		16	22	34	-3+Δ		-13+Δ	-13	-23+Δ	0
100	120	410	240	180		120	72		36		12	0		16	22	34	-3+Δ		-13+Δ	-13	-23+Δ	0
120	140	460	260	200		145	85		43		14	0		18	26	41	-3+Δ		-15+Δ	-15	-27+Δ	0
140	160	520	280	210		145	85		43		14	0		18	26	41	-3+Δ		-15+Δ	-15	-27+Δ	0
160	180	580	310	230		145	85		43		14	0		18	26	41	-3+Δ		-15+Δ	-15	-27+Δ	0
180	200	660	340	240		170	100		50		15	0		22	30	47	-4+Δ		-17+Δ	-17	-31+Δ	0
200	225	740	380	260		170	100		50		15	0		22	30	47	-4+Δ		-17+Δ	-17	-31+Δ	0
225	250	820	420	280		170	100		50		15	0		22	30	47	-4+Δ		-17+Δ	-17	-31+Δ	0
250	280	920	480	300		190	110		56		17	0		25	36	55	-4+Δ		-20+Δ	-20	-34+Δ	0
280	315	1050	540	330		190	110		56		17	0		25	36	55	-4+Δ		-20+Δ	-20	-34+Δ	0
315	355	1200	600	360		210	125		62		18	0		29	39	60	-4+Δ		-21+Δ	-21	-37+Δ	0
355	400	1350	680	400		210	125		62		18	0		29	39	60	-4+Δ		-21+Δ	-21	-37+Δ	0

公称尺寸/mm		基本偏差数值：上偏差 *ES*（μm）>IT7													Δ值：标准公差等级					
>	≤	P–ZC	P	R	S	T	U	V	X	Y	Z	ZA	ZB	ZC	IT3	IT4	IT5	IT6	IT7	IT8
—	3	在大于IT7的标准公差等级的基本偏差数值增加一个Δ值	-6	-10	-14	0	-18	0	-20	0	-26	-32	-40	-60	0	0	0	0	0	0
3	6		-12	-15	-19	0	-23	0	-28	0	-35	-42	-50	-80	1	1.5	1	3	4	6
6	10		-15	-19	-23	0	-28	0	-34	0	-42	-52	-67	-97	1	1.5	2	3	6	7
10	14		-18	-23	-28	0	-33	0	-40	0	-50	-64	-90	-130	1	2	3	3	7	9
14	18		-18	-23	-28	0	-33	-39	-45	0	-60	-77	-108	-150						
18	24		-22	-28	-35	0	-41	-47	-54	-63	-73	-98	-136	-188	1.5	2	3	4	8	12
24	30		-22	-28	-35	-41	-48	-55	-64	-75	-88	-118	-160	-218						
30	40		-26	-34	-43	-48	-60	-68	-80	-94	-112	-148	-200	-274	1.5	3	4	5	9	14
40	50		-26	-34	-43	-54	-70	-81	-97	-114	-136	-180	-242	-325						
50	65		-32	-41	-53	-66	-87	-102	-122	-144	-172	-226	-300	-405	2	3	5	6	11	16
65	80		-32	-43	-59	-75	-102	-120	-146	-174	-210	-274	-360	-480						
80	100		-37	-51	-71	-91	-124	-146	-178	-214	-258	-335	-445	-585	2	4	5	7	13	19
100	120		-37	-54	-79	-104	-144	-172	-210	-254	-310	-400	-525	-690						
120	140		-43	-63	-92	-122	-170	-202	-248	-300	-365	-470	-620	-800	3	4	6	7	15	23
140	160		-43	-65	-100	-134	-190	-228	-280	-340	-415	-535	-700	-900						
160	180		-43	-68	-108	-146	-210	-252	-310	-380	-465	-600	-780	-1000						
180	200		-50	-77	-122	-166	-236	-284	-350	-425	-520	-670	-880	-1150	3	4	6	9	17	26
200	225		-50	-80	-130	-180	-258	-310	-385	-470	-575	-740	-960	-1250						
225	250		-50	-84	-140	-196	-284	-340	-425	-520	-640	-820	-1050	-1350						
250	280		-56	-94	-158	-218	-315	-385	-475	-580	-710	-920	-1200	-1550	4	4	7	9	20	29
280	315		-56	-98	-170	-240	-350	-425	-525	-650	-790	-1000	-1300	-1700						
315	355		-62	-108	-190	-268	-390	-475	-590	-730	-900	-1150	-1500	-1900	4	5	7	11	21	32
355	400		-62	-114	-208	-294	-435	-530	-660	-820	-1000	-1300	-1650	-2100						

续表

公称尺寸/mm		基本偏差数值																																		Δ值					
		下偏差 *EI*（μm）												上偏差 *ES*（μm）																											
		所有公差等级												IT6	IT7	IT8	≤IT8	>IT8	≤IT8	>IT8	≤IT8	>IT8	>IT7													标准公差等级					
>	≤	A	B	C	CD	D	E	EF	F	FG	G	H	JS	J			K		M		N		P–ZC	P	R	S	T	U	V	X	Y	Z	ZA	ZB	ZC	IT3	IT4	IT5	IT6	IT7	IT8
400	450	1500	760	440		230	135		68		20	0		33	43	66	−5+Δ		−23+Δ	−23	−40+Δ	0	在大于IT7的标准公差等级的基本偏差数值增加一个Δ值	−68	−126	−232	−330	−490	−595	−740	−920	−1100	−1450	−1850	−2400	5	5	7	13	23	34
450	500	1650	840	480		230	135		68		20	0		33	43	66	−5+Δ		−23+Δ	−23	−40+Δ	0		−68	−132	−252	−360	−540	−660	−820	−1000	−1250	−1600	−2100	−2600						
500	560					260	145		76		22	0					0		−26		−44			−78	−150	−280	−400	−600													
560	630					260	145		76		22	0					0		−26		−44			−78	−155	−310	−450	−660													
630	710					290	160		80		24	0					0		−30		−50			−88	−175	−340	−500	−740													
710	800					290	160		80		24	0					0		−30		−50			−88	−185	−380	−560	−840													
800	900					320	170		86		26	0					0		−34		−56			−100	−210	−430	−620	−940													
900	1000					320	170		86		26	0					0		−34		−56			−100	−220	−470	−680	−1050													
1000	1120					350	195		98		28	0					0		−40		−66			−120	−250	−520	−780	−1150													
1120	1250					350	195		98		28	0					0		−40		−66			−120	−260	−580	−840	−1300													
1250	1400					390	220		110		30	0					0		−48		−78			−140	−300	−640	−960	−1450													
1400	1600					390	220		110		30	0					0		−48		−78			−140	−330	−720	−1050	−1600													
1600	1800					430	240		120		32	0					0		−58		−92			−170	−370	−820	−1200	−1850													
1800	2000					430	240		120		32	0					0		−58		−92			−170	−400	−920	−1350	−2000													
2000	2240					480	260		130		34	0					0		−68		−110			−195	−440	−1000	−1500	−2300													
2240	2500					480	260		130		34	0					0		−68		−110			−195	−460	−1100	−1650	−2500													
2500	2800					520	290		145		38	0					0		−76		−135			−240	−550	−1250	−1950	−2900													
2800	3150					520	290		145		38	0					0		−76		−135			−240	−580	−1400	−2100	−3200													

注：①公称尺寸小于 1mm 时，各级的 A 和 B 及大于 8 级的 N 均不采用。

②JS 的数值，对 IT7~IT11，若 IT 的数值（μm）为奇数，则取 JS=±（ITn−1）/2。

③特殊情况：当公称尺寸大于 250mm 而小于 315mm 时，M6 的 *ES* 等于 −9（不等于 −11）。

④对于标准公差等级小于或等于 IT8 的 K、M、N 和小于或等于 IT7 的 P–ZC，所需 Δ 值从表内右侧栏选取。

表 3–4 轴的基本偏差值

公称尺寸 / mm		基本偏差数值																														
		上偏差 es/μm												上偏差 ei/μm																		
>	≤	所有公差等级												IT5、IT6	IT7	IT8	IT4~IT7	≤ IT3 >IT7	所有公差等级													
		a	b	c	cd	d	e	ef	f	fg	g	h	js	j			k		m	n	p	Δ	s	t	u	v	x	y	z	za	zb	zc
—	3	−270	−140	−60	−34	−20	−14	−10	−6	−4	−2	0		−2	−4	−6	0	0	2	4	6	10	14		18		20		26	32	40	60
3	6	−270	−140	−70	−46	−30	−20	−14	−10	−6	−4	0		−2	−4		1	0	4	8	12	15	19		23		28		35	42	50	80
6	10	−280	−150	−80	−56	−40	−25	−18	−13	−8	−5	0		−2	−5		1	0	6	10	15	19	23		28		34		42	52	67	97
10	14	−290	−150	−95		−50	−32		−16		−6	0		−3	−6		1	0	7	12	18	23	28		33		40		50	64	90	130
14	18	−290	−150	−95		−50	−32		−16		−6	0		−3	−6		1	0	7	12	18	23	28		33	39	45		60	77	108	150
18	24	−300	−160	−110		−65	−40		−20		−7	0		−4	−8		2	0	8	15	22	28	35		41	47	54	63	73	98	136	188
24	30	−300	−160	−110		−65	−40		−20		−7	0		−4	−8		2	0	8	15	22	28	35	41	48	55	64	75	88	118	160	218
30	40	−310	−170	−120		−80	−50		−25		−9	0		−5	−10		2	0	9	17	26	34	43	48	60	68	80	94	112	148	200	274
40	50	−320	−180	−130		−80	−50		−25		−9	0		−5	−10		2	0	9	17	26	34	43	54	70	81	97	114	136	180	242	325
50	65	−340	−190	−140		−100	−60		−30		−10	0		−7	−12		2	0	11	20	32	41	53	66	87	102	122	144	172	226	300	405
65	80	−360	−200	−150		−100	−60		−30		−10	0	偏差等于 ± IT/2	−7	−12		2	0	11	20	32	43	59	75	102	120	146	174	210	274	360	480
80	100	−380	−220	−170		−120	−72		−36		−12	0		−9	−15		3	0	13	23	37	51	71	91	124	146	178	214	258	335	445	585
100	120	−410	−240	−180		−120	−72		−36		−12	0		−9	−15		3	0	13	23	37	54	79	104	144	172	210	254	310	400	525	690
120	140	−460	−260	−200		−145	−85		−43		−14	0		−11	−18		3	0	15	27	43	63	92	122	170	202	248	300	365	470	620	800
140	160	−520	−280	−210		−145	−85		−43		−14	0		−11	−18		3	0	15	27	43	65	100	134	190	228	280	340	415	535	700	900
160	180	−580	−310	−230		−145	−85		−43		−14	0		−11	−18		3	0	15	27	43	68	108	146	210	252	310	380	465	600	780	1000
180	200	−660	−340	−240		−170	−100		−50		−15	0		−13	−21		4	0	17	31	50	77	122	166	236	284	350	425	520	670	880	1150
200	225	−740	−380	−260		−170	−100		−50		−15	0		−13	−21		4	0	17	31	50	80	130	180	258	310	385	470	575	740	960	1250
225	250	−820	−420	−280		−170	−100		−50		−15	0		−13	−21		4	0	17	31	50	84	140	196	284	340	425	520	640	820	1050	1350
250	280	−920	−480	−300		−190	−110		−56		−17	0		−16	−26		4	0	20	34	56	94	158	218	315	385	475	580	710	920	1200	1550
280	315	−1050	−540	−330		−190	−110		−56		−17	0		−16	−26		4	0	20	34	56	98	170	240	350	425	525	650	790	1000	1300	1700
315	355	−1200	−600	−360		−210	−125		−62		−18	0		−18	−28		4	0	21	37	62	108	190	268	390	475	590	730	900	1150	1500	1900

续表

公称尺寸/mm		基本偏差数值																															
		上偏差 *es*/μm												上偏差 *ei*/μm																			
>	≤	所有公差等级												IT5、IT6	IT7	IT8	IT4~IT7	≤IT3 >IT7	所有公差等级														
		a	b	c	cd	d	e	ef	f	fg	g	h	js	j			k		m	n	p	Δ	s	t	u	v	x	y	z	za	zb	zc
355	400	−1350	−680	−400		−210	−125		−62		−18	0	偏差等于 ±IT/2	−18	−28		4	0	21	37	62	114	208	294	435	530	660	820	1000	1300	1650	2100
400	450	−1500	−760	−440		−230	−135		−68		−20	0		−20	−32		5	0	23	40	68	126	232	330	490	595	740	920	1100	1450	1850	2400
450	500	−1650	−840	−480		−230	−135		−68		−20	0		−20	−32		5	0	23	40	68	132	252	360	540	660	820	1000	1250	1600	2100	2600
500	560					−260	−145		−76		−22	0							26	44	78	150	280	400	600							
560	630					−260	−145		−76		−22	0							26	44	78	155	310	450	660							
630	710					−290	−160		−80		−24	0							30	50	88	175	340	500	740							
710	800					−290	−160		−80		−24	0							30	50	88	185	380	560	840							
800	900					−320	−170		−86		−26	0							34	56	100	210	430	620	940							
900	1000					−320	−170		−86		−26	0							34	56	100	220	470	680	1050							
1000	1120					−350	−195		−98		−28	0							40	66	120	250	520	780	1150							
1120	1250					−350	−195		−98		−28	0							40	66	120	260	580	840	1300							
1250	1400					−390	−220		−110		−30	0							48	78	140	300	640	960	1450							
1400	1600					−390	−220		−110		−30	0							48	78	140	330	720	1050	1600							
1600	1800					−430	−240		−120		−32	0							58	92	170	370	820	1200	1850							
1800	2000					−430	−240		−120		−32	0							58	92	170	400	920	1350	2000							
2000	2240					−480	−260		−130		−34	0							68	110	195	440	1000	1500	2300							
2240	2500					−480	−260		−130		−34	0							68	110	195	460	1100	1650	2500							
2500	2800					−520	−290		−145		−38	0							76	135	240	550	1250	1950	2900							
2800	3150					−520	−290		−145		−38	0							76	135	240	580	1400	2100	3200							

注：①公称尺寸小于 1mm 时，各级的 a 和 b 均不采用。

②js 的数值，对 IT7~IT11，若 IT 的数值（μm）为奇数，则取 js=±（IT−1）/2。

3.2.1.7　常用尺寸孔、轴的公差带与配合

(1)常用尺寸孔、轴的公差带

国标 GB/T 1800.1—2020 对孔和轴规定了 20 个公差等级和 28 种基本偏差，如将任一基本偏差与任一标准公差组合，其孔公差带有 20×27+3(J6，J7，J8)=543(个)，轴公差带有 20×27+4(j5，j6，j7，j8)=544(个)。在生产实践中，这么多的公差带无法体现标准化的作用，也不利于生产。因此在满足生产的前提下，减小刀具和量具的规格，提高加工效率，需要对孔和轴的公差带做出必要的限制。

国标对公称尺寸≤500mm 轴的公差带规定了优先配合和一般用途配合两种公差带。轴的优先配合公差带有 17 种(方框内)，一般用途配合公差带有 35 种，如图 3-13 所示。

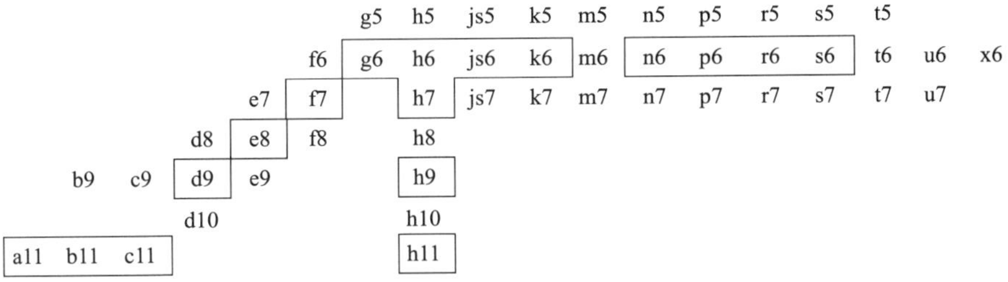

图 3-13　轴的优先配合和一般用途配合公差带

国标对公称尺寸≤500mm 孔的公差带规定了优先配合和一般用途配合两种公差带。孔的优先配合公差带有 17 种(方框内)，一般用途配合公差带有 28 种，如图 3-14 所示。

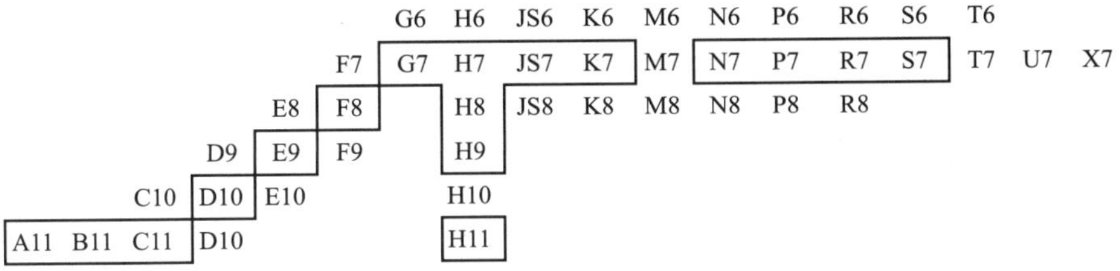

图 3-14　孔的优先配合和一般用途配合公差带

在实际应用中选用公差带时，首先选用优先配合公差带，其次选用一般用途配合公差带。

在图 3-13 和图 3-14 中，公差带代号仅应用于不需要对公差带代号进行特定选取的一般用途；需要特定选取的，如键槽在特定应用中，偏差 js 和 JS 可被相应的偏差 j 和 J 替代。

(2)孔、轴的常用和优先配合

国标在规定了上述孔、轴公差带选用的基础上，还规定了优先、常用配合。规定基轴制中有 47 种常用配合，18 种优先配合，见表 3-5。规定基孔制中有 59 种常用配合，16 种优先配合，见表 3-6。

表 3－5　基轴制优先、常用配合（摘自 GB/T 1800.1—2020）

基准轴	孔																	
	A	B	C	D	E	F	G	H	JS	K	M	N	P	R	S	T	U	X
	间隙配合								过渡配合			过盈配合						
h5							$\frac{G6}{h5}$	$\frac{H6}{h5}$	$\frac{JS6}{h5}$	$\frac{K6}{h5}$	$\frac{M6}{h5}$	$\frac{N6}{h5}$	$\frac{P6}{h5}$					
h6						$\frac{F7}{h6}$	◤$\frac{G7}{h6}$	◤$\frac{H7}{h6}$	◤$\frac{JS7}{h6}$	◤$\frac{K7}{h6}$	$\frac{M7}{h6}$	◤$\frac{N7}{h6}$	◤$\frac{P7}{h6}$	◤$\frac{R7}{h6}$	◤$\frac{S7}{h6}$	$\frac{T7}{h6}$	$\frac{U7}{h6}$	$\frac{X7}{h6}$
h7					$\frac{E8}{h7}$	◤$\frac{F8}{h7}$		◤$\frac{H8}{h7}$										
h8				$\frac{D9}{h8}$	◤$\frac{E9}{h8}$	$\frac{F9}{h8}$		◤$\frac{H9}{h8}$										
h9					$\frac{E8}{h9}$	$\frac{F8}{h9}$		◤$\frac{H8}{h9}$										
h9				◤$\frac{D9}{h9}$	◤$\frac{E9}{h9}$	$\frac{F9}{h9}$		◤$\frac{H9}{h9}$										
h9		◤$\frac{B11}{h9}$	◤$\frac{C10}{h9}$	$\frac{D10}{h9}$				$\frac{H10}{h9}$										

注：①$\frac{N7}{h6}$为过渡配合。

②标注◤的为优先配合。

表 3－6　基孔制优先、常用配合（摘自 GB/T 1800.1—2020）

基准孔	轴																	
	a	b	c	d	e	f	g	h	js	k	m	n	p	r	s	t	u	x
	间隙配合								过渡配合			过盈配合						
H6							$\frac{H6}{g5}$	$\frac{H6}{h5}$	$\frac{H6}{js5}$	$\frac{H6}{k5}$	$\frac{H6}{m5}$	$\frac{H6}{n5}$	$\frac{H6}{p5}$					
H7						$\frac{H7}{f6}$	◤$\frac{H7}{g6}$	◤$\frac{H7}{h6}$	◤$\frac{H7}{js6}$	◤$\frac{H7}{k6}$	$\frac{H7}{m6}$	◤$\frac{H7}{n6}$	◤$\frac{H7}{p6}$	◤$\frac{H7}{r6}$	◤$\frac{H7}{s6}$	$\frac{H7}{t6}$	$\frac{H7}{u6}$	$\frac{H7}{x6}$
H8					$\frac{H8}{e7}$	◤$\frac{H8}{f7}$		◤$\frac{H8}{h7}$	$\frac{H8}{js7}$	$\frac{H8}{k7}$	$\frac{H8}{m7}$				$\frac{H8}{s7}$		$\frac{H8}{u7}$	
H8				$\frac{H8}{d8}$	◤$\frac{H8}{e8}$	$\frac{H8}{f8}$		$\frac{H8}{h8}$										

续表

基准孔	轴																	
	a	b	c	d	e	f	g	h	js	k	m	n	p	r	s	t	u	x
	间隙配合								过渡配合			过盈配合						
H9				$\frac{H9}{d8}$	◤$\frac{H9}{e8}$	$\frac{H9}{f8}$		◤$\frac{H9}{h8}$										
H10		$\frac{H10}{b9}$	$\frac{H10}{c9}$	◤$\frac{H10}{d9}$	$\frac{H10}{e9}$			◤$\frac{H10}{h9}$										
H11		◤$\frac{H11}{b11}$	◤$\frac{H11}{c11}$	$\frac{H11}{d10}$				$\frac{H11}{h10}$										

注：①$\frac{H6}{n5}$、$\frac{H7}{p6}$在公称尺寸≤3mm时，为过渡配合。

②标注◤的为优先配合。

3.2.1.8 配合制

由配合的公差带位置特性可知，孔、轴公差带的相对位置可以变化组成不同性质、不同松紧的配合。为简化起见，以最少的标准公差带形成最多的配合，且获得良好的技术经济效益，国家标准规定了两种基准制，即基孔制与基轴制。

(1)基孔制

基孔制是指基本偏差为一定的孔的公差带，与不同基本偏差的轴的公差带形成的各种配合的一种制度，如图3-15所示。

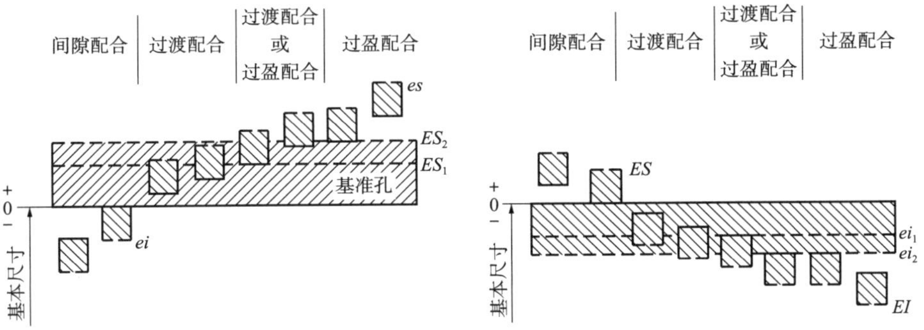

(a)基孔制　　(b)基轴制

基准制

图3-15　基孔制、基轴制公差带

基孔制中的孔称为基准孔，用H表示。基准孔的基本偏差为下极限偏差EI，且数值为零，即$EI=0$。上极限偏差为正值，其公差带偏置在零线之上。

基孔制配合中，由于轴的基本偏差不同，它们的公差带和基准孔公差带形成不同的配合类型，见表3-7。

表 3－7　基孔制与轴形成的配合类型

孔基本偏差	轴基本偏差	配合类型
H	a～h	间隙配合
	js～m	过渡配合
	n，p	过渡或过盈配合
	r～zc	过盈配合

（2）基轴制

基轴制是指基本偏差为一定的轴的公差带，与不同基本偏差的孔的公差带形成的各种配合的一种制度。

基轴制中的轴称为基准轴，用 h 表示。基准轴的基本偏差为上极限偏差 es，且数值为零，即 $es=0$。下极限偏差为负值，其公差带偏置在零线下侧。

基轴制配合中，由于孔的基本偏差不同，形成不同的配合类型，见表 3－8。

表 3－8　基轴制与孔形成的配合类型

轴基本偏差	孔基本偏差	配合类型
h	A～H	间隙配合
	JS～M	过渡配合
	N，P	过渡或过盈配合
	R～ZC	过盈配合

不难发现，由于基本偏差的对称性，配合 H7/m6 和 M7/h6、H8/f7 和 F8/h7 具有相同的极限盈、隙指标。基准制可以转换，亦称为同名配合。

3.2.1.9　线性尺寸的一般公差

线性尺寸未注公差的选用

一般公差是指在车间一般加工条件下可以保证的公差，在设备正常维护和操作的情况下，能达到的加工精度。

GB/T 1804—2000《一般公差　未注公差的线性和角度尺寸的公差》规定了线性尺寸的一般公差等级和极限偏差。一般公差等级分为 4 级，它们分别是精密级 f、中等级 m、粗糙级 c、最粗级 v。极限偏差全部采用对称偏差值，对适用尺寸也采用了较大的分段，具体数值见表 3－9。

表 3－9　线性尺寸未标注极限偏差的数值　mm

公差等级	公称尺寸分段							
	0.5～3	＞3～6	＞6～30	＞30～120	＞120～400	＞400～1000	＞1000～2000	＞2000～4000
精密 f	±0.05	±0.05	±0.1	±0.15	±0.2	±0.3	±0.5	—
中等 m	±0.1	±0.1	±0.2	±0.3	±0.5	±0.8	±1.5	±2
粗糙 c	±0.2	±0.3	±0.5	±0.8	±1.2	±2	±3	±4
最粗 v	—	±0.5	±1	±1.5	±5.5	±4	±6	±8

线性尺寸的一般公差主要用于较低精度的非配合尺寸。采用一般公差的尺寸，该尺寸不标注极限偏差。只有当要素的功能允许一个比一般公差更大的公差，且采用该公差比一般公差更为经济时，其相应的极限偏差要在尺寸后注出。

采用 GB/T 1804—2000 规定的一般公差，在图样、技术文件或标准中用该标准号和公差等级符号表示。例如，当选用中等级 m 时，可在技术要求中注明；未注公差尺寸的，按 GB/T 1804—2000——m 规定选用。

3.3 极限与配合的选用

极限与配合选用的举例应用

尺寸公差与配合的选择是机械设计与制造中的一个重要环节。它是在公称尺寸已经确定的情况下进行的尺寸精度设计。公差与配合的选择是否恰当，对产品的性能、质量、互换性及经济性有着重要的影响。选择的原则是在满足使用要求的前提下，获得最佳的技术经济效益。

公差与配合的选择一般有 3 种方法：类比法、计算法、试验法。类比法就是通过对类似的机器和零部件进行调查研究、分析对比后，根据前人的经验来选取公差与配合。这是目前应用最多，也是主要的一种方法。计算法是按照一定的理论和公式来确定需要的间隙或过盈。这种方法虽然麻烦，但比较科学，只是有时将条件理论化、简单化了，使得计算结果不完全符合实际。试验法是通过试验或统计分析来确定间隙或过盈。这种方法合理、可靠，只是代价较高，因而只应用于重要产品的设计。

3.3.1 基准制的选择

基准制的选用

选用基准制时，主要应从零件的结构、工艺、经济等方面来综合考虑。

3.3.1.1 优先选用基孔制配合

由于选择基孔制配合的零、部件生产成本低，经济效益好，因而该配合被广泛使用。由于同等精度的内孔加工比外圆加工困难、成本高，往往采用按基孔设计与加工的钻头、扩孔钻、铰刀、拉刀等定尺寸刀具，以降低加工难度和生产成本。而加工轴则不同，一把刀具可加工不同尺寸的轴。所以，从经济方面考虑优先选用基孔制。

3.3.1.2 特殊场合选用基轴制配合

(1)直接采用冷拉棒料做轴

其表面不需要再进行切削加工，同样可以获得明显的经济效益(冷拉圆钢按一定的精度等级加工，其尺寸与几何误差、表面粗糙度精度达到一定标准)，在农业、建筑、纺织机械中常用。

(2)有些零件由于结构上的需要，采用基轴制更合理

图 3-16(a)所示为活塞连杆机构，根据使用要求，活塞销轴与活塞孔采用过渡配合，而连杆衬套与活塞销轴则采用间隙配合。若采用基孔制，如图 3-16(b)所示，活塞销轴

将加工成台阶形状；而采用基轴制配合，如图 3－16(c)所示，活塞销轴可制成光轴，这种选择不仅有利于轴的加工，并且能够保证合理的装配质量。

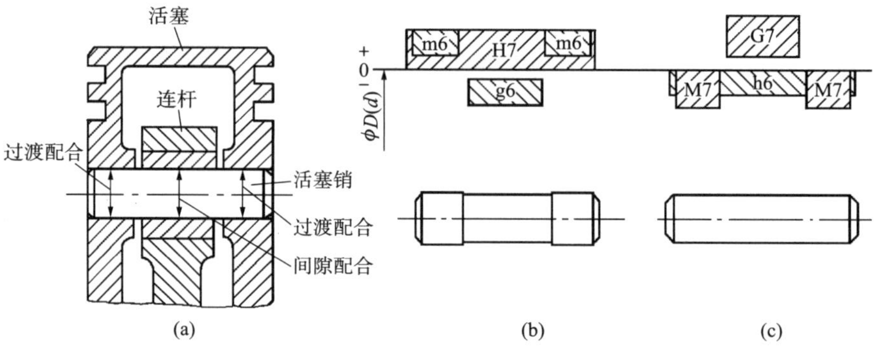

图 3－16　基轴制配合选择示例

(3)与标准件配合

当设计的零件需要与标准件配合时，应根据标准件来确定基准制配合。例如，滚动轴承内圈与轴的配合，应选择用基孔制；而滚动轴承外圈与基座孔的配合，应选用基轴制。

3.3.2　公差等级的选择

公差等级的选用就是确定尺寸的制造精度与加工的难易程度。加工的成本和工件的工作质量有关，所以在选择公差等级时，要正确处理使用要求、加工工艺及生产成本之间的关系。

标准公差选用

公差等级选择原则：在满足使用要求的前提下，尽可能选择较低的公差等级。

公差等级的选用通常采用的方法为类比法，即参考从生产实践中总结出来的经验汇编成的资料，进行比较选择。用类比法选择公差等级时，应掌握各个公差等级的应用范围和各种加工方法所能达到的公差等级，以便有所依据。表 3－10 为公差等级的应用范围，表 3－11 为常用加工方法所能达到的公差等级，表 3－12 为常用公差等级的具体应用。

表 3－10　公差等级的应用范围

应用	公差等级																			
	01	0	1	2	3	4	5	6	7	8	9	10	11	12	13	14	15	16	17	18
块规	—	—	—																	
量规			—	—	—	—	—	—	—											
配合尺寸							—	—	—	—	—	—	—	—	—					
特别精密零件				—	—	—	—													
非配合尺寸														—	—	—	—	—	—	—
原材料公差										—	—	—	—	—	—					

表 3－11 常用加工方法所能达到的公差等级

加工方法	公差等级																			
	01	0	1	2	3	4	5	6	7	8	9	10	11	12	13	14	15	16	17	18
研磨	—	—	—	—	—	—	—													
珩磨						—	—	—	—											
圆磨							—	—	—	—										
平磨							—	—	—	—										
金刚石车							—	—	—											
金刚石镗							—	—	—											
拉销							—	—	—	—										
铰孔								—	—	—	—	—								
精车精镗									—	—	—									
粗车												—	—	—						
粗镗												—	—	—						
铣										—	—	—	—							
刨、插												—	—							
钻削												—	—	—	—					
冲压												—	—	—	—	—				
滚压、挤压												—								
锻造																	—	—		
砂型铸造																—	—			
金属型铸造																—	—			
气割																	—	—	—	—

表 3－12 配合尺寸 IT5～IT12 的应用

公差等级	应用
IT5	主要用在配合公差、形状公差要求甚小的地方，它的配合性质稳定，一般在机床、发动机、仪表等重要部位应用，如与 D 级滚动轴承配合的箱体孔、机床主轴、机床尾架与套、精密机械及高速机械中的轴颈、精密丝杆轴颈等
IT6	配合性能可达到较高的均匀性，主要用在与滚动轴承相配合的孔，轴与齿轮，蜗轮，联轴器，皮带轮，凸轮等联接的轴径，机床丝杠轴径，摇臂钻立柱，机床夹具中导向件外径尺寸，6 级精广齿轮的基准孔，7 级、8 级精度齿轮基准轴径
IT7	IT7 精度比 IT6 稍低，应用条件与 IT6 基本相似，在一般机械中应用较为普遍，如联轴器，皮带轮，凸轮等孔径，机床夹盘座孔，夹具中固定钻套，可换钻套，7 级、8 级齿轮基准孔，9 级、10 级齿轮基准轴
IT8	IT8 在机器制造中属中等精度，如轴承座衬套沿宽度方向尺寸，9～12 级齿轮基准孔，11 级、12 级齿轮基准轴

续表

公差等级	应用
IT9 IT10	主要用于机器制造中轴套外径与孔径、操纵件与轴、单键与花键等
IT11 IT12	配合精度很低，配后可能产生很大间隙，适用于基本上没有什么配合要求的场合，如机器中法兰盘与止口，滑块与滑移齿轮、加工中工序间尺寸，压加工的配合件、各种机器中的扳手孔与扳手座的联接

用类比法选择公差等级时，除参考以上各表外，还应考虑以下问题。

3.3.2.1 孔和轴的工艺等价性

孔和轴的工艺等价性是指将孔与轴加工难易程度视为相当。在公差等级≤8级时，加工中小尺寸的孔比加工相同尺寸、相同等级的轴要困难，加工成本也要高些，其工艺性是不等价的。为了使组成配合的孔、轴工艺等价，其公差等级应按优先常用配合（表3－5、表3－6）孔、轴相差一级选用，这样就可以保证孔轴工艺等价。在实践中如有必要，仍允许同级组成配合。按工艺等价性选择轴的公差等级，见表3－13。

表3－13 按工艺等价性选择轴的公差等级

要求配合	条件：孔的公差等级	轴应选用的公差等级	实例
间隙配合、过渡配合	≤IT8 ＞IT8	轴比孔高一级 轴与孔同级	H7/f6 H9/d9
过渡配合	≤IT7 ＞IT7	轴比孔高一级 轴与孔同级	H7/p6 H8/s8

3.3.2.2 相关件与配合件的精度

如图3－17所示，齿轮孔与轴的配合，它们的公差等级决定于相关齿轮的精度等级（可参阅有关齿轮的国家标准）。与滚动轴承相配合的外壳孔和轴颈的公差等级，决定于相配合的滚动轴承的公差等级。

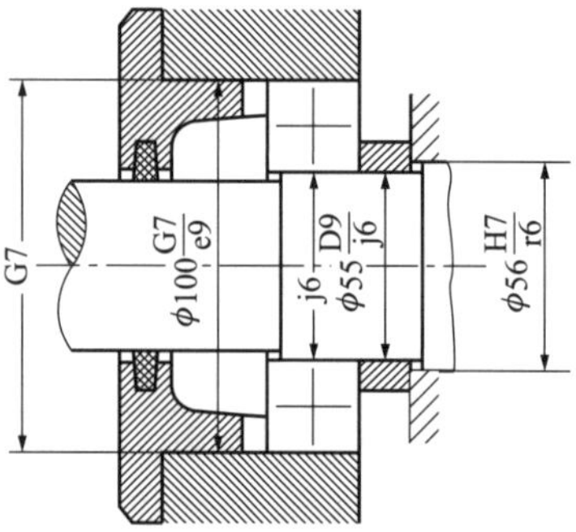

图3－17 轴颈、轴套处的配合

3.3.2.3 配合与成本

相配合的孔、轴公差等级的选择，为了降低成本，应在满足使用要求的前提下，尽可能取低等级。图3－17中的轴颈与轴套的配合，按工艺等价原则，轴套应选7级公差（加工成本较高），但考虑到它们在径向只要求自由装配，为较大间隙量的间隙配合，此处选择9级精度的轴套，有效地降低了成本。

3.3.2.4 配合的选择

配合种类的选择是在确定了基准制的基础上，根据机器或部件的性能允许间隙或过盈的大小情况，选定非基准件的基本偏差代号。有的配合也同时确定基准件与非基准件的公差等级。

配合的选用

当孔、轴有相对运动要求时，选择间隙配合；当孔、轴无相对运动时，应根据具体工作条件的不同，确定过盈(用于传递扭矩)、过渡(主要用于精确定心)配合。确定配合类别后，首先应尽可能地选用优先配合；其次是常用配合；最后若仍不能满足要求，则可以选择其他任意的配合。

用类比法选择配合，要着重掌握各种配合的特征和应用场合，尤其是对国家标准所规定的常用与优先配合的特点要熟悉。表3－14为尺寸≤500mm，基孔制、基轴制优先配合的特征及应用场合；表3－15为各种基本偏差选用说明，可供选择说明时参考。

表3－14　优先配合选用说明

配合类型	配合特征	配合代号	应用
间隙配合	特大间隙	$\frac{H11}{a11}$ $\frac{H11}{b11}$ $\frac{H12}{b12}$	用于高温或工作时要求大间隙的配合
	很大间隙	$\left(\frac{H11}{c11}\right)$ $\left(\frac{H11}{d11}\right)$	部位用于工作条件较差、受力变形或为了便于装配而需要大间隙的配合和高温工作的配合
	较大间隙	$\frac{H9}{c9}$ $\frac{H10}{c10}$ $\frac{H8}{d8}$ $\left(\frac{H9}{d9}\right)$ $\frac{H10}{d10}$ $\frac{H8}{e7}$ $\frac{H8}{e8}$ $\frac{H9}{e9}$	用于高速重载的滑动轴承或大直径的滑动轴承，也可用于大跨距或多支点支承的配合
	一般间隙	$\frac{H6}{f5}$ $\frac{H7}{f6}$ $\left(\frac{H8}{f7}\right)$ $\frac{H8}{f8}$ $\frac{H9}{f9}$	用于一般转速的动配合。当温度影响不大时，广泛应用于普通润滑油润滑的支承处
	很小间隙	$\left(\frac{H7}{g6}\right)$ $\left(\frac{H8}{g7}\right)$	用于精密滑动零件或缓慢间歇回转的零件配合
	很小间隙和零间隙	$\frac{H6}{g5}$ $\frac{H6}{h5}$ $\frac{H7}{h6}$ $\frac{H7}{h8}$ $\frac{H8}{h8}$ $\frac{H9}{h9}$ $\frac{H10}{h10}$ $\frac{H11}{h11}$ $\frac{H12}{h12}$	用于不同精度要求的一般定位件的配合和缓慢移动与摆动零件的配合
过渡配合	绝大部分有微小间隙	$\frac{H6}{js5}$ $\frac{H7}{js6}$ $\frac{H8}{js7}$	用于易于装拆的定位配合或加紧固件后，可传递一定静载荷的配合
	大部分有微小间隙	$\frac{H6}{k5}$ $\left(\frac{H7}{k6}\right)$ $\frac{H8}{k7}$	用于稍有振动的定位配合。加紧固件可传递一定载荷，装拆方便，可用木槌敲入
	大部分有微小过盈	$\frac{H6}{m5}$ $\frac{H7}{m6}$ $\frac{H8}{m7}$	用于定位精度较高，且能抗振的定位配合。加键可传递较大载荷，可用铜锤敲入或小压力压入
	绝大部分有微小过盈	$\left(\frac{H7}{n6}\right)$ $\frac{H8}{n7}$	用于精度定位或紧密组合件的配合。加键能传递大力矩或冲击性载荷，只在大修时拆卸
	绝大部分有较小过盈	$\frac{H8}{p7}$	加键后能传递很大力矩，且承受振动和冲击的配合。装配后不再拆卸

续表

配合类型	配合特征	配合代号	应用
过盈配合	轻型	$\frac{H6}{n5}$ $\frac{H7}{p5}$ $\left(\frac{H7}{p6}\right)$ $\frac{H6}{r5}$ $\frac{H7}{r6}$ $\frac{H8}{r7}$	用于精确的定位配合，一般不能靠过盈传递力矩。要传递力矩尚需加紧固件
	中型	$\frac{H6}{s5}$ $\left(\frac{H7}{s6}\right)$ $\frac{H8}{s7}$ $\frac{H6}{t5}$ $\frac{H7}{t6}$ $\frac{H8}{t7}$	不需加紧固件就可传递较小力矩和轴向力。加紧固件后，可承受较大载荷或动载荷的配合
	重型	$\left(\frac{H7}{u6}\right)$ $\frac{H8}{u7}$ $\frac{H7}{v6}$	不需加紧固件就可传递和承受大的力矩和动载荷的配合。要求零件材料有高强度
	特重型	$\frac{H7}{x6}$ $\frac{H7}{y6}$ $\frac{H7}{z6}$	能传递与承受很大力矩和动载荷配合，须经试验后方可应用

注：①括号内的配合为优先配合。

②国家标准规定的 44 种基轴制配合的应用与本表中的同名配合相同。

表 3－15　各种基本偏差选用说明

配合	基本偏差	特性及应用
间隙配合	a，b（A，B）	可得到特别大的间隙，应用很少
	c（C）	可得到很大的间隙，一般适用于缓慢、松弛的动配合，用于工作环境较差（或农业机械）、受力变形或为了便于装配，而必须有较大的间隙。也用于热动间隙配合
	d（D）	适用于松的转动配合，如密封、滑轮、空转皮带轮与轴的配合，也适用于大直径滑动轴承配合以及其他重型机械中的一些滑动支承配合。多用 IT7 ~ IT11 级
	e（E）	适用于要求有明显间隙，易于转动的支承配合，如大跨距支承、多支点支承等配合，以及高速、重载支承。多用 IT7 ~ IT9 级
	f（F）	适用于一般转动配合，广泛用于普通润滑油（或润滑脂）润滑的轴承，如齿轮箱、小电动机、泵等的转轴与滑动支承的配合。多用 IT6 ~ IT8 级
	g（G）	配合间隙很小，制造成本高，除很轻负荷的精密装置外，不推荐用于转动配合。最适合不回转的精密滑动配合，也用于插销等定位配合。多用 IT5 ~ IT7 级
	h（H）	广泛用于无相对转动的零件，作为一般的定位配合；若没有温度、变形影响，也用于精密滑动配合。多用 IT4 ~ IT11 级
过渡配合	js（JS）	平均间隙较小，多用于要求间隙比 h 轴小，并允许略有过盈的定位配合，如联轴节、齿圈与钢制轮毂等，一般可用于手或木装配。多用 IT4 ~ IT7 级
	k（K）	平均间隙接近于零，推荐用于要求稍有过盈的定位配合，如为了消除振动用的定位配合，一般可用木装配。多用 IT4 ~ IT7 级
	m（M）	平均过盈较小，适用于不允许活动的精密定位配合，一般可用木装配。多用 IT4 ~ IT7 级
	n（N）	平均过盈比 m 稍大，很少得到间隙，适用于定位要求较高且不常拆的配合，用锤或压力机转配。多用 IT4 ~ IT7 级

续表

配合	基本偏差	特性及应用
过盈配合	p (P)	用于小过盈配合。与 H6 或 H7 配合时是过盈配合，而与 H8 配合时为过渡配合。对非铁类零件，为轻的压入配合；对钢、铸铁或铜—钢组件装配，为标准压力配合。多用 IT5 ~ IT7 级
	r (r)	用于传递大扭矩或受冲击载荷需要加键的配合。对铁类零件，为中等打入配合；对非铁类零件，为轻的打入配合。多用 IT5 ~ IT7 级
	s (S)	用于钢制和铁制零件的永久性和半永久性结合，可产生相当大的结合力，用压力机或热胀冷缩法装配。多用 IT5 ~ IT7 级
	t ~ z (T ~ Z)	过盈量依次增大，除 u 外，一般不推荐

选择配合时，还应考虑以下几方面。

(1)载荷的大小

载荷过大，需要过盈配合的过盈量增大。对于间隙配合，要求减小间隙；对于过渡配合，要选用过盈概率大的过渡配合。

(2)配合的装拆

经常需要装拆的配合比不常拆装的配合要松，有时零件虽然不常装拆，但受结构限制，装配困难的配合也要选择较松的配合。

(3)配合件的长度

当部位结合面较长时，由于受几何误差的影响，实际形成的配合比结合面短的配合要紧，因此在选择配合时应适当减小过盈或增大间隙。

(4)配合件的材料

当配合件中有一件是铜或铝等塑性材料时，考虑到它们容易变形，选择配合时可适当增大过盈或减小间隙。

(5)温度的影响

当装配温度与工作温度相差较大时，要考虑热变形对配合的影响。

(6)工作条件

不同的工作条件对过盈或间隙的影响见表 3 – 16。

表 3 – 16 工作条件对过盈或间隙的影响

具体情况	过盈 增或减	间隙 增或减	具体情况	过盈 增或减	间隙 增或减
材料强度低	减	—	装配式可能歪斜	减	增
经常拆装	减	—	旋转速度增高	增	增
有冲击载荷	增	减	有轴向运动	—	增
工作时孔比轴温度高	增	减	润滑油黏度增大	—	增
工作时轴比孔温度高	增	增	表面趋向粗糙	增	减
配合长度增大	减	增	单间生产相对于成批生产	减	增
配合面形状和位置误差增大	减	增			

3.4 光滑极限尺寸的检测

光滑工件尺寸检验时验收极限的确定和量具选择可参考 GB/T 3177—2009《产品几何技术规范(GPS) 光滑工件尺寸的检验》。GB/T 3177 是公差与配合标准体系的重要组成部分，也是实施 GB/T 1800—2020《产品几何技术规范(GPS) 线性尺寸公差 ISO 代号体系》等一系列标准的技术保证。

3.4.1 标准的适用范围

GB/T 3177 适用于使用通用计量器具，如游标卡尺、千分尺及车间使用的比较仪、投影仪等量具量仪，图样上注出的公差等级为 6 ~ 18 级(IT6 ~ IT18)、公称尺寸至 500mm 的光滑工件尺寸的检验，也适用于对一般公差尺寸的检验。

3.4.2 验收原则

测量的误收和误废、验收原则

所用验收方法应只接收位于规定的尺寸极限之内的工件。工件尺寸的检验是使用普通计量器具来测量尺寸，并按规定的验收极限判断工件尺寸是否合格。为了保证只接收位于规定的尺寸极限之内的工件，标准规定了安全裕度 A，用于补偿测量误差(包括计量器具本身的内在误差、环境条件引起的误差、测力变形引起的误差等)、工件几何误差等对合格性的影响。

标准规定的验收方法的基础：

(1)工件的几何误差取决于加工设备及工艺装备的精度；

(2)工件合格与否，按一次测量结果来判断；

(3)不修正由温度、压陷效应等引起的测量误差以及由计量器具和标准器的系统误差引起的测量误差；

(4)标准温度为 20℃。

3.4.3 验收极限的确定

3.4.3.1 验收方式

标准规定了两种方式的验收极限，并明确了相应的计算公式。

方式一：内缩验收极限，即从规定的上极限尺寸和下极限尺寸分别向工件公差带内移动一个安全裕度 A 来确定，如图 3 - 18 所示。

安全裕度 A 值的选择直接关系到产品的质量和经济性，同时它又受生产中多种因素的影响，与设计、工艺、检验等有关。A 值选择得大，易于保证产品质量，但生产公差减小过多，误废率相应增大，加工的经济性差；A 值选择得小，加工经济性好，误废率低，但对计量器具精度的要求高，带来计量器具选择的困难，测量成本增加。因此，A 值必须选择适当，才能达到既保证工件的互换性要求，又具有一定的经济性。

方式二：不内缩验收极限，即以零件的上极限尺寸和下极限尺寸为验收极限，即 A 值等于零，验收极限与极限尺寸重合，如图 3－19 所示。

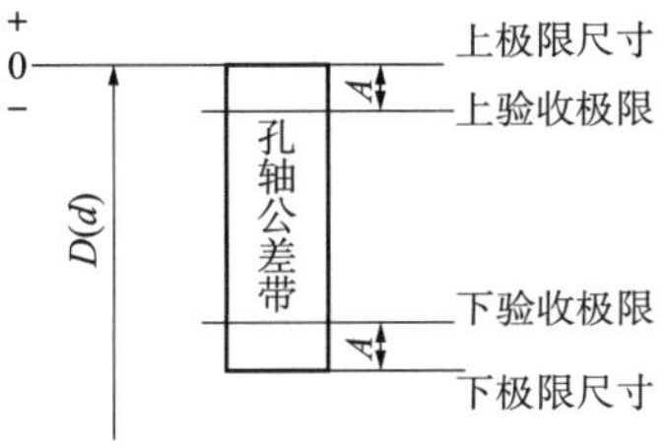

图 3－18 内缩验收极限

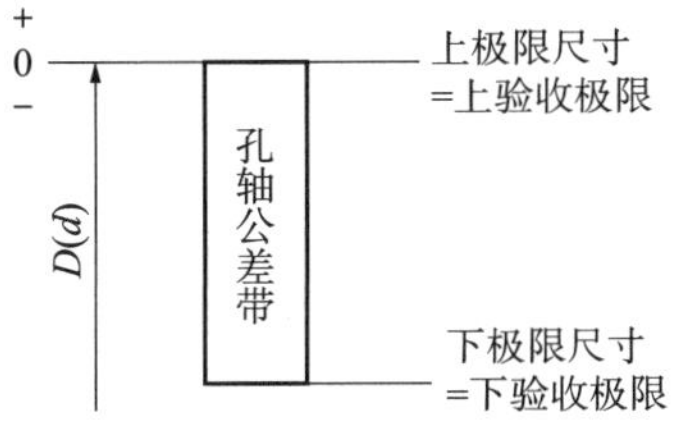

图 3－19 不内缩验收极限

3.4.3.2 验收方式的选择

(1)对遵守包容要求的尺寸、公差等级高的尺寸，为保证配合性质和零件精度，采用内缩的验收极限。

(2)当过程能力指数 $C_p \geq 1$ 时，其验收极限可采用不内缩验收极限；但对遵循包容要求的尺寸，其最大实体尺寸一边的验收极限仍按内缩验收极限确定。过程能力指数 C_p 是工件公差值 T 与加工设备工艺能力 6σ 之比值。一般情况下，工件尺寸是否能控制在极限尺寸之内，取决于工艺过程而不取决于检验过程，因此，改善工艺过程才是减小误收率和误废率的根本途径。所以，当工件的提取组成要素的局部尺寸分布趋于正态分布且工艺过程能力指数较大($C_p = 1 \sim 1.33$)时，即工艺可保证工件提取组成要素的局部尺寸几乎在公差带内，就没有采用内缩的验收极限的必要了。

(3)对偏态分布(非正分布)的尺寸，其验收极限可以仅对尺寸偏向的一边按内缩的验收极限确定。

(4)对非配合和一般公差的尺寸，其验收极限按不内缩验收极限确定。

3.4.4 计量器具的选择

计量器具选择

选择计量器具的原则是：

(1)计量器具的结构形式与技术参数应能满足被测对象形式和被测量大小的要求，如外径千分尺只能测量外尺寸，测量内尺寸应选择内径千分尺等量具；

(2)计量器具的选择应满足测量成本与测量效率的要求，如大批量生产应选择自动化程度高、检验效率高的计量器具；

(3)计量器具精度要与被测工件的公差相适应，所选用的计量器具的测量不确定度数值应等于或小于标准规定的 u_1 值，各公差等级规定的安全裕度 A、计量器具允许的不确定度值如表 3－17 所示，千分尺、游标卡尺的测量不确定度如表 3－18 所示，比较仪的测量不确定度如表 3－19 所示。

表 3–17　安全裕度（A）与计量器具的测量不确定度允许值（u_1）

mm

公差等级		6					7					8				
公称尺寸		T	A	u_1			T	A	u_1			T	A	u_1		
大于	至			Ⅰ	Ⅱ	Ⅲ			Ⅰ	Ⅱ	Ⅲ			Ⅰ	Ⅱ	Ⅲ
—	3	6	0.6	0.54	0.9	1.4	10	1.0	0.9	1.5	2.3	14	1.4	1.3	2.1	3.2
3	6	8	0.8	0.72	1.2	1.8	12	1.2	1.1	1.8	2.7	18	1.8	1.6	2.7	4.1
6	10	9	0.9	0.81	1.4	2.0	15	1.5	1.4	2.3	2.4	22	2.2	2.0	3.3	5.0
10	18	11	1.1	1.0	1.7	2.5	18	1.8	1.7	2.7	4.1	27	2.7	2.4	4.1	6.1
18	30	13	1.3	1.2	2.0	2.9	21	2.1	1.9	3.2	4.7	33	3.3	3.0	5.0	7.4
30	50	16	1.6	1.4	2.4	3.6	25	2.5	2.3	3.8	5.6	39	3.9	3.5	5.9	8.8
50	80	19	1.9	1.7	2.9	4.3	30	3.0	2.7	4.5	6.8	46	4.6	4.1	6.9	10
80	120	22	2.2	2.0	3.3	5.0	35	3.5	3.2	5.3	7.9	54	5.4	4.9	8.1	12
120	180	25	2.5	2.3	3.8	5.6	40	4.0	3.6	6.0	9.0	63	6.3	5.7	9.5	14
180	250	29	2.9	2.6	4.4	6.5	46	4.6	4.1	6.9	10	72	7.2	6.5	11	16
250	315	32	3.2	2.9	4.8	7.2	52	5.2	4.7	7.8	12	81	8.1	7.3	12	18
315	400	36	3.6	3.2	5.4	8.1	57	5.7	5.1	8.4	13	89	8.9	8.0	13	20
400	500	40	4.0	3.6	6.0	9.0	63	6.3	5.7	9.5	14	97	9.7	8.7	15	22

公差等级		9					10					11				
公称尺寸		T	A	u_1			T	A	u_1			T	A	u_1		
大于	至			Ⅰ	Ⅱ	Ⅲ			Ⅰ	Ⅱ	Ⅲ			Ⅰ	Ⅱ	Ⅲ
—	3	25	2.5	2.3	3.8	5.6	40	4.0	3.6	6	9	60	6	5.4	9.0	14
3	6	30	3.0	2.7	4.5	6.8	48	4.8	4.3	7	11	75	8	6.8	11	17
6	10	36	3.6	3.3	5.4	8.1	58	5.8	5.2	9	13	90	9	8.1	14	20
10	18	43	4.3	3.9	6.5	9.7	70	7.0	6.3	11	16	110	11	10	17	25
18	30	52	5.2	4.7	7.8	12	84	8.4	7.6	13	19	130	13	12	20	29
30	50	62	6.2	5.6	9.3	14	100	10	9.0	15	23	160	16	14	24	36
50	80	74	7.4	6.7	11	17	120	12	11	18	27	190	19	17	29	43
80	120	87	8.7	7.8	13	20	140	14	13	21	32	220	22	20	33	50
120	180	100	10	9.0	15	23	160	16	15	24	36	250	25	23	38	56
180	250	115	12	10	17	26	185	18	17	28	42	290	29	26	44	65
250	315	130	13	12	19	29	210	21	19	32	47	320	32	29	48	72
315	400	140	14	13	21	32	230	23	21	35	52	360	36	32	54	81
400	500	155	16	14	23	35	250	25	23	38	56	400	40	36	60	90

续表

公差等级		12				13				14				15				16				17				18			
公称尺寸/mm		T	A	u_1		T	A	u_1		T	A	u_1		T	A	u_1		T	A	u_1		T	A	u_1		T	A	u_1	
大于	至			Ⅰ	Ⅱ			Ⅰ	Ⅱ			Ⅰ	Ⅱ			Ⅰ	Ⅱ			Ⅰ	Ⅱ			Ⅰ	Ⅱ			Ⅰ	Ⅱ
—	3	100	10	9.0	15	140	14	13	21	250	25	23	38	400	40	36	60	600	60	54	90	1000	100	90	150	1400	140	135	210
3	6	120	12	11	18	180	18	16	27	300	30	27	45	480	48	43	72	750	75	68	110	1200	120	110	180	1800	180	160	270
6	10	150	15	14	23	220	22	20	33	360	36	32	54	580	58	52	87	900	90	81	140	1500	150	140	230	2200	220	200	330
10	18	180	18	16	27	270	27	24	41	430	43	39	65	700	70	63	110	1100	110	100	170	1800	180	160	270	2700	270	240	400
18	30	210	21	19	32	330	33	30	50	520	52	47	78	840	84	76	130	1300	130	120	200	2100	210	190	320	3300	330	300	490
30	50	250	25	23	38	390	39	35	59	620	62	56	93	1000	100	90	150	1600	160	140	240	2500	250	220	380	3900	390	350	580
50	80	300	30	27	45	460	46	41	69	740	74	67	110	1200	120	110	180	1900	190	170	290	3000	300	270	450	4600	460	410	690
80	120	350	35	32	53	540	54	49	81	870	87	78	130	1400	140	130	210	2200	220	200	330	3500	350	320	530	5400	540	480	810
120	180	400	40	36	60	630	63	57	95	1000	100	90	150	1600	160	150	240	2500	250	230	380	4000	400	360	600	6300	630	570	940
180	250	460	46	41	69	720	72	65	110	1150	115	100	170	1850	185	170	280	2900	290	260	440	4600	460	410	690	7200	720	650	1080
250	315	520	52	47	78	810	81	73	120	1300	130	120	190	2100	210	190	320	3200	320	290	480	5200	520	470	780	8100	810	730	1210
315	400	570	57	51	86	890	89	80	130	1400	140	130	210	2300	230	210	350	3600	360	320	540	5700	570	510	860	8900	890	800	1330
400	500	630	63	57	95	970	97	87	150	1500	150	140	230	2500	250	230	380	4000	400	360	600	6300	630	570	950	9700	970	870	1450

表 3-18　千分尺和游标卡尺的测量不确定度　mm

<table>
<tr><th colspan="2">尺寸范围</th><th colspan="4">计量器具类型</th></tr>
<tr><th>大于</th><th>至</th><th>分度值 0.01
外径千分尺</th><th>分度值 0.01
内径千分尺</th><th>分度值 0.01
游标卡尺</th><th>分度值 0.05
游标卡尺</th></tr>
<tr><td>—</td><td>50</td><td>0.004</td><td rowspan="3">0.008</td><td rowspan="6">0.020</td><td rowspan="4">0.050</td></tr>
<tr><td>50</td><td>100</td><td>0.005</td></tr>
<tr><td>100</td><td>150</td><td>0.006</td></tr>
<tr><td>150</td><td>200</td><td>0.007</td><td rowspan="3">0.013</td></tr>
<tr><td>200</td><td>250</td><td>0.008</td><td rowspan="6">0.100</td></tr>
<tr><td>250</td><td>300</td><td>0.009</td></tr>
<tr><td>300</td><td>350</td><td>0.010</td><td rowspan="3">0.020</td><td rowspan="4">—</td></tr>
<tr><td>350</td><td>400</td><td>0.011</td></tr>
<tr><td>400</td><td>450</td><td>0.012</td></tr>
<tr><td>450</td><td>500</td><td>0.013</td><td>0.025</td></tr>
</table>

表 3-19　比较仪的测量不确度　mm

<table>
<tr><th colspan="2" rowspan="2">尺寸范围</th><th colspan="4">所使用的计量器具</th></tr>
<tr><th>分度值为 0.0005
（相当于放大倍数
2000 倍）的比较仪</th><th>分度值为 0.001
（相当于放大倍数
1000 倍）的比较仪</th><th>分度值为 0.002
（相当于放大倍数
400 倍）的比较仪</th><th>分度值为 0.005
（相当于放大倍数
250 倍）的比较仪</th></tr>
<tr><th>大于</th><th>至</th><th colspan="4">不确定度</th></tr>
<tr><td>—</td><td>25</td><td>0.0006</td><td rowspan="2">0.0010</td><td>0.0017</td><td rowspan="6">0.0030</td></tr>
<tr><td>25</td><td>40</td><td>0.0007</td><td rowspan="3">0.0018</td></tr>
<tr><td>40</td><td>65</td><td rowspan="2">0.0008</td><td rowspan="2">0.0011</td></tr>
<tr><td>65</td><td>90</td></tr>
<tr><td>90</td><td>115</td><td>0.0009</td><td>0.0012</td><td rowspan="2">0.0019</td></tr>
<tr><td>115</td><td>165</td><td>0.0010</td><td>0.0013</td></tr>
<tr><td>165</td><td>215</td><td>0.0012</td><td>0.0014</td><td>0.0020</td><td rowspan="3">0.0035</td></tr>
<tr><td>215</td><td>265</td><td>0.0014</td><td>0.0016</td><td>0.0021</td></tr>
<tr><td>265</td><td>315</td><td>0.0016</td><td>0.0017</td><td>0.0022</td></tr>
</table>

3.4.5　计量器具引起的测量不确定度允许值 u_1

测量不确定度一般包括许多分量，其中包括由计量器具误差、环境误差和测量方法误差等引起的测量不确定度。标准根据其制定的基础和条件，指出由计量器具引起的测量不确定度允许值 u_1 约为测量不确定 u 的 90%，而由温度、压陷效应、形状误差等引起的测量不确定度 u_2 约为测量不确定度的 45%。

对于公差等级为IT6～IT11级，国家标准中规定了Ⅰ、Ⅱ、Ⅲ挡，而对于IT12～IT18，u_1 值国家标准中只规定了Ⅰ、Ⅱ挡。Ⅰ、Ⅱ、Ⅲ挡分别为工件公差的1/10、1/6、1/4。在选择时优先选择Ⅰ挡，其次是Ⅱ、Ⅲ挡。

【案例】某一级圆柱齿轮减速器输出轴尺寸为 $\phi 100^{0}_{-0.022}$ mm，遵守包容原则，试确定验收极限，并选择合适的测量器具。

解：

确定安全裕度：该工件的公差等级为6级，查表3－17得 $A=0.0022$mm，u_1 取Ⅰ挡时，$u_1=0.002$mm。

计算验收极限：因为该工件遵守包容原则，所以采用内缩的验收极限。

$$\text{上验收极限}=\text{上极限尺寸}-A=100-0.0022=99.9978\text{mm}$$

$$\text{下验收极限}=\text{下极限尺寸}+A=100-0.022+0.0022=99.9802\text{mm}$$

选择计量器具：查表3－19得，在90～115mm的尺寸段中对应分度值为0.002mm的比较仪的测量不确定度为0.0019mm $< u_1$，所以选择分度值为0.002mm的比较仪。

课后练习

1. 判断题

(1)公称尺寸是设计给定的尺寸，因此零件的实际要素越接近公称尺寸，则其精度越高。（　）

(2)公差是零件尺寸允许的最大误差。（　）

(3)尺寸的基本偏差可正、可负，也可为0。（　）

(4)公差值越小的零件，越难加工。（　）

(5)过渡配合可能具有间隙或过盈，因此过渡配合可能是间隙配合或过盈配合。（　）

(6)公称尺寸不同的零件，只要它们的公差值相同，就可以说明它们的精度要求相同。（　）

(7)基本偏差a～h与基准孔构成间隙配合，其中h配合最松。（　）

(8)国家标准规定，轴只是指圆柱形的外表面。（　）

(9)孔、轴配合为 ϕ40H9/n9，可以判断是过渡配合。（　）

(10)从制造角度讲，基孔制的特点就是先加工孔，基轴制的特点就是先加工轴。（　）

(11)有相对运动的配合应选间隙配合，无相对运动的配合均选过盈配合。（　）

(12)未注公差尺寸即对该尺寸无公差要求。（　）

2. 填空题

(1)实际偏差是指____________，极限偏差是指____________。

(2)孔和轴的公差带由__________决定大小，由__________决定位置。

(3)$\phi 40^{+0.021}_{0}$mm的孔与 $\phi 40^{-0.009}_{-0.025}$mm的轴配合，属于_______制__________配合。

(4)$\phi 50^{+0.012}_{-0.009}$mm的孔与 $\phi 50^{0}_{-0.0132}$mm的轴配合，属于_______制__________配合。

(5) $\phi 60_{0}^{+0.046}$mm 孔的基本偏差数值为________mm，$\phi 50_{-0.050}^{-0.025}$mm 轴的基本偏差数值为________mm。

(6) 孔、轴的 $ES < ei$ 的配合属于__________配合，$EI > es$ 的配合属于____________配合。

(7) 配合公差指____________，它表示________________的高低。

(8) 已知某一基轴制的轴的公差为 0.021mm，那么该轴的上偏差是______________，下偏差是_________。

3. 简答题

(1) 在 GB/T 1800.1—2020《产品几何技术规范(GPS)　线性尺寸公差 ISO 代号体系　第 1 部分：公差、偏差和配合的基础》标准中孔与轴有何特定的含义？

(2) 什么是尺寸公差？它与极限尺寸、极限偏差有何关系？

(3) 公差与偏差概念有何根本区别？

4. 计算题

(1) 某孔轴配合的公称尺寸为 ϕ30mm，最大间隙 $X_{max} = +23\mu m$，最大过盈 $Y_{max} = -20\mu m$，孔的尺寸公差 $TD = 20\mu m$，轴的上偏差 $es = 0$，试确定孔、轴的尺寸。

(2) 设某配合的孔径为 $\phi 15_{0}^{+0.027}$mm，轴径为 $\phi 15_{-0.039}^{0}$mm，试分别计算其极限尺寸、尺寸公差、极限间隙(或过盈)、配合公差并画出公差带。

(3) 已知公称尺寸为 ϕ30mm，基孔制的孔轴同级配合，$T_f = 0.066$mm，$Y_{max} = -0.081$mm，求孔、轴的上、下偏差。

(4) 用内缩法 $\phi 40_{0}^{+0.027}$ 确定验收极限、生产公差。

第 4 章　几何公差与检测

本章主要介绍了几何公差的基础知识；几何公差标注的基本方法；形状公差的公差带定义、标注及含义，方向公差的公差带定义、标注及含义，位置公差的公差带定义、标注及含义，跳动的公差带定义、标注及含义；常用的公差原则；几何公差选用的原则与常用方法；几何公差检测的原则与基本方法等内容；并设置了部分课后练习。

4.1　几何公差概述

几何公差

4.1.1　零件的几何要素

零件的几何要素是指构成零件几何特征的点、线、面。

零件的几何要素是本章中几何误差与公差的研究对象，如图 4－1 所示，图中零件的球心、顶点、轴线、轮廓素线、平面、圆柱面、圆锥面、球面均为该零件的几何要素。

零件的几何要素可以从不同角度进行分类。

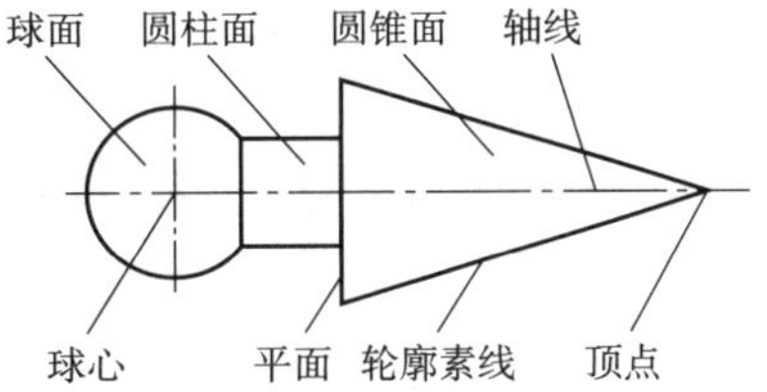

图 4－1　零件的几何要素

4.1.1.1　按存在状态分类

(1) 实际要素

零件实际存在的要素称为实际要素。由于测量误差的存在，零件的实际要素难以得到，故标准中规定，用测得要素(即提取要素)来代替实际要素。

(2) 理想要素

具有几何学意义的要素称为理想要素，又称为拟合要素。机械图样上的要素均为理想要素，不存在任何误差，它们是评定提取要素误差的依据。

4.1.1.2　按结构特征分类

(1) 组成要素

构成零件外形轮廓的要素称为组成要素，又称为轮廓要素。如图 4－1 所示的顶点、轮廓素线、平面、圆柱面、圆锥面、球面等。

(2) 导出要素

构成零件对称中心的要素称为导出要素，又称为中心要素。如图 4－1 所示的球心、轴线等。

4.1.1.3　按检测关系分类

(1) 被测要素

机械图样上给出几何公差要求的要素，称为被测要素，它是进行几何公差检测的对象。

(2)基准要素

用来确定被测要素几何方位的要素称为基准要素。

4.1.1.4 按功能关系分

(1)单一要素

仅对本身给出几何公差要求的要素称为单一要素。

(2)关联要素

与基准要素有功能关系要求的而给出几何公差要求的要素称为关联要素。

4.1.2 几何误差与几何公差

4.1.2.1 几何误差

几何误差是指零件上某一被测实际要素相对于其理想要素的偏离程度。

由于人员、机器、物料、方法、环境、测量等不确定因素的影响，零件在实际加工时，不但会产生尺寸误差，还会产生几何误差。它对机械产品的工作性能具有重要影响。例如，由于加工人员技术生疏，导致轴承盖上加工的螺孔位置不正确，则会影响其正确装配，进而影响机器运行过程中的可靠性与安全性。

4.1.2.2 几何公差

几何公差指零件上某一被测实际要素所允许的最大变动量，即某一被测要素的几何公差是其所允许的最大几何误差。规定几何公差可以保证零件的互换性和使用要求，实现零件的可靠性制造。

4.1.3 几何公差的特征项目和符号

依据 GB/T 1182—2018《产品几何技术规范(GPS) 几何公差 形状、方向、位置和跳动公差标注》的规定，几何公差特征项目名称及符号如表 4－1 所示。

表 4－1 几何公差特征项目名称及符号

公差类型	几何特征	符号	有无基准
形状公差	直线度	—	无
	平面度	▱	无
	圆度	○	无
	圆柱度	⌭	无
	线轮廓度	⌒	无
方向公差	平行度	//	有
	垂直度	⊥	有
	倾斜度	∠	有
	线轮廓度	⌒	有
	面轮廓度	⌓	有

续表

公差类型	几何特征	符号	有无基准
位置公差	位置度	⌖	有或无
	同心度（用于中心点）	◎	有
	同轴度（用于轴线）	◎	有
	对称度	⌯	有
	线轮廓度	⌒	有
	面轮廓度	⌓	有
跳动公差	圆跳动	↗	有
	全跳动	⌰	有

4.1.4　几何公差带

形位公差的公差带

几何公差带是用来形象表达几何公差的一种图示方法，故几何公差和几何公差带的含义完全相同，即几何公差带表示零件上某一被测要素的最大变动区域。本章介绍的几何公差带要比第 3 章介绍的尺寸公差带更为多样，具有形状、大小、方向、位置等四个维度的变化。

4.1.4.1　几何公差带的形状

几何公差带的形状主要有 9 种，如图 4－2 所示。

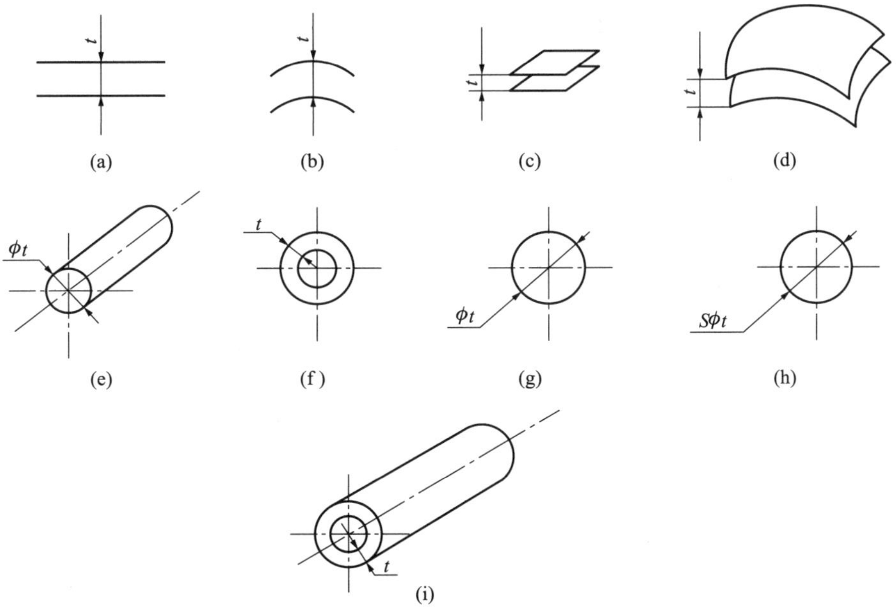

图 4－2　几何公差带的几何形状

(1)两平行直线之间的区域，如图 4－2(a)所示；

(2)两等距曲线之间的区域，如图 4－2(b)所示；

(3)两平行平面之间的区域，如图4－2(c)所示；

(4)两等距曲面之间的区域，如图4－2(d)所示；

(5)一个圆柱面内的区域，如图4－2(e)所示；

(6)两个同心圆之间的区域，如图4－2(f)所示；

(7)一个圆内的区域，如图4－2(g)所示；

(8)一个球面内的区域，如图4－2(h)所示；

(9)两个同轴圆柱面之间的区域，如图4－2(i)所示。

4.1.4.2 几何公差带的大小

几何公差的数值大小就是几何公差带的数值大小，它是允许的最大几何误差值，主要有以下3种类型。

(1)当几何公差形状为图4－2中公差带形状的(a)(b)(c)(d)(f)(i)时，几何公差数值大小为t，表示几何公差带的宽度。

(2)当几何公差形状为图4－2中公差带形状的(e)(g)时，几何公差数值大小为ϕt，表示几何公差带的直径。

(3)当几何公差形状为图4－2中公差带形状的(h)时，几何公差数值大小为$S\phi t$，表示几何公差带的球体直径。

4.1.4.3 几何公差带的方向

几何公差带的方向是指被测要素几何误差的变动或检测方向，在图4－2中表现为指引线箭头所指的方向，即几何公差带的宽度方向、直径方向或者球体直径方向3种情况。

4.1.4.4 几何公差带的位置

几何公差带的位置主要有以下2种情况。

(1)位置浮动的公差带

公差带的位置随实际被测要素的变动而变动，没有对其他要素保持一定几何关系的要求，这种情况属于位置浮动的公差带。例如，形状公差带、方向公差带和少数跳动公差带。

(2)位置固定的公差带

公差带的位置有必须与基准要素保持一定几何关系的要求，这种情况属于位置固定的公差带。例如，位置公差带和多数跳动公差带。

4.1.5 几何精度的合格性判定

4.1.5.1 合格判定

若零件上某一被测实际要素完全落在几何公差带内，就表示该零件上此被测要素的几何精度合格。

4.1.5.2 不合格判定

若零件上某一被测实际要素超出几何公差带，就表示该零件上此被测要素的几何精度不合格。

4.1.6　基准要素

基准的种类和选择

4.1.6.1　基准的定义

用于定义公差带的位置或方向的一组方位要素称为基准。

4.1.6.2　基准的类型

零件上关联要素几何公差带的方位可以由单一基准、公共基准或三基面体系来确定。

(1)单一基准

由一个要素构成且独自作为基准的要素称为单一基准。如图 4 – 3 所示以一条直线或者一个平面作为基准。

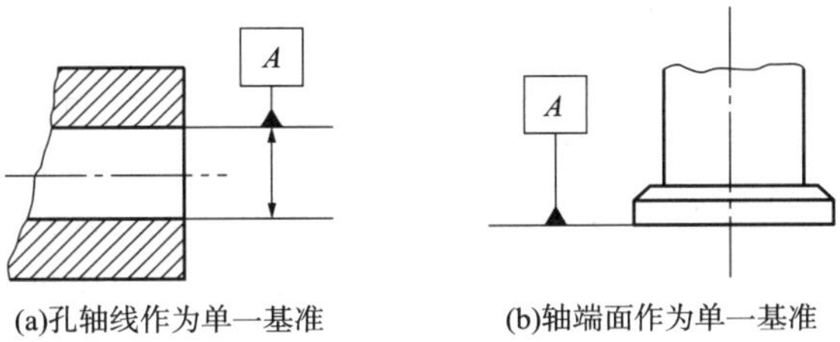

图 4 – 3　单一基准示例

(2)公共基准

零件上由两个具有公共关系的要素建立的独立基准称为公共基准。如图 4 – 4 所示的基准是由两个轴段的轴线建立的公共基准，即公共轴线 $A-B$。

(3)三基面体系

由三个两两垂直的基准平面组成的基准体系称为三基面体系(图 4 – 5)。

三基面体系的三个平面，分别称为第一基准平面、第二基准平面和第三基准平面。一般地，零件上重要平面或大平面选为第一基准平面；次要平面或较大平面选为第二基准平面；其他不重要的平面可选为第三基准平面。这三个基准平面都是测量零件各个几何要素的起点。

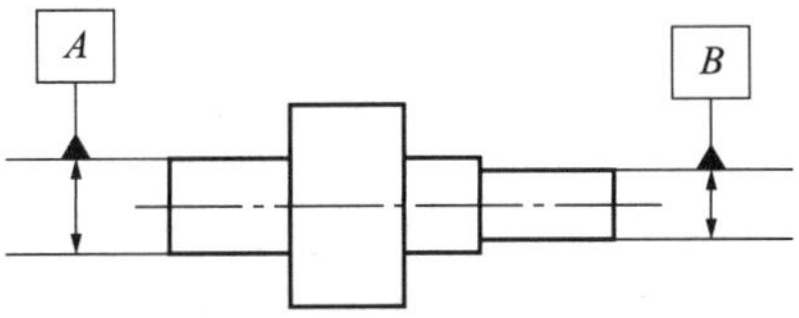

图 4 – 4　公共基准示例

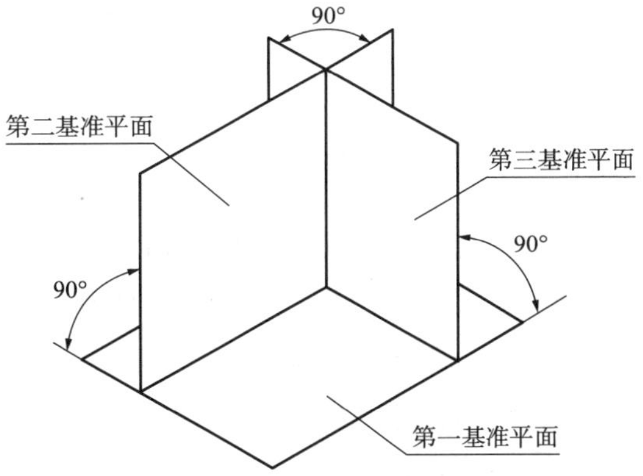

图 4 – 5　三基面体系

在使用三基面体系时，应根据实际情况按照第一、第二、第三基准平面的顺序在几何公差框格中依次填写，因为若改变基准的顺序，将意味着加工或装配工艺的改变，这将影响零件的功能。

4.1.6.3 基准的选择

选择基准时，应根据零件的实际结构特征，结合设计、加工、测量、装配过程中的具体要求，兼顾基准统一、基准重合、自为基准及互为基准等原则来进行基准的选择。

(1)不同零件的基准选择

轴套类零件通常选择轴肩或者端面作为轴向定位；选择轴线作为径向定位。

盘盖类零件通常选择较大端面作为轴向定位；选择孔轴线作为径向定位。

叉架类零件通常选择零件的对称面、重要孔轴线和较大平面作为定位基准。

箱体类零件结构复杂，通常选择零件的重要孔轴线和重要端面作为定位基准。

(2)不同工种的基准选择

在零件设计中，应考虑零件各要素的功能要求和要素间的几何关系来进行基准选择。

在零件测量与加工中，应考虑便于设计工夹量具，并且尽可能遵守基准原则来进行基准选择。若必须选取未经切削加工的铸件、锻件、焊接件等毛坯表面作为定位基准时，应选择最稳定的表面作为基准。

在零件装配中，应选择零件相互配合的表面作为各自的基准。

基准的选择是灵活多变的，只有不断学习，同时积累丰富的实践经验才能对不同情况下的基准进行正确选择。

形位公差的标注

4.2 几何公差的标注

一般地，当零件能够满足相应的极限尺寸和表面要求，其几何公差通常也能够满足功能要求，此时，不需在技术图样中标注几何公差。当几何公差有特殊要求时，就要根据GB/T 1182—2018《产品几何技术规范(GPS) 几何公差 形状、方向、位置和跳动公差标注》规定，采用几何公差代号和基准符号共同进行标注，当不便采用几何公差代号标注时，允许在技术要求中使用文字进行说明。

4.2.1 几何公差代号

几何公差代号主要由几何公差框格和指引线组成，几何公差框格内又包括几何公差类型、几何公差数值、基准符号字母和其他有关符号。

4.2.1.1 几何公差框格

几何公差框格是用细实线绘制的矩形框，有两格式或多格式。框格内从左到右依次填写的内容为：第一格填写几何公差的类型符号，表示几何公差的类型；第二格填写几何公差的数值及有关符号，表示几何公差的大小及遵守的公差原则；第三格及以后的框格均填写基准符号字母，表示几何公差所参照的基准要素。几何公差框格可以水平或者竖直放置，但不能倾斜放置，如图 4 -6 所示。

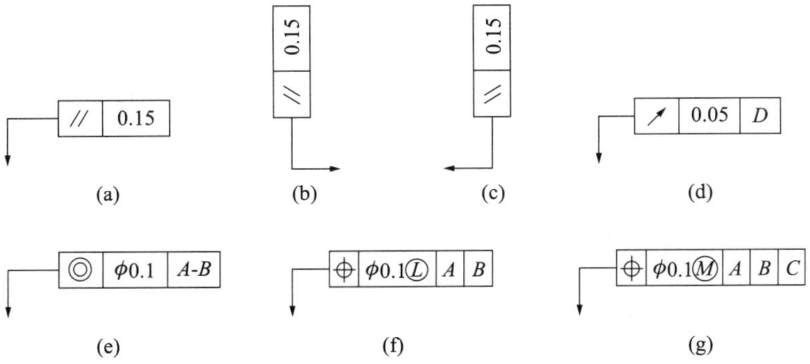

图 4 -6 几何公差框格示例

几何公差框格标注的注意事项见表 4 -2。

表 4 -2 几何公差框格标注的注意事项

序号	说明	举例
1	在第二格填写几何公差的数值时，需根据几何公差带的形状正确判断应填写的几何公差数值是 t、ϕt、$S\phi t$ 三者中的哪一种，详见“几何公差带的大小”	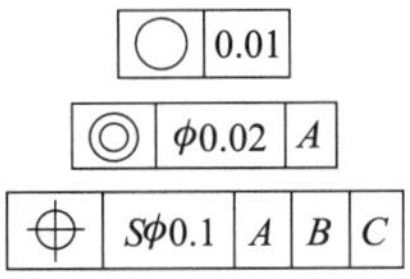
2	如果需要限制被测要素在公差带内的形状范围，应在几何公差框格的下方注明，国标所规定的几何公差附加符号见表 4 -3	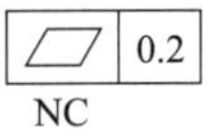 表示平面度公差为 0.2mm，且不允许实际被测要素凸起
3	当一项几何公差应用于多个相同要素时，应在几何公差框格上方被测要素的尺寸之前注明相同要素的个数，即“个数 × 尺寸”	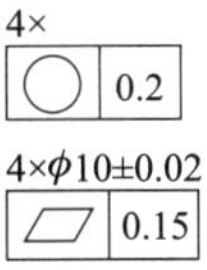
4	对同一被测要素有多个几何公差要求时，可以将这些几何公差框格自上而下叠放画出	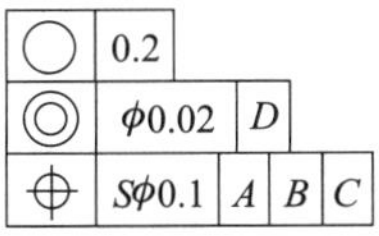
5	单一基准，用一个大写字母表示。 公共基准，用两个大写字母表示，中间加短划线。 多个基准建立的基准体系，用多个大写字母表示	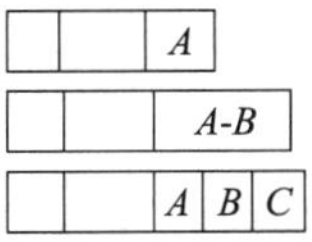

几何公差附加符号见表4－3。

表4－3　几何公差附加符号

序号	说明	符号
1	包容要求	Ⓔ
2	最大实体要求	Ⓜ
3	最小实体要求	Ⓛ
4	全周(轮廓)	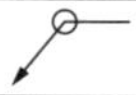
5	理论正确尺寸	$\boxed{80}$
6	公共公差带	CZ
7	不凸起	NC
8	任意横截面	ACS

4.2.1.2　指引线

几何公差代号的指引线是一条带箭头的细实线，其作用是将被测要素与几何公差框格的一端连接起来，指引线的绘制方法是：指引线应从几何公差框格一端中间或角点引出，箭头方向指向几何误差的检测方向，如图4－7所示。

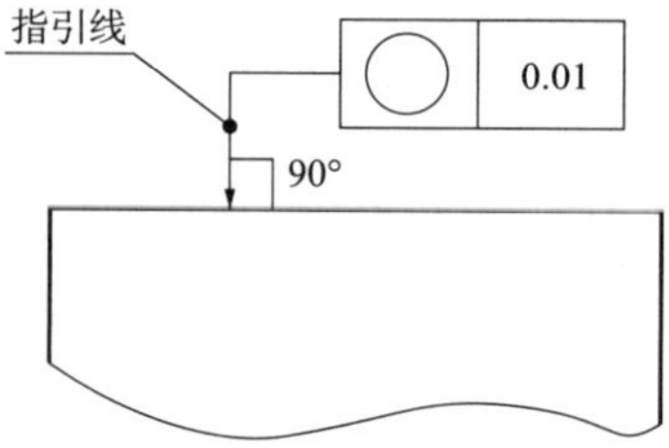

图4－7　几何公差代号的指引线

4.2.2　基准符号

用来表示基准的符合，称为基准符号。自GB/T 1182—2008以后，基准符号发生了变更，由一个带字母的方框和一个三角形组成，中间用短划线连接起来，如图4－8所示。

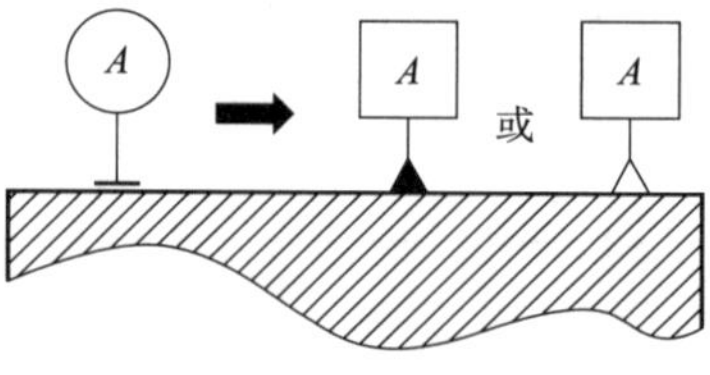

图4－8　基准符号

基准符号书写时应该注意的是：

(1)不论图样中基准符号的方向如何，基准符号方框中的字母均应水平书写，如图4－9所示。

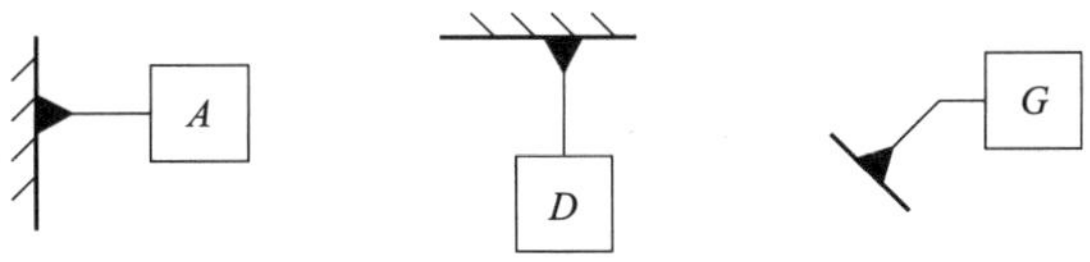

图 4－9　基准符号的绘制举例一

(2)基准符号方框中的字母均应为大写拉丁字母，且为避免引起误解不采用 E、I、J、M、O、P、L、R、F 等字母；

(3)某一几何公差框格中的基准字母必须与其相应的基准符号字母相同，如图 4－10 所示。

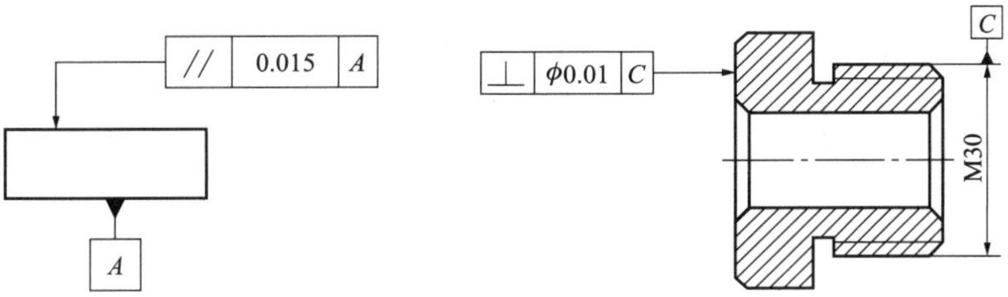

图 4－10　基准符号的绘制举例二

4.2.3　被测要素的标注方法

公差框格指引线箭头所指的要素就是被测要素。

4.2.3.1　被测要素为外轮廓线或外表面的标注

当被测要素为外轮廓线或外表面时，指引线的箭头应指到该轮廓线上或轮廓线的延长线上，并与尺寸线明显地错开，如图 4－11 所示。

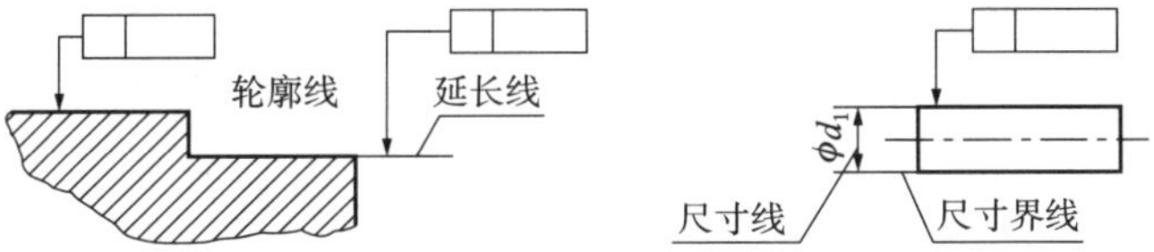

图 4－11　被测要素为外轮廓线或外表面的标注

4.2.3.2　被测要素为轴线、球心或中心平面的标注

当被测要素为轴线、球心或中心平面时，指引线的箭头应与该要素的尺寸线对齐，如图 4－12 所示。

4.2.4　基准要素的标注方法

基准符号确定的要素就是基准要素。

4.2.4.1　基准要素为外轮廓线或外表面的标注

当基准要素为外轮廓线或外表面时，基准符号的基准三角形应接触到该轮廓线上或轮廓线的延长线上，且基准符号的短划线与尺寸线错开，如图 4－13 所示。

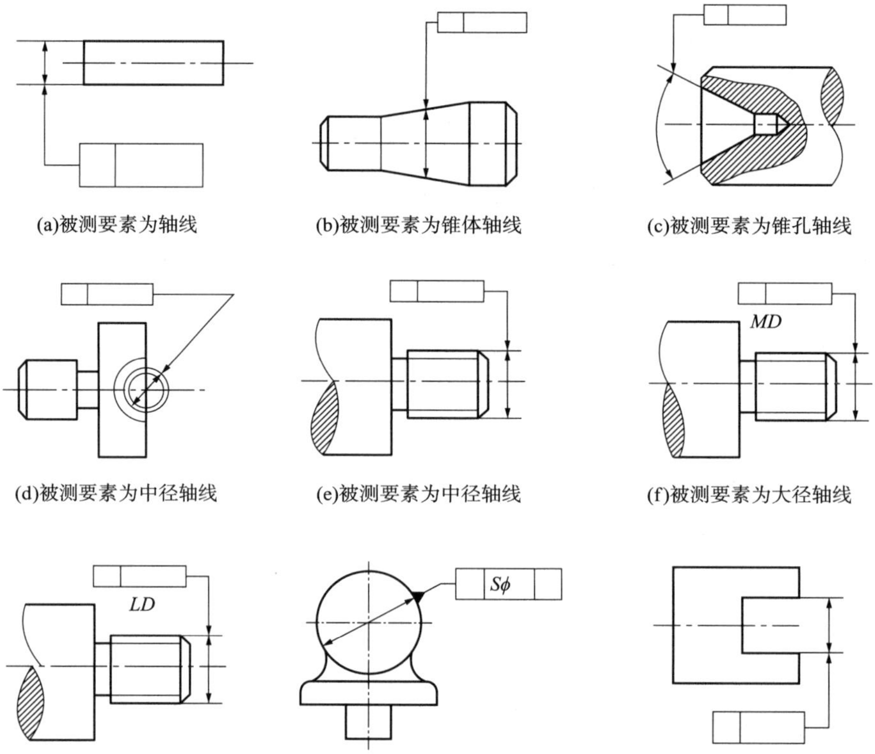

(a)被测要素为轴线　(b)被测要素为锥体轴线　(c)被测要素为锥孔轴线

(d)被测要素为中径轴线　(e)被测要素为中径轴线　(f)被测要素为大径轴线

(g)被测要素为小径轴线　(h)被测要素为球心　(i)被测要素为中心平面

图 4－12　被测要素为轴线、球心或中心平面的标注

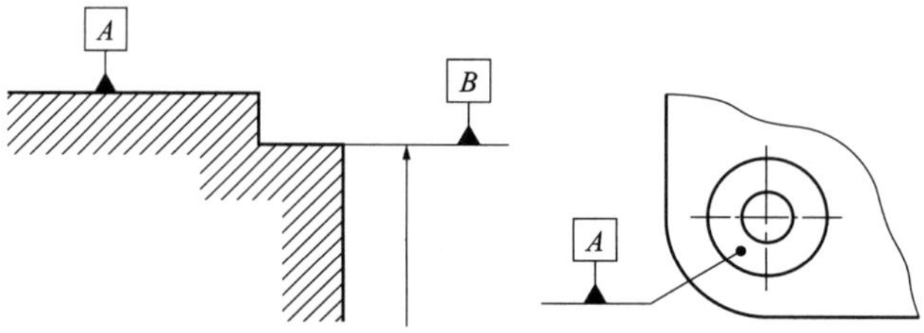

图 4－13　基准要素为外轮廓线或外表面的标注

4.2.4.2　基准要素为轴线、球心或中心平面的标注

当基准要素为轴线、球心或中心平面时，基准符号的基准三角形应接触到该要素的尺寸界线上，且基准符号的短划线与尺寸线对齐，如图 4－14 所示。

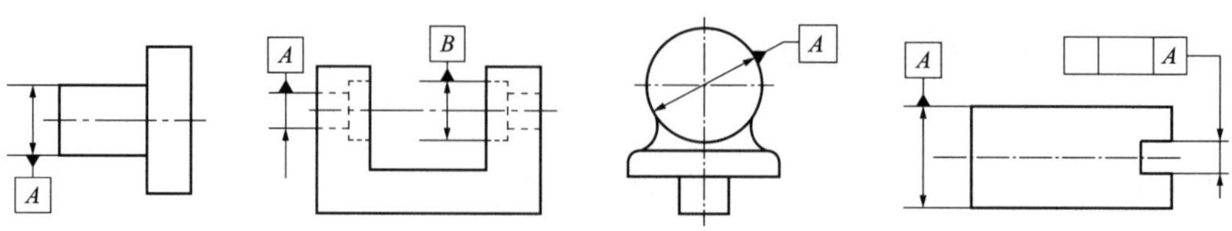

(a)基准要素为轴线　(b)基准要素为孔轴线　(c)基准要素为球心　(d)基准要素为中心平面

图 4－14　基准要素为轴线、球心或中心平面的标注

4.2.5 其他标注方法

4.2.5.1 同一被测要素有多项几何公差要求的标注

当同一被测要素有多项几何公差要求时，且标注方法一致时，可以将全部几何公差框格叠放在一起，左侧对齐，只画一条指引线，如图 4－15 所示。

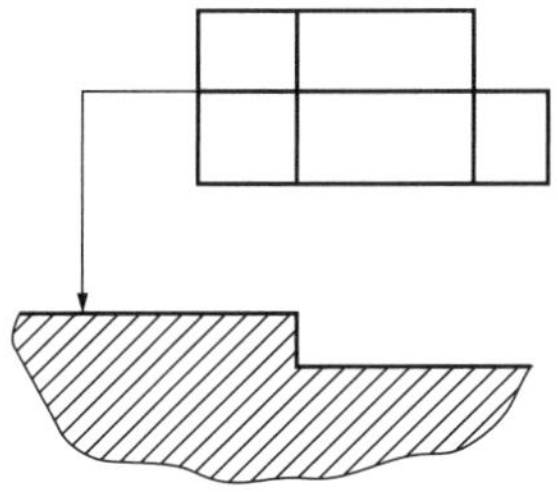

图 4－15 同一被测要素有多项几何公差要求的标注

4.2.5.2 多个被测要素有相同的几何公差要求的标注

当多个被测要素有相同的几何公差要求时，可以从几何公差框格的指引线引出多条指引箭头，并分别指向各被测要素，如图 4－16 所示。

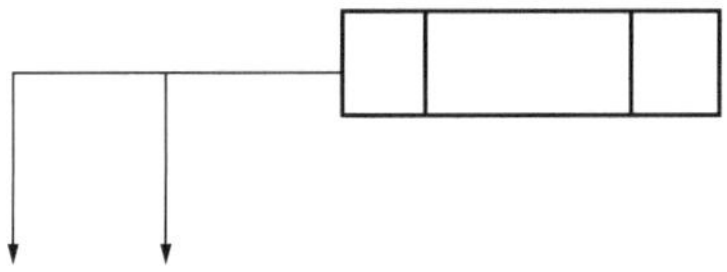

图 4－16 多个被测要素有相同的几何公差要求的标注

4.2.5.3 被测要素在图示中体现为局部轮廓线的标注

当被测要素在图示中体现为局部轮廓线时，可用粗点画线标明范围，并将指引线箭头指向该粗点画线上，如图 4－17(a)所示。

4.2.5.4 基准要素在图示中体现为局部轮廓线的标准

当基准要素在图示中体现为局部轮廓线时，可用粗点画线标明范围，并将基准符号标在该粗点画线上，如图 4－17(b)所示。

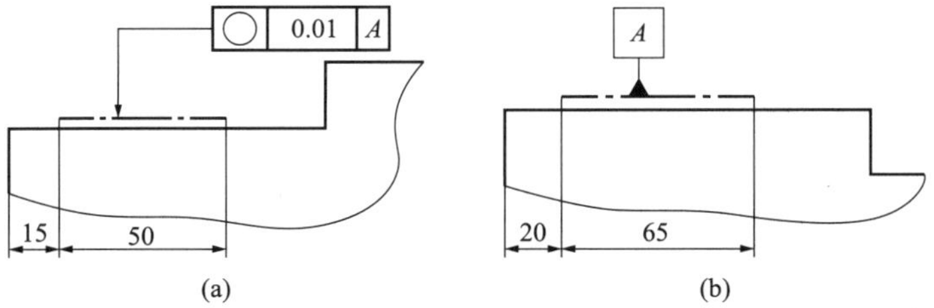

图 4－17 局部轮廓要素几何公差要求的标注

4.2.5.5 被测要素在图示中体现为局部平面的标注

当被测要素在图示中体现为局部平面时，可将指引线箭头指向带圆点的细实线上，如

图 4 – 18(a)所示。

4.2.5.6 基准要素在图示中体现为局部平面的标注

当基准要素在图示中体现为局部平面时，可将基准符号标在带圆点的细实线上，如图 4 – 18(b)所示。

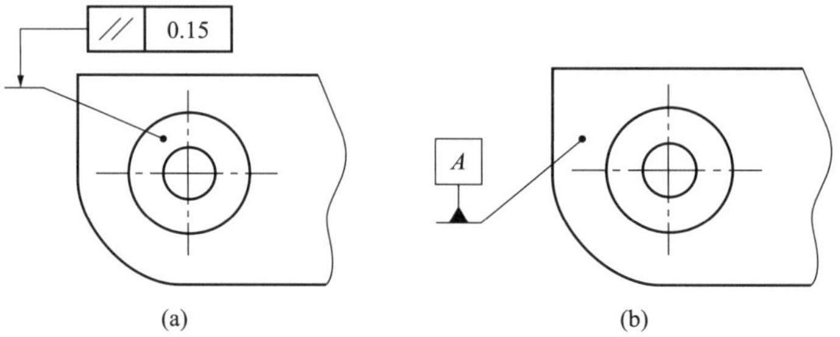

图 4 – 18 局部平面几何公差要求的标注

4.2.5.7 被测要素任意局部范围内的几何公差标注

被测要素的任意局部范围内的几何公差要求，应将该局部范围内的尺寸标注在公差框格内公差数值的后面，并用斜线将其隔开。如图 4 – 19 所示，含义为圆柱面素线在任意 80mm 长度范围内的直线度公差值为 0.03mm。

4.2.5.8 被测要素为整个轮廓线的几何公差标注

当被测要素为图 4 – 20 所示的整个轮廓线(面)时，应在指引线转折处加注全周符号。

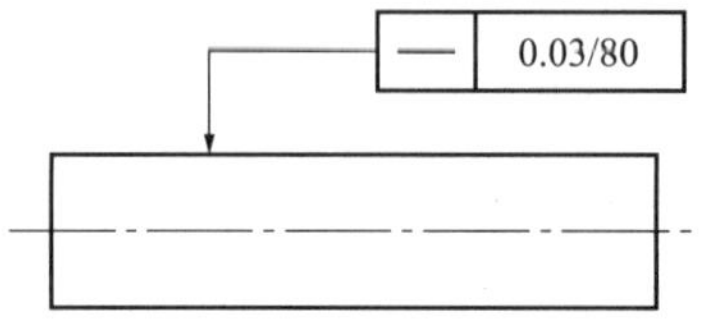

图 4 – 19 被测要素任意局部范围内的几何公差标注

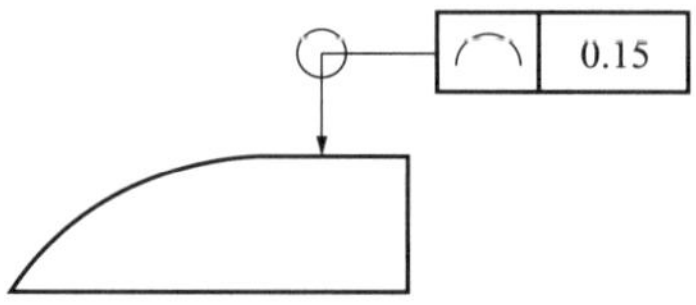

图 4 – 20 被测要素为整个轮廓线的几何公差标注

4.2.5.9 带有“理论正确尺寸”的几何公差标注

理论正确尺寸(Theoretical Exact Dimension)是指用于确定某一要素理论正确位置、方向或轮廓的尺寸，也指可用于确定基准体系中各个基准之间的方向或位置关系的尺寸，简记为 TED，理论正确尺寸只是理论设计上一个理想的整数值，故没有公差，一般标注在一个方框中。

图 4 – 21(a)中的几何公差含义为：零件左上倾斜面相对于基准 *A* 的倾斜度公差值为 0.1mm，其几何公差形状为间距等于公差值 0.1mm 的两平行平面之间的区域，且两平面相对于基准平面 *A* 的理论正确倾斜角度为 60°。图 4 – 21(b)中几何公差的含义为：零件上 8 个 ϕ15H7 圆孔轴线相对于基准 *A* 和 *B* 的位置度公差值均为 ϕ0.1mm，其几何公差形状均为直径等于公差值 ϕ0.1mm 的圆柱面内的区域，且该圆柱面轴线位于由基准平面 *A*、*B* 和理论正确尺寸 20、15、30 确定的各孔轴线位置上。

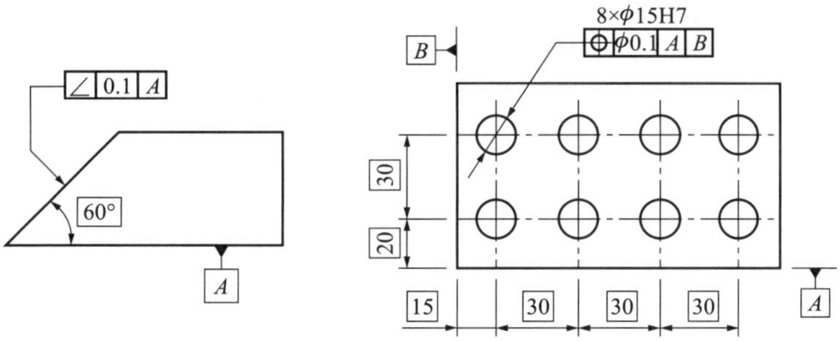

(a)　(b)

图 4－21　理论正确尺寸的标注

4.2.5.10　螺纹、齿轮和花键的几何公差标注

当被测要素或基准要素为螺纹轴线时，默认应为螺纹中径圆柱的轴线，否则应另有说明，如用“MD”表示大径(轴线)，用“LD”表示小径(轴线)。当被测要素或基准要素为齿轮、花键轴线时，均需说明所指要素，如用“PD”表示节径(轴线)，用“MD”表示大径(轴线)，“LD”表示小径(轴线)(图 4－22)。

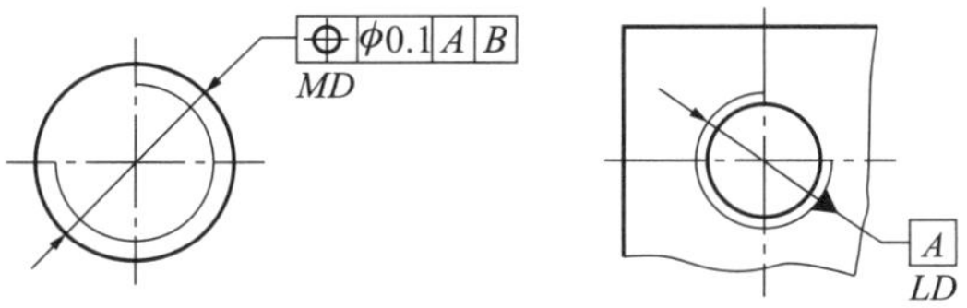

图 4－22　螺纹、齿轮和花键的几何公差标注

4.2.5.11　最大实体要求的几何公差标注

最大实体要求用附加符号Ⓜ表示，该符号可根据需要单独或者同时标注在几何公差框格中公差值和(或)基准字母的后面(图 4－33)。

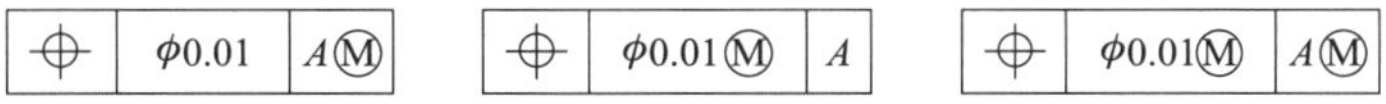

图 4－23　最大实体要求的几何公差标注

4.2.5.12　最小实体要求的几何公差标注

最小实体要求用附加符号Ⓛ表示，该符号可根据需要单独或者同时标注在几何公差框格中公差值和(或)基准字母的后面(图 4－24)。

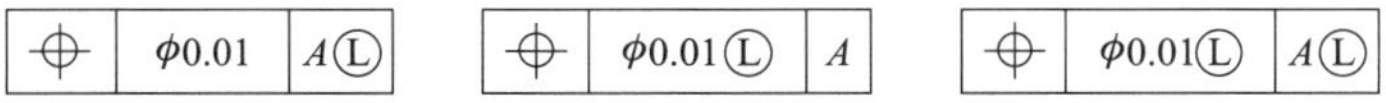

图 4－24　最小实体要求的几何公差标注

4.2.5.13　附加说明

为了说明几何公差框格中所标注的几何公差的其他附加要求，或为了简化标注方法，可以在框格的下方或上方附加文字说明。属于被测要素数量的，应写在公差框格的上方：如图 4－25(a)(b)(c)；属于解释说明的应写在框格的下方，如图 4－25(d)(e)(f)(g) (h)(i)。

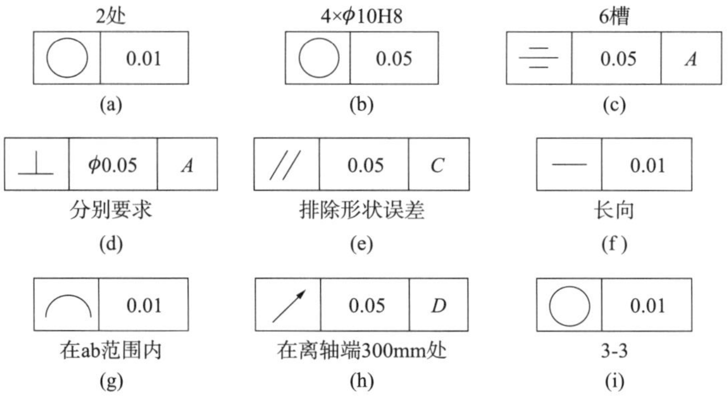

图 4 – 25　附加说明标注

4.3　几何公差及其公差带

形状公差与公差带

4.3.1　形状公差及其公差带

4.3.1.1　形状误差、形状公差和形状公差带的定义

(1)形状误差

形状误差是指零件上某一被测要素的实际形状相对于其理想形状的变动量。

(2)形状公差

形状公差是指零件上某一被测要素的实际形状所允许的最大变动量，即为某一被测要素所允许的最大形状误差。

(3)形状公差带

形状公差带是指用来形象表达形状公差的一种图示方法，其含义和形状公差完全相同，具有形状、大小、方向、位置四个维度。

形状公差带的特点：

①形状公差带没有基准，故形状公差带的方向和位置不确定，都是浮动的；

②形状公差带只能控制被测要素的形状误差。

形状误差的评定

4.3.1.2　形状误差的评定方法

(1)最小条件

当零件上某一被测实际要素与理想要素作比较，进行形状误差的评定时，理想要素相对于实际要素，必须要有一个统一的评定标准，并且评定结果唯一确定，这个评定的标准就是最小条件。

最小条件是指零件上某一被测实际要素相对于其理想要素的最大变动量为最小。当形状误差的评定方法符合最小条件时，被测实际要素评定的形状误差值为最小且唯一。故评定形状误差时，理想要素的位置必须符合最小条件。

例如，评定零件上指定平面内某条直线 l 的直线度误差，如图4－26所示，l_1、l_2、l_3 分别为直线 l 处于不同位置的理想直线，h_1、h_2、h_3 为实际直线相对于三条理想直线 l_1、l_2、l_3 的最大变动量，由图4－26可知，h_1 最小且其值唯一确定，故表明 l_1 是符合最小条件的理想直线要素，评定实际直线 l 的直线度误差时，应该以理想要素 l_1 作为评定基准。

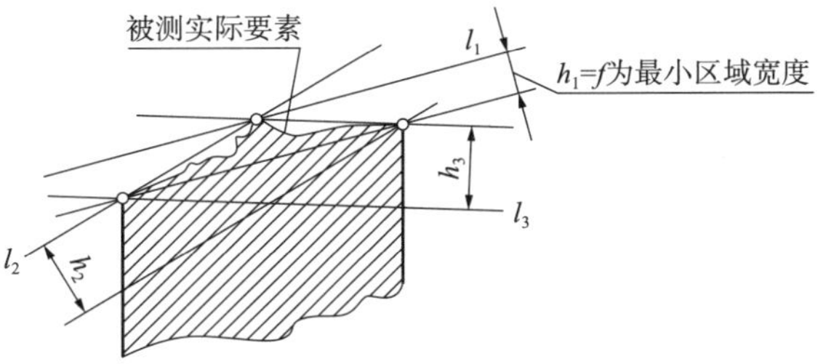

图4－26　最小条件举例

(2)最小包容区域法

最小包容区域法是指用最小包容区域来评定形状误差的方法，简称最小区域法。其评定结果 f 一般用最小包容区域的宽度或者直径表示。

最小包容区域是指被测实际要素被其处于不同位置的理想要素包容时，该实际要素具有的最小宽度区域或最小直径区域，最小包容区域的形状应与公差带的形状相一致。

(3)使用最小包容区域法评定形状误差的原因

最小条件是评定形状误差的基本原则，最小包容区域法是符合最小条件的一个评定形状误差的基本方法。之所以要使用最小包容区域法是因为：其一，按最小包容区域法评定形状误差时，理想要素是符合最小条件的，而符合最小条件的理想要素是唯一的，故按此原则评定的形状误差也是唯一的；其二，按最小包容区域法评定的形状误差为最小，可以最大限度地通过合格件降低工件的误废，节约成本。

(4)形状误差的合格性判定

在使用最小包容区域法确定出被测要素的形状误差大小后，就可以对形状误差的合格性进行判定，具体方法如下。

①合格判定：若零件上某一被测实际要素完全落在形状公差带内，就表示该零件上此被测要素的形状精度合格。

②不合格判定：若零件上某一被测实际要素超出形状公差带，就表示该零件上此被测要素的形状精度不合格。

4.3.1.3　形状公差的类型

形状公差包括直线度、平面度、圆度、圆柱度、线轮廓度和面轮廓度6种类型。

特别地，对于线轮廓度和面轮廓度，当无基准要求时，属于形状公差，其公差带形状由理论正确尺寸确定；当有基准要求时，属于方向公差或位置公差，其公差带形状和位置由基准和理论正确尺寸确定。

这6种典型形状公差带的定义及其示例见表4－4。

表 4－4　形状公差带的定义和示例

公差项目	示例	定义
直线度（一）	1. 给定平面内 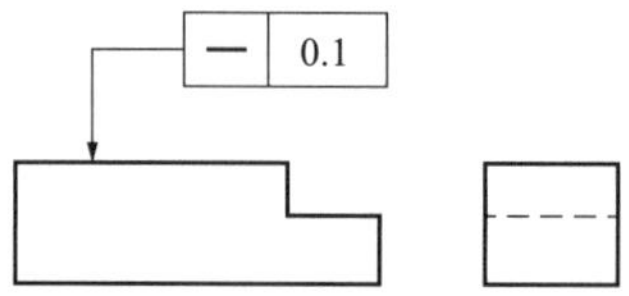 公差代号含义是：在任一平行于主视图投影面的平面内，该零件上表面素线的直线度公差值为 0. 1mm。 公差带形状是：距离为 0. 1mm 的两平行直线之间的区域	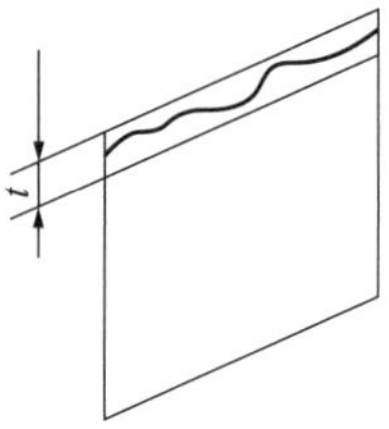 公差带定义是：在给定平面内，距离为公差值 t 的两平行直线之间的区域
	2. 给定方向上 (1)给定一个方向 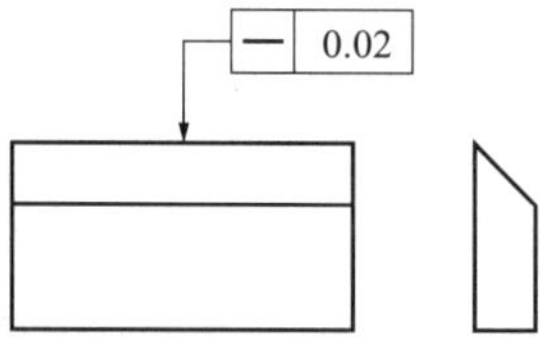 公差代号含义是：零件上边棱线在竖直方向上的直线度公差值为 0. 02mm。 公差带形状是：在竖直方向上，距离为 0. 02mm 的两平行平面之间的区域	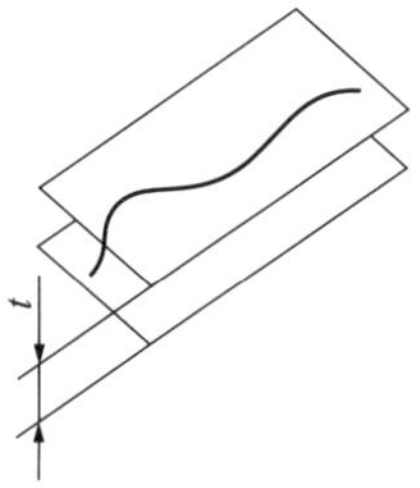 公差带定义是：在给定方向上，距离为公差值 t 的两平行平面之间的区域
	(2)给定相互垂直的两个方向 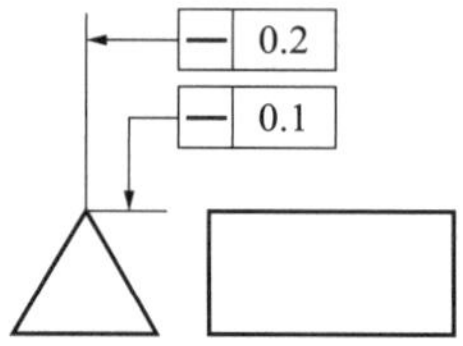 公差代号含义是：零件上边棱线在水平和竖直方向上的直线度公差值分别为 0. 2mm 和 0. 1mm。 公差带形状是：在水平和竖直方向上，正截面为 0. 2mm × 0. 1mm 的四棱柱内的区域	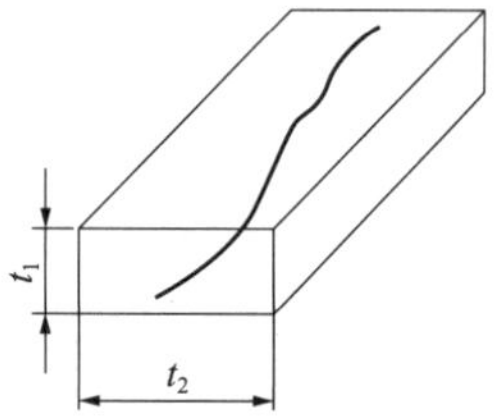 公差带定义是：在给定相互垂直的两个方向上，正截面为 $t_1 \times t_2$ 的四棱柱内的区域
	(3)任意方向上 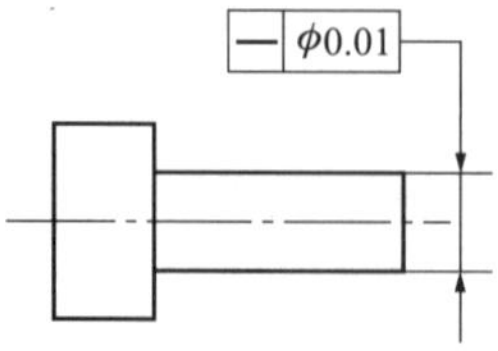 公差代号含义是：零件右边圆柱体轴线的直线度公差值为 ϕ0. 01mm。 公差带形状是：直径为 ϕ0. 01mm 的圆柱面内的区域	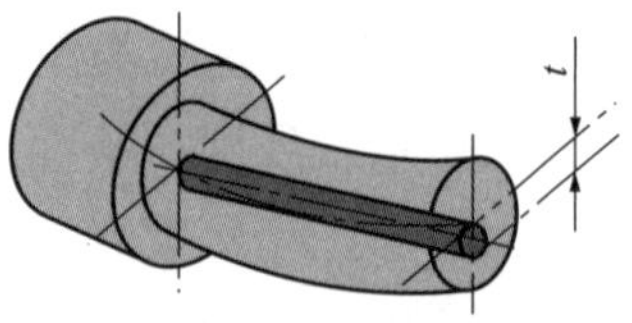 公差带定义是：直径为公差值 t 的圆柱面内的区域

续表

公差项目	示例	定义
平面度 （▱）	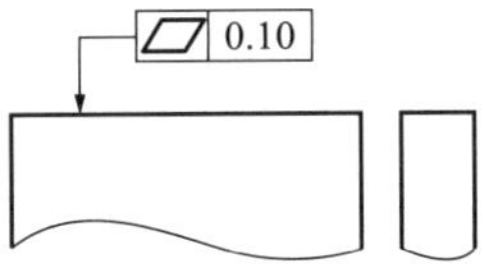 公差代号含义是：零件上表面的平面度公差值为0.10mm。 公差带形状是：在竖直方向上，距离为0.10mm的两平行平面之间的区域	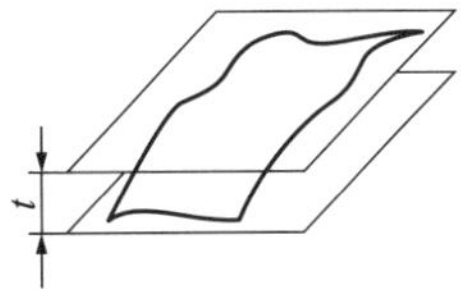 公差带定义是：指引线箭头所指方向上，距离为公差值 t 的两平行平面之间的区域
圆度 （○）	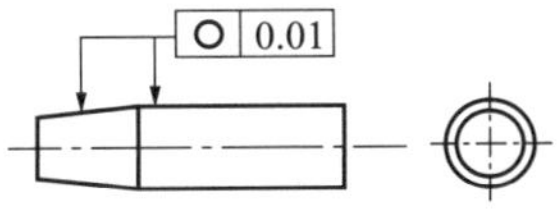 公差代号含义是：零件左端圆锥面的圆度公差值为0.01mm，零件右端圆柱面的圆度公差值也为0.01mm。 零件左端圆锥面的圆度公差带形状为：垂直于圆锥面轴线的任意正截面上半径差为0.01mm的两同心圆之间的区域。 零件右端圆柱面的圆度公差带形状为：垂直于圆柱面轴线的任意正截面上半径差为0.01mm的两同心圆之间的区域	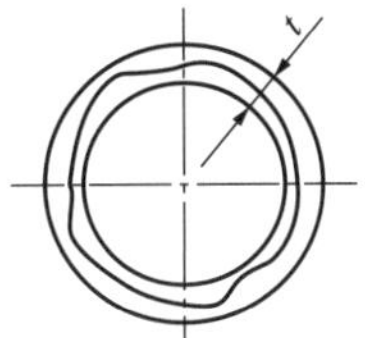 公差带定义是：垂直于零件轴线的任意正截面上半径差为公差值 t 的两同心圆之间的区域
圆柱度 （⌭）	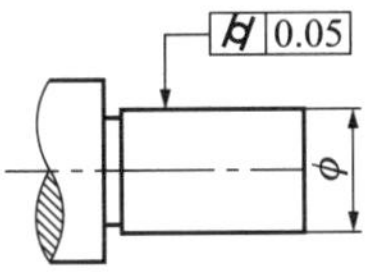 公差代号含义是：零件右端圆柱面的圆柱度公差值为0.05mm。 公差带形状是：半径差为0.05mm的两同轴圆柱面之间的区域	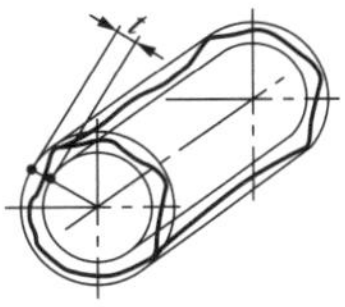 公差带定义是：半径差为公差值 t 的两同轴圆柱面之间的区域
线轮廓度 （⌒）	1. 无基准要求 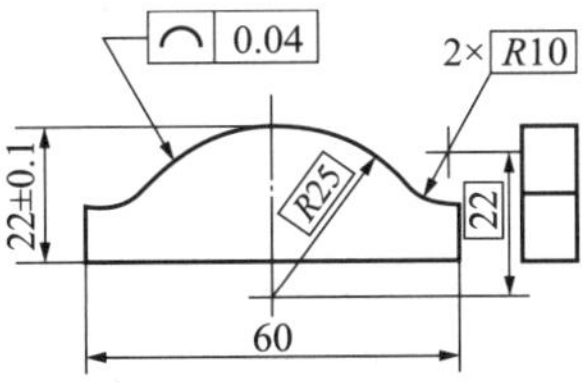 公差代号含义是：零件圆弧部分的线轮廓度公差值为0.04mm。 公差带形状是：平行于图样所示投影面的任一截面内的两条包络线之间的区域，这两条包络线必须包络一系列直径为0.04mm的圆，且诸圆圆心位于具有理论正确尺寸的轮廓线上	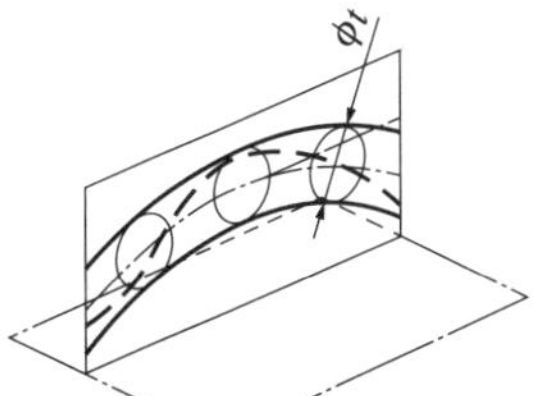 轮廓度公差与公差带 公差带定义是：平行于指定投影面的任一截面内的两条包络线之间的区域，这两条包络线必须包络一系列直径为公差值 ϕt 的圆，且诸圆圆心位于具有理论正确尺寸的轮廓线上

续表

公差项目	示例	定义
线轮廓度 （⌒）	2. 有基准要求 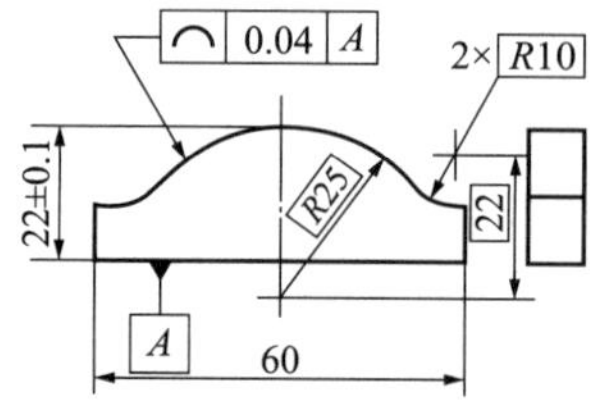 公差代号含义是：零件圆弧部分相对于基准 A 的线轮廓度公差值为 0.04mm。 公差带形状是：平行于图样所示投影面的任一截面内的两条包络线之间的区域，这两条包络线必须包络一系列直径为 0.04mm 的圆，且诸圆圆心位于由基准 A 确定的具有理论正确尺寸的轮廓线上	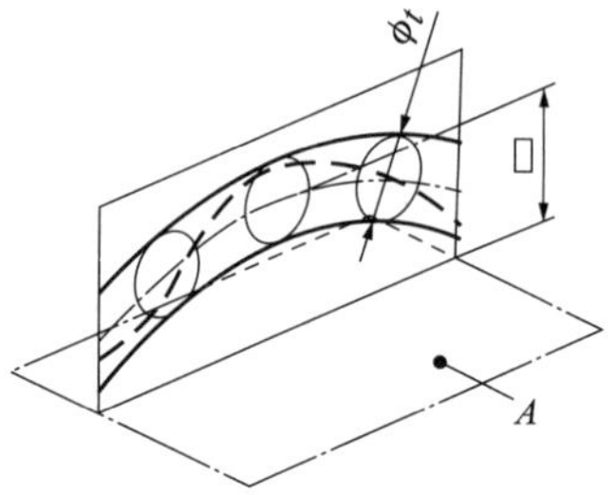 公差带定义是：平行于指定投影面的任一截面内的两条包络线之间的区域，这两条包络线必须包络一系列直径为公差值 ϕt 的圆，且诸圆圆心位于由基准确定的具有理论正确尺寸的轮廓线上
面轮廓度 （⌓）	1. 无基准要求 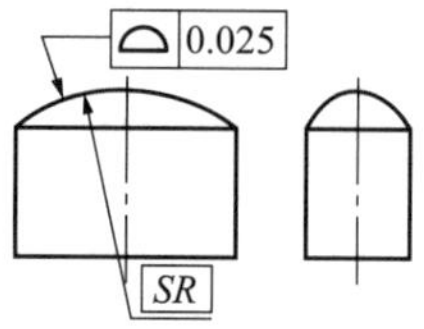 公差代号含义是：零件球面部分的面轮廓度公差值为 0.025mm。 公差带形状是：两个包络面之间的区域，这两个包络面必须包络一系列直径为 0.025mm 的球，且诸球球心位于具有理论正确尺寸的轮廓面上	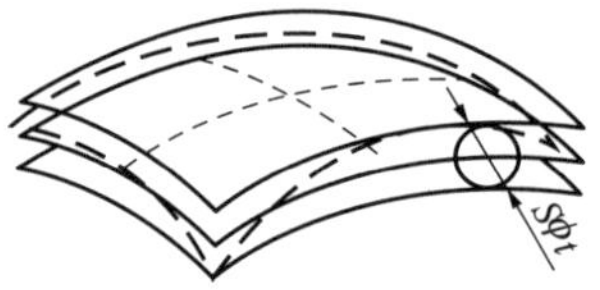 公差带定义是：两个包络面之间的区域，这两个包络面必须包络一系列直径为公差值 $S\phi t$ 的球，且诸球球心位于具有理论正确尺寸的轮廓面上
	2. 有基准要求 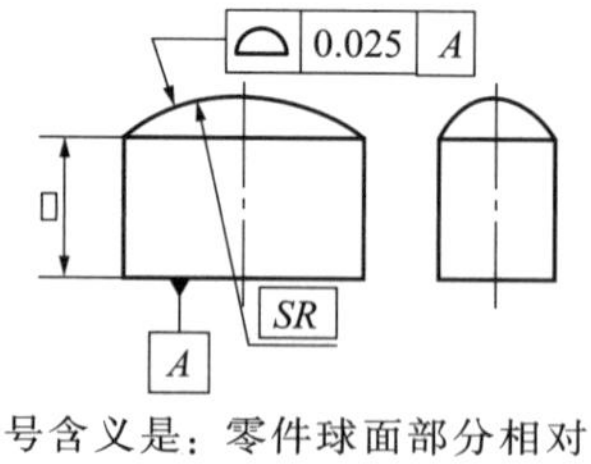 公差代号含义是：零件球面部分相对于基准 A 的面轮廓度公差值为 0.025mm。 公差带形状是：两个包络面之间的区域，这两个包络面必须包络一系列直径为 0.025mm 的球，且诸球球心位于由基准 A 确定的具有理论正确尺寸的轮廓面上	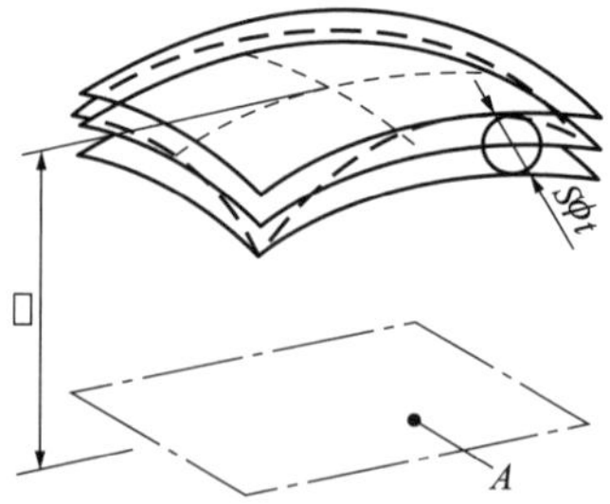 公差带定义是：两个包络面之间的区域，这两个包络面必须包络一系列直径为公差值 $S\phi t$ 的球，且诸球球心位于由基准 A 确定的具有理论正确尺寸的轮廓面上

注：在有基准要求的情况下，轮廓度公差（包括线轮廓度公差和面轮廓度公差）应属于方向和位置公差。

4.3.2　方向公差及其公差带

方向公差

4.3.2.1　方向误差、方向公差和方向公差带的定义

(1)方向误差

方向误差是指零件上某一被测要素的实际形状相对于其理想形状在指定方向上的变动量。

(2)方向公差

方向公差是指零件上某一被测要素的实际形状在指定方向上所允许的最大变动量，即为某一被测要素所允许的最大方向误差。

(3)方向公差带

方向公差带是指用来形象表达方向公差的一种图示方法，其含义和方向公差完全相同，具有形状、大小、方向、位置四个维度。

方向公差的特点：

①方向公差带有基准，故方向公差带的方向由基准和理论正确尺寸确定，但其位置是浮动的；

②方向公差带中包含了形状公差带，故方向公差带能综合控制被测要素的形状误差和方向误差，即对同一被测要素，方向公差值 > 形状公差值。

通常对某一被测要素给出方向公差后，就不再对其给出形状公差，除非对该要素还有进一步的形状公差要求，才可以对其同时给出形状公差。

4.3.2.2　方向误差的评定方法

在指定方向上使用最小包容区域法确定出被测要素的方向误差大小后，就可以对方向误差的合格性进行判定，具体方法如下。

(1)合格判定

若零件上某一被测实际要素完全落在方向公差带内，就表示该零件上此被测要素在指定方向上的精度合格。

(2)不合格判定

若零件上某一被测实际要素超出方向公差带，就表示该零件上此被测要素在指定方向上的精度不合格。

4.3.2.3　方向公差的类型

方向公差包括平行度、垂直度、倾斜度、线轮廓度和面轮廓度 5 种类型。一般地，当理论正确角度为 0°时，称为平行度公差；当理论正确角度为 90°时，称为垂直度公差；当理论正确角度为其他任意角度时，称为倾斜度公差。

这 5 种典型方向公差带的定义及其示例见表 4－5。

表 4－5　方向公差带的定义和示例

公差项目	示例	定义
平行度 （//）	1. 面对面 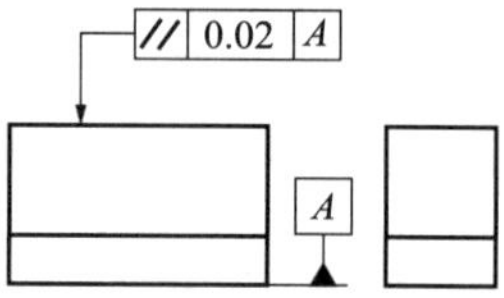 公差代号含义是：零件上表面相对于基准 *A* 的平行度公差值为 0.02mm。 公差带形状是：间距等于 0.02mm，且平行于基准平面 *A* 的两个平行平面之间的区域	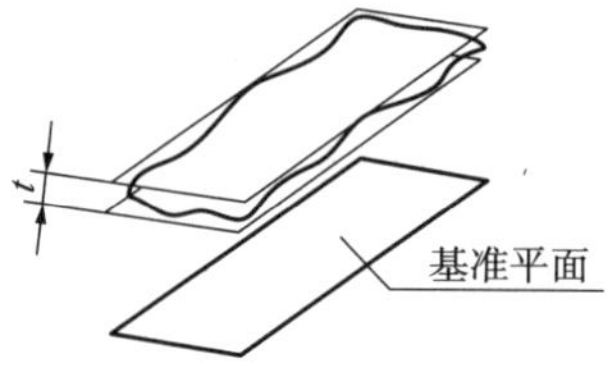 公差带定义是：间距等于公差值 *t*，且平行于基准平面的两个平行平面之间的区域
	2. 线对面 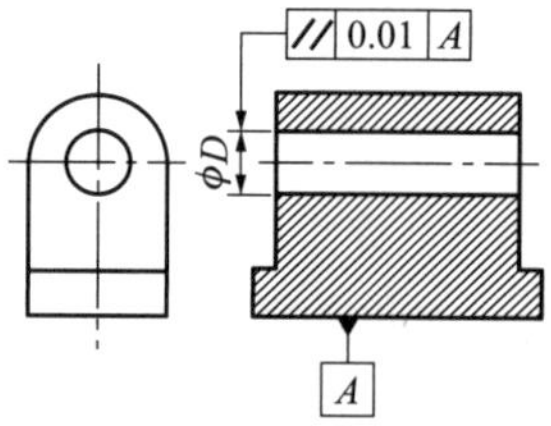 公差代号含义是：零件 *ϕD* 孔轴线相对于基准 *A* 的平行度公差值为 0.01mm。 公差带形状是：间距等于 0.01mm，且平行于基准平面 *A* 的两个平行平面之间的区域	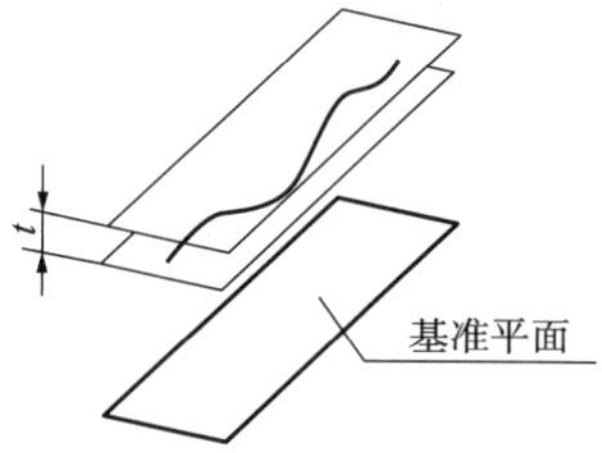 公差带定义是：间距等于公差值 *t*，且平行于基准平面的两个平行平面之间的区域
	3. 面对线 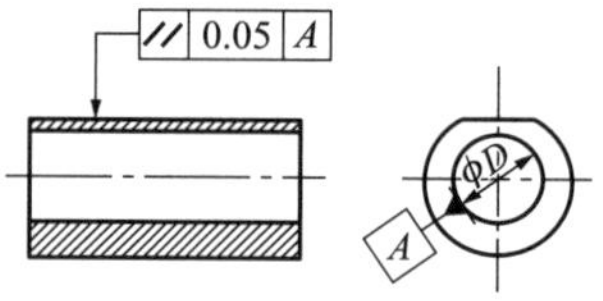 公差代号含义是：零件上表面相对于基准 *A* 的平行度公差值为 0.05mm。 公差带形状是：间距等于 0.05mm，且平行于基准轴线 *A* 的两个平行平面之间的区域	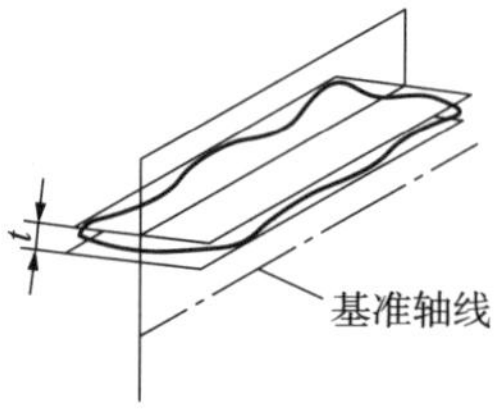 公差带定义是：间距等于公差值 *t*，且平行于基准轴线的两个平行平面之间的区域
	4. 线对线 （1）给定一个方向 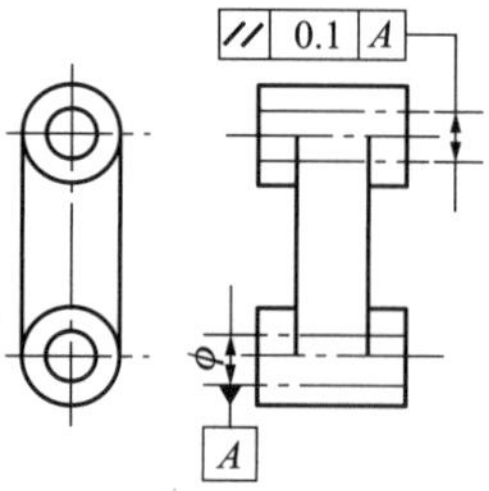 公差代号含义是：零件上端孔轴线相对于基准 *A* 在竖直方向上的平行度公差值为 0.1mm。 公差带形状是：在竖直方向上平行于基准轴线 *A*，且距离为 0.1mm 的两个平行平面之间的区域	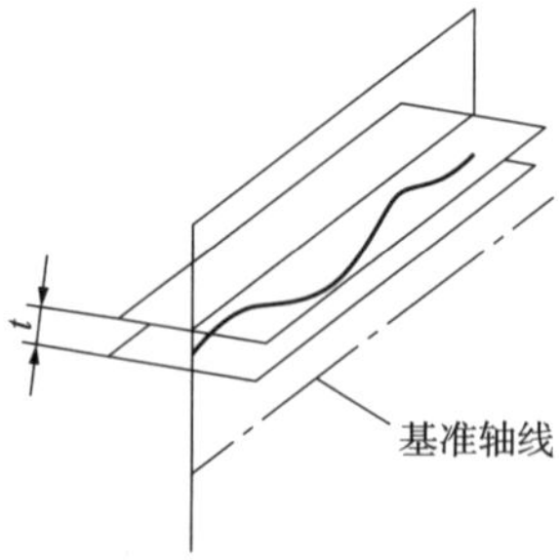 公差带定义是：在给定方向上平行于基准轴线，且距离为公差值 *t* 的两个平行平面之间的区域

续表

<table>
<tr><th>公差项目</th><th>示例</th><th>定义</th></tr>
<tr><td rowspan="3">平行度
(//)</td><td>(2)给定相互垂直的两个方向

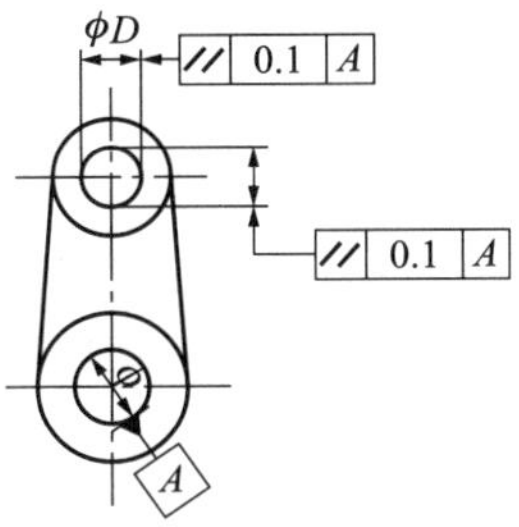

公差代号含义是：零件 ϕD 孔轴线相对于基准 A 在水平和竖直方向上的平行度公差值均为0.1mm。

公差带形状是：在水平和竖直方向上均平行于基准轴线 A，且距离均为0.1mm 的两组平行平面围成的四棱柱面之内的区域</td><td>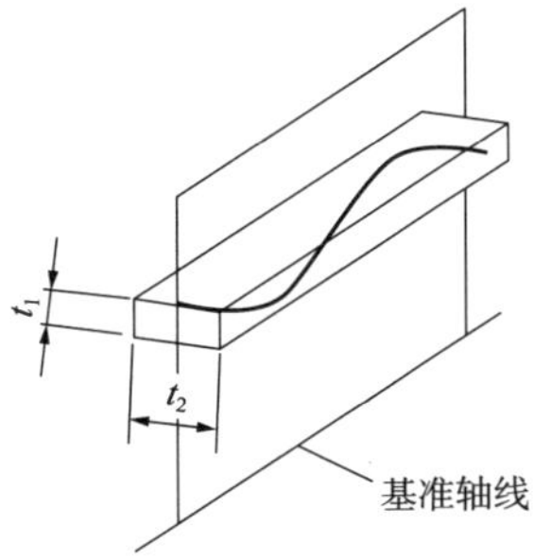

公差带定义是：在给定相互垂直的两个方向上均平行于基准轴线，且距离分别为公差值 t_1 和 t_2 的两组平行平面围成的四棱柱面之内的区域</td></tr>
<tr><td>(3)任意方向上

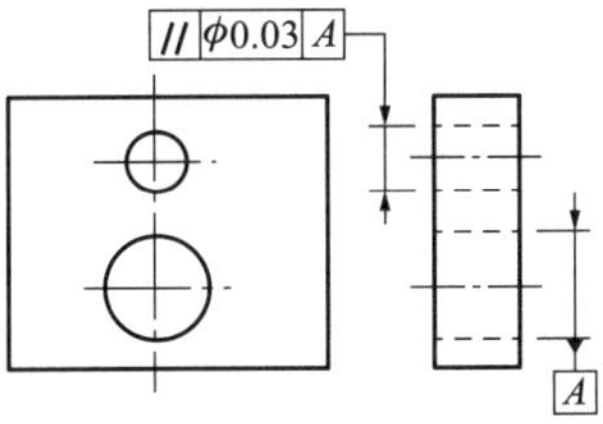

公差代号含义是：零件上端小孔轴线相对于基准 A 的平行度公差值为 ϕ0.03mm。

公差带形状是：平行于基准轴线 A，且直径为 ϕ0.03mm 的圆柱面内的区域</td><td>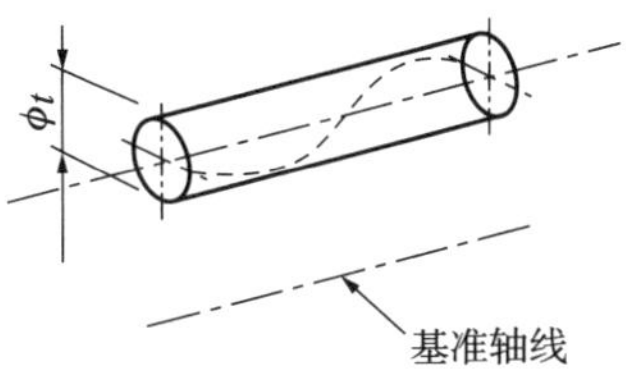

公差带定义是：平行于基准轴线，且直径为公差值 ϕt 的圆柱面内的区域</td></tr>
<tr><td>5. 线对基准体系

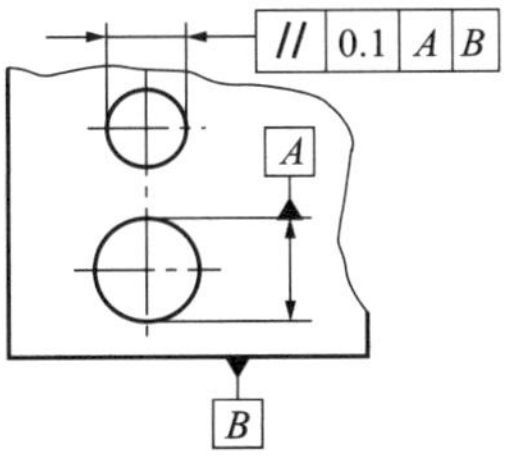

公差代号含义是：零件上端小孔轴线相对于基准 A 和 B 的平行度公差值为0.1mm。

公差带形状是：平行于基准轴线 A 并垂直于基准平面 B，且距离为0.1mm 的两个平行平面之间的区域</td><td>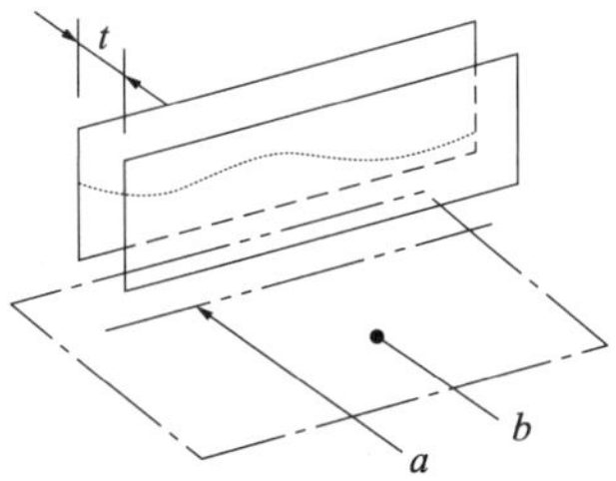

公差带定义是：平行于基准轴线 a 并垂直于基准平面 b，且距离为公差值 t 的两个平行平面之间的区域</td></tr>
</table>

续表

公差项目	示例	定义
垂直度（⊥）	1. 面对面 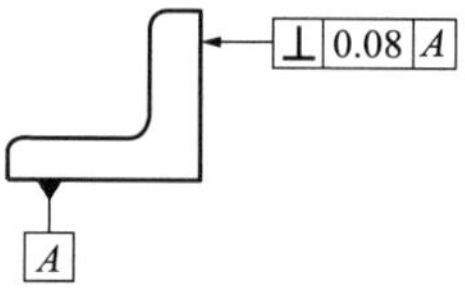 公差代号含义是：零件右侧面对于基准 *A* 的垂直度公差值为0.08mm。 公差带形状是：间距等于0.08mm，且垂直于基准平面 *A* 的两个平行平面之间的区域	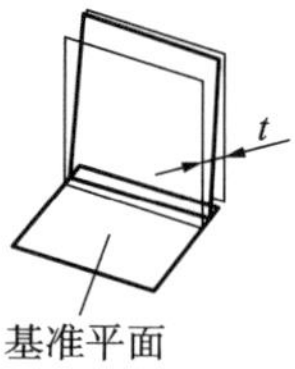 公差带定义是：间距等于公差值 *t*，且垂直于基准平面的两个平行平面之间的区域
	2. 面对线 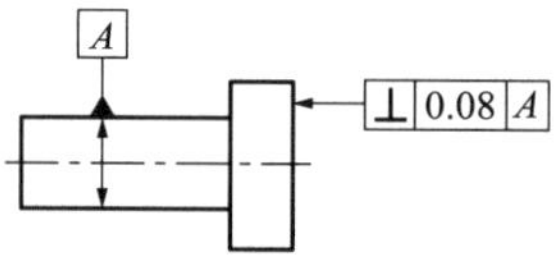 公差代号含义是：零件右端平面相对于基准 *A* 的垂直度公差值为0.08mm。 公差带形状是：间距等于0.08mm，且垂直于基准轴线 *A* 的两个平行平面之间的区域	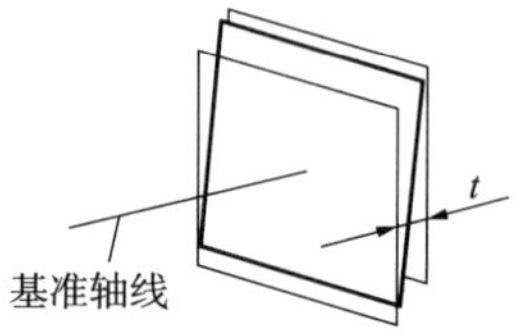 公差带定义是：间距等于公差值 *t*，且垂直于基准轴线的两个平行平面之间的区域
	3. 线对面 (1)给定一个方向 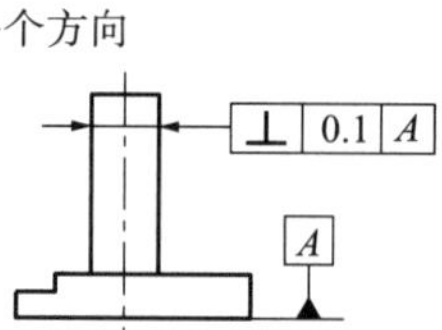 公差代号含义是：零件圆柱轴线相对于基准 *A* 的垂直度公差值为0.1mm。 公差带形状是：在图示水平左右方向上，垂直于基准平面 *A*，且距离为0.1mm的两个平行平面之间的区域	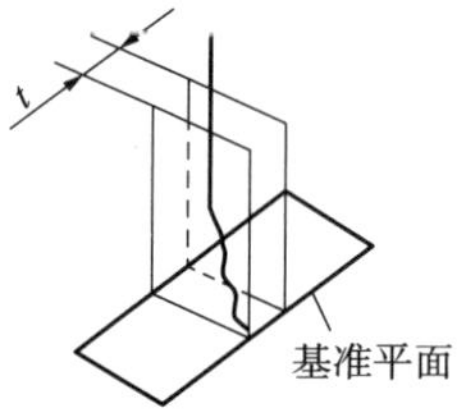 公差带定义是：在给定方向上垂直于基准平面，且距离为公差值 *t* 的两个平行平面之间的区域
	(2)给定相互垂直的两个方向 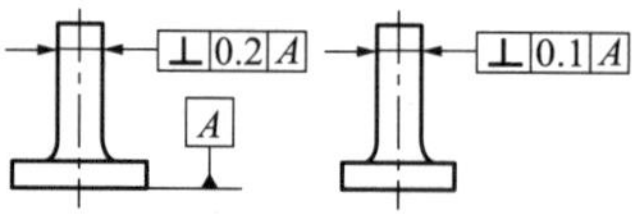 公差代号含义是：零件圆柱轴线相对于基准 *A* 在图示相互垂直两个方向上的垂直度公差值分别为0.2mm和0.1mm。 公差带形状是：在图示水平左右和水平前后两个相互垂直方向上，均垂直于基准平面 *A*，且距离分别为0.2mm和0.1mm的两组平行平面围成的四棱柱面之内的区域	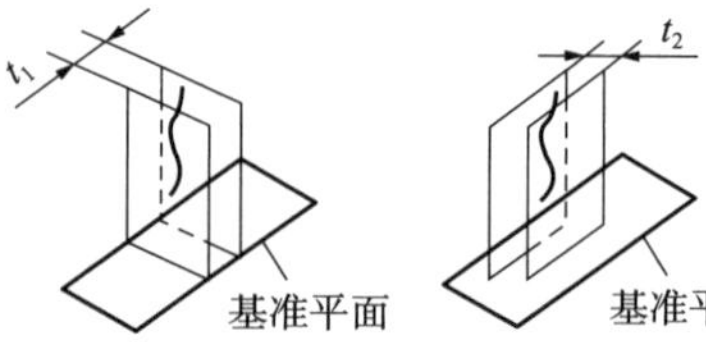 公差带定义是：在给定相互垂直的两个方向上均垂直于基准平面，且距离分别为公差值 t_1 和 t_2 的两组平行平面围成的四棱柱面之内的区域

续表

公差项目	示例	定义
垂直度 (⊥)	(3)任意方向上 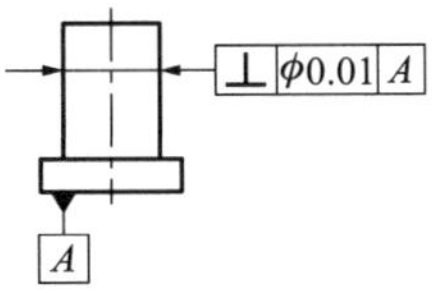 公差代号含义是：零件上端圆柱轴线相对于基准 A 的垂直度公差值为 $\phi 0.01$mm。 公差带形状是：垂直于基准平面 A，且直径为 $\phi 0.01$mm 的圆柱面内的区域	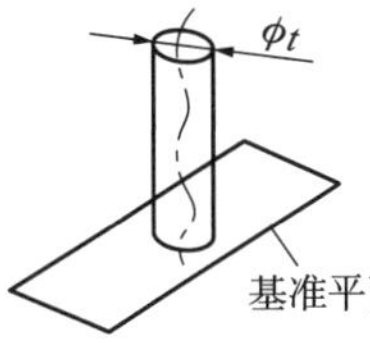 公差带定义是：垂直于基准平面，且直径为公差值 ϕt 的圆柱面内的区域
	(4)线对线 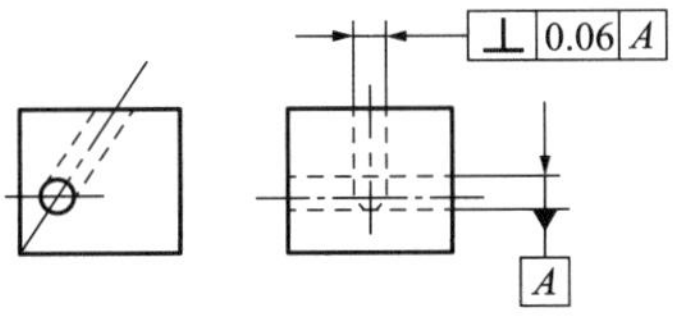 公差代号含义是：零件斜孔轴线相对于基准 A 的垂直度公差值为 0.06mm。 公差带形状是：垂直于基准轴线 A，且距离为 0.06mm 的两平行平面之间的区域	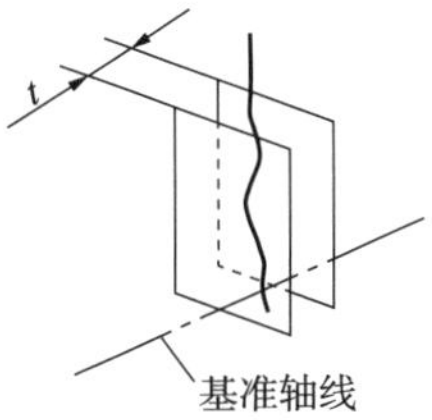 公差带定义是：垂直于基准轴线，且距离为公差值 t 的两个平行平面之间的区域
	(5)线对基准体系 ①给定一个方向 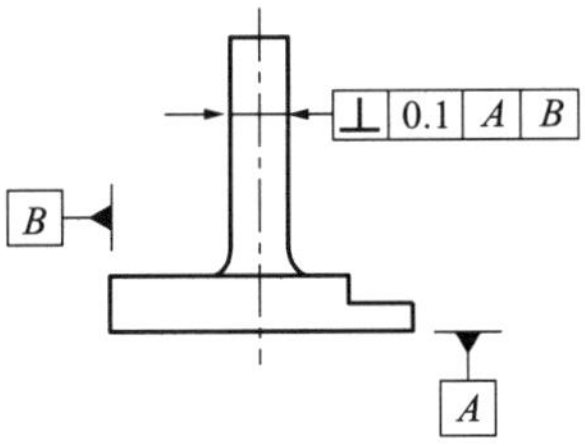 公差代号含义是：零件上端圆柱轴线相对于基准 A 和 B 在给定方向上的垂直度公差值为 0.1mm。 公差带形状是：垂直于基准平面 A 并平行于基准平面 B，且距离为 0.1mm 的两个平行平面之间的区域	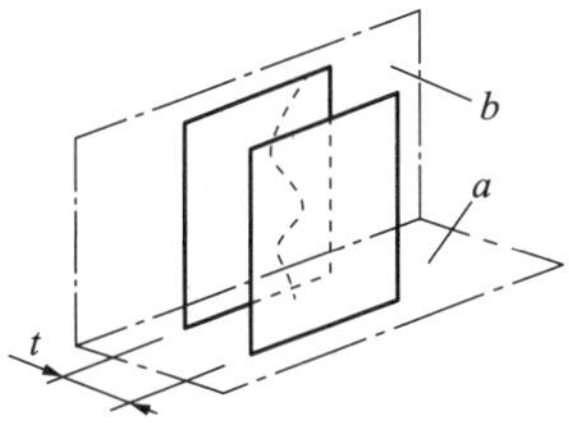 公差带定义是：垂直于基准平面 a 并平行于基准平面 b，且距离为公差值 t 的两个平行平面之间的区域
	②给定相互垂直的两个方向 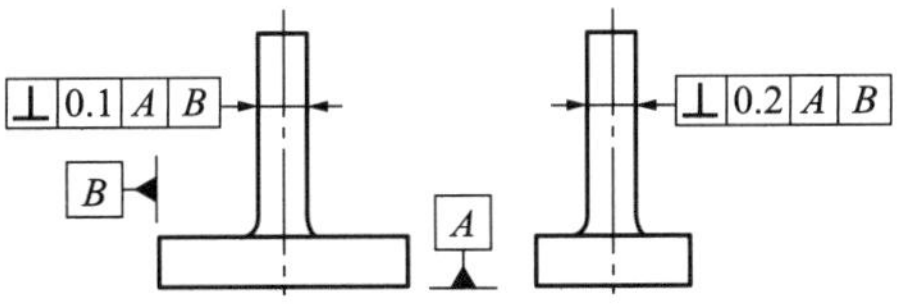 公差代号含义是：零件上端圆柱轴线相对于基准 A 和 B 在给定相互垂直两个方向上的垂直度公差值分别为 0.1mm 和 0.2mm。 公差带形状是：在图示水平左右和水平前后两个相互垂直的方向上，垂直于基准平面 A，同时平行或垂直于基准平面 B，且距离分别为 0.1mm 和 0.2mm 的两组平行平面围成的四棱柱面之内的区域	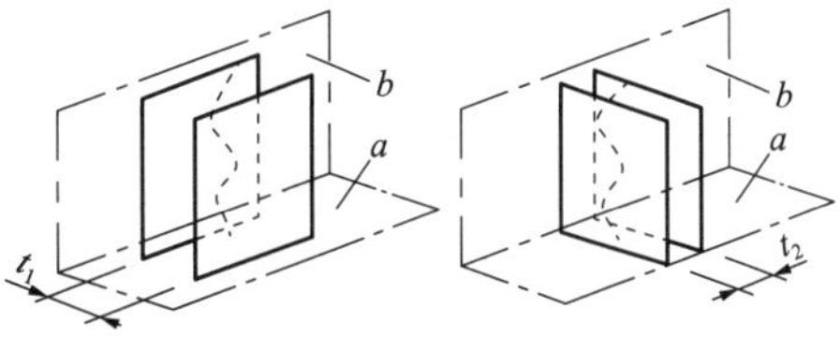 公差带定义是：在给定相互垂直的两个方向上，垂直于基准平面 a，同时平行或垂直于基准平面 b，且距离分别为公差值 t_1 和 t_2 的两组平行平面围成的四棱柱面之内的区域

续表

公差项目	示例	定义
倾斜度（∠）	1. 面对面 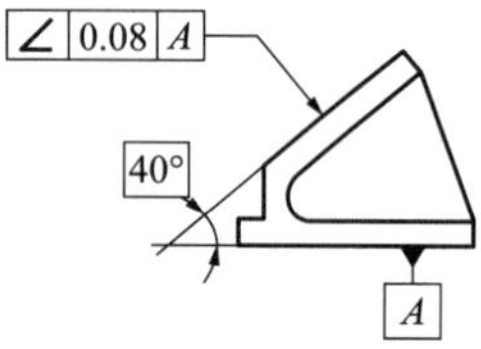 公差代号含义是：零件左上倾斜面相对于基准 *A* 的倾斜度公差值为 0.08mm。 公差带形状是：按理论正确角度 40° 倾斜于基准平面 *A*，且间距等于 0.08mm 的两个平行平面之间的区域	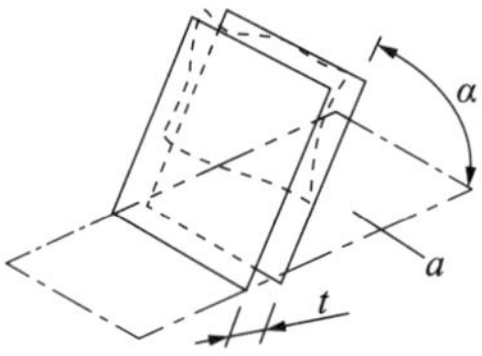 公差带定义是：按理论正确角度倾斜于基准平面 *a*，且间距等于公差值 *t* 的两个平行平面之间的区域
	2. 面对线 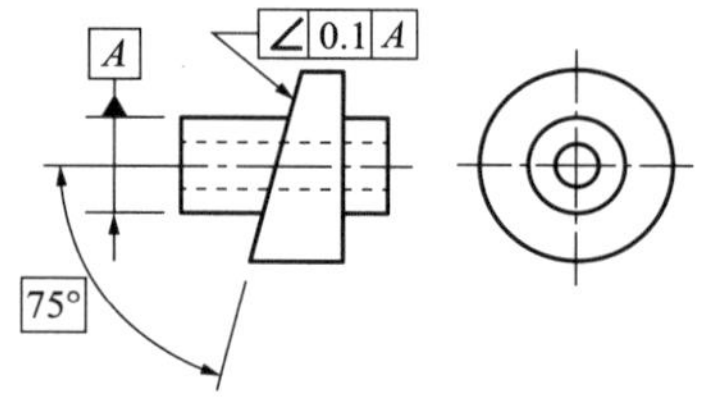 公差代号含义是：零件倾斜面相对于基准 *A* 的倾斜度公差值为 0.1mm。 公差带形状是：按理论正确角度 75° 倾斜于基准轴线 *A*，且间距等于 0.1mm 的两个平行平面之间的区域	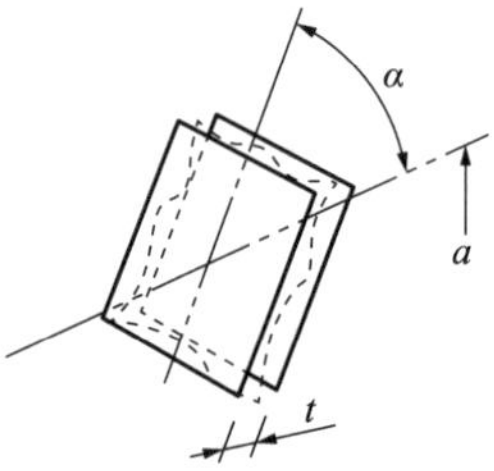 公差带定义是：按理论正确角度倾斜于基准直线 *a*，且间距等于公差值 *t* 的两个平行平面之间的区域
	3. 线对面 （1）给定一个方向 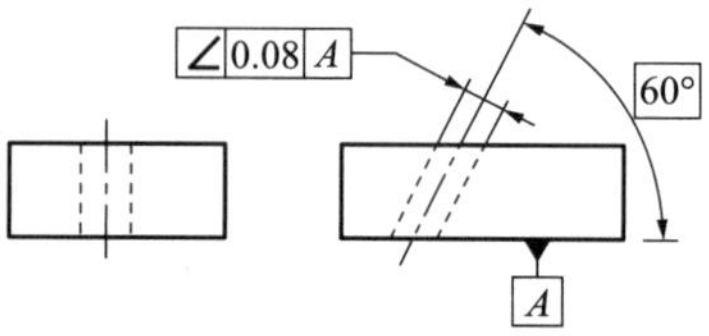 公差代号含义是：零件斜孔轴线相对于基准 *A* 的倾斜度公差值为 0.08mm。 公差带形状是：按理论正确角度 60° 倾斜于基准平面 *A*，且间距等于 0.08mm 的两个平行平面之间的区域	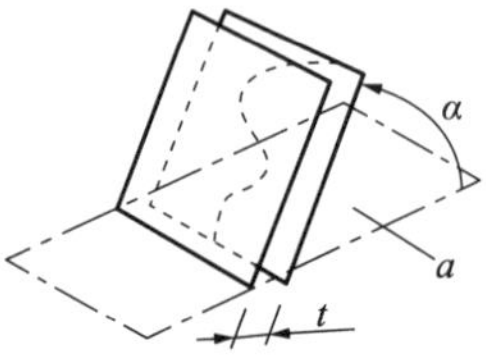 公差带定义是：按理论正确角度倾斜于基准平面 *a*，且间距等于公差值 *t* 的两个平行平面之间的区域
	（2）任意方向上 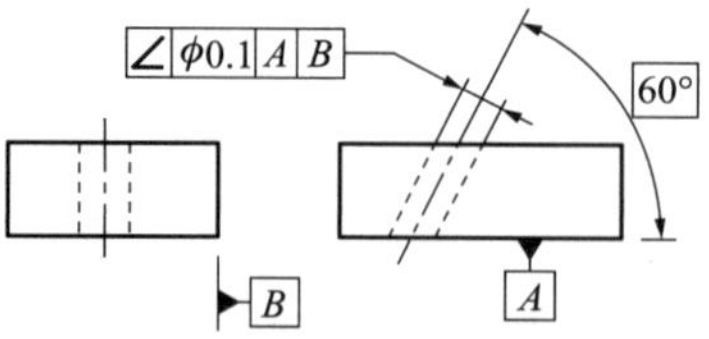 公差代号含义是：零件斜孔轴线相对于基准 *A* 的倾斜度公差值为 ϕ0.1mm。 公差带形状是：直径等于 ϕ0.1mm，且轴线按理论正确角度 60° 倾斜于基准平面 *A* 的圆柱面之内的区域	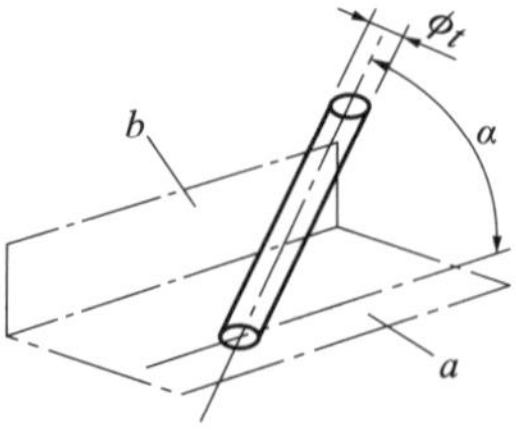 公差带形状是：直径等于公差值 ϕt，且轴线按理论正确角度倾斜于基准平面的圆柱面之内的区域

续表

公差项目	示例	定义
倾斜度 （∠）	4. 线对线 （1）平面两直线的倾斜度 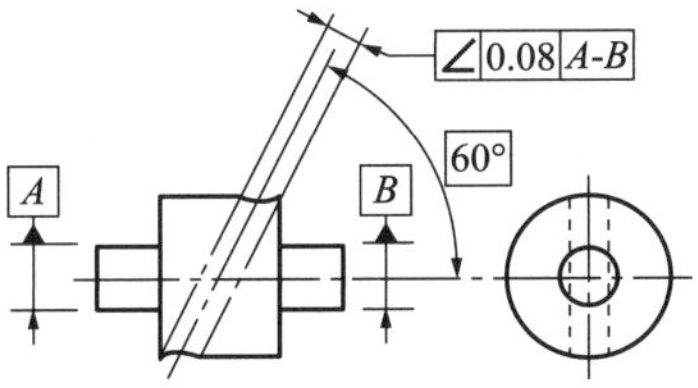 公差代号含义是：零件斜孔轴线相对于公共基准 $A-B$ 的倾斜度公差值为0.08mm。 公差带形状是：按理论正确角度60°倾斜于公共基准轴线 $A-B$，且间距等于0.08mm的两个平行平面之间的区域	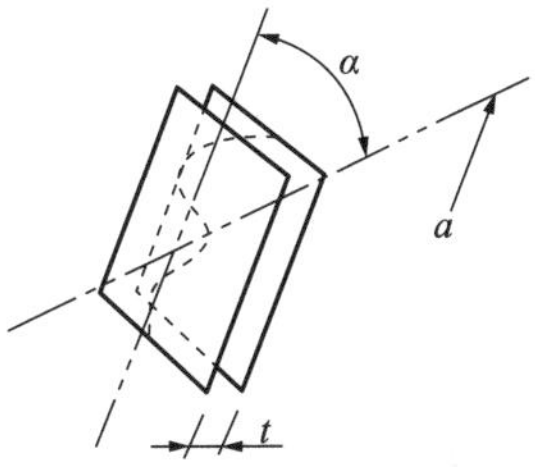 公差带定义是：按理论正确角度倾斜于基准直线 a，且间距等于公差值 t 的两个平行平面之间的区域
	（2）异面两直线的倾斜度 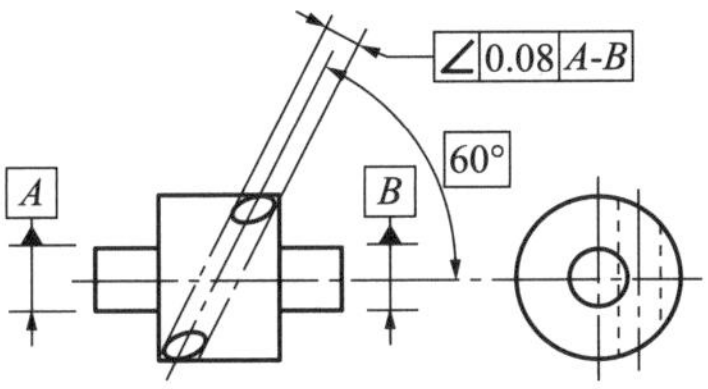 公差代号含义是：零件斜孔轴线相对于公共基准 $A-B$ 的倾斜度公差值为0.08mm。 公差带形状是：按理论正确角度60°倾斜于公共基准轴线 $A-B$，且间距等于0.08mm的两个平行平面之间的区域	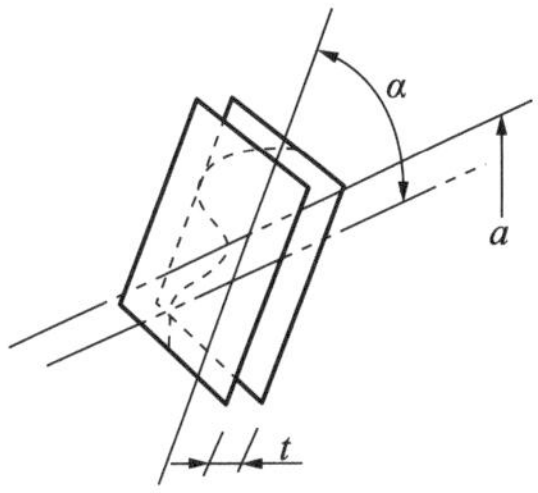 公差带定义是：按理论正确角度倾斜于基准直线，且间距等于公差值 t 的两个平行平面之间的区域

4.3.3　位置公差及其公差带

位置公差　　形状公差与位置公差

4.3.3.1　位置误差、位置公差和位置公差带的定义

（1）位置误差

位置误差是指零件上某一被测要素的实际形状相对于其理想形状在指定方向和位置上的变动量。

（2）位置公差

位置公差是指零件上某一被测要素的实际形状在指定方向和位置上所允许的最大变动量，即为某一被测要素所允许的最大位置误差。

（3）位置公差带

位置公差带是指用来形象表达位置公差的一种图示方法，其含义和位置公差完全相同，具有形状、大小、方向、位置四个维度。

位置公差的特点：

①位置公差带有基准，故位置公差带的方向和位置同时由基准和理论正确尺寸确定；

②位置公差带中包含了方向公差带和形状公差带，故位置公差带能综合控制被测要素的形状误差、方向误差和位置误差，即对同一被测要素，位置公差值 > 方向公差值 > 形状公差值。

通常对某一被测要素给出位置公差后，就不再对其给出方向公差和形状公差了，除非对该要素还有进一步的方向公差和形状公差要求，才可以对其同时给出方向公差或形状公差。

4.3.3.2 位置误差的评定方法

在指定方向和位置上使用最小包容区域法确定出被测要素的位置误差大小后，就可以对位置误差的合格性进行判定，具体方法如下。

(1)合格判定

若零件上某一被测实际要素完全落在位置公差带内，就表示该零件上此被测要素在指定方向和位置上的精度合格。

(2)不合格判定

若零件上某一被测实际要素超出位置公差带，就表示该零件上此被测要素在指定方向和位置上的精度不合格。

4.3.3.3 位置公差的类型

位置公差包括同心度、同轴度、对称度、位置度、线轮廓度和面轮廓度 6 种类型。这 6 种典型位置公差带的定义及其示例见表 4－4 和表 4－6。

表 4－6 位置公差带的定义和示例

公差项目	示例	定义
同心度 (◎)	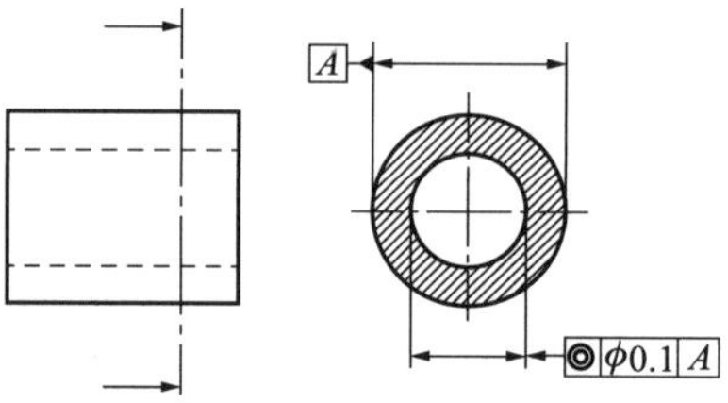 公差代号含义是：轴套零件的内孔圆柱面在任意径向截面位置相对于基准 A 的同心度公差值为 ϕ0.1mm。 公差带形状是：直径等于 ϕ0.1mm，且以轴套零件外圆柱面在该截面处的基准圆心点 A 为圆心的圆周之内的区域	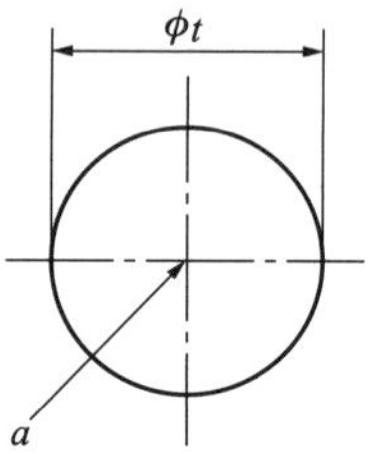 公差带定义是：直径等于公差值 ϕt，且以零件被测圆柱面在该截面处的基准圆心点为圆心的圆周之内的区域
同轴度 (◎)	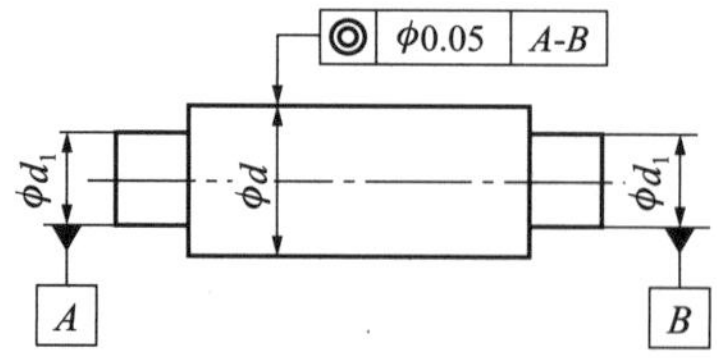 公差代号含义是：零件 ϕd 圆柱轴线相对于公共基准 A－B 的同轴度公差值为 ϕ0.05mm。 公差带形状是：直径等于 ϕ0.05mm，且以公共基准 A－B 为轴线的圆柱面之内的区域	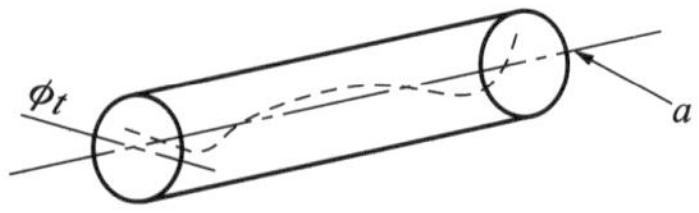 a 为基准轴线 公差带定义是：直径等于公差值 ϕt，且以基准直线为轴线的圆柱面之内的区域

续表

<table>
<tr><th>公差项目</th><th>示例</th><th>定义</th></tr>
<tr><td rowspan="2">对称度
(⌯)</td><td>1. 面对线
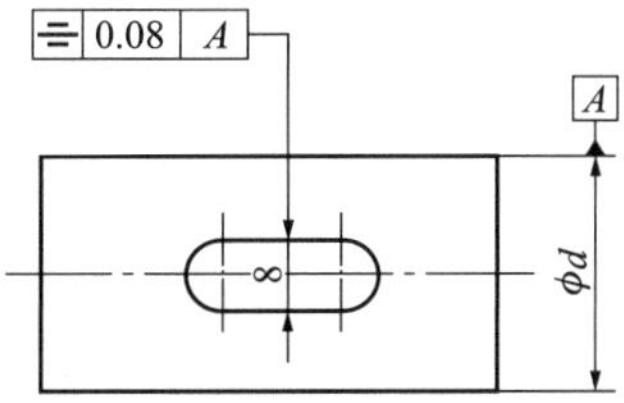

公差代号含义是：轴零件键槽上下工作面的中心对称面相对于基准 A 的对称度公差值为0.08mm。
公差带形状是：在图示给定方向上，间距等于0.08mm，且关于基准轴线 A 对称配置的两个平行平面之间的区域</td><td>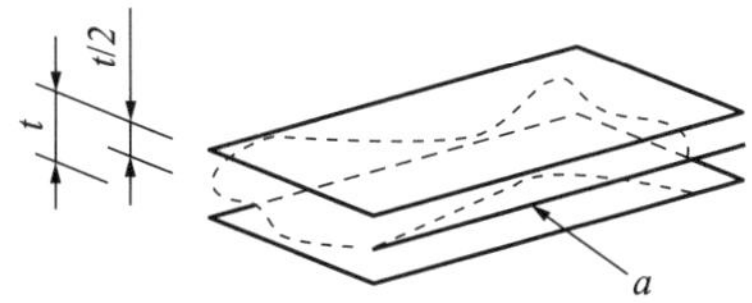

a 为基准直线
公差带定义是：在给定方向上，间距等于公差值 t，且关于基准直线对称配置的两个平行平面之间的区域</td></tr>
<tr><td>2. 面对面
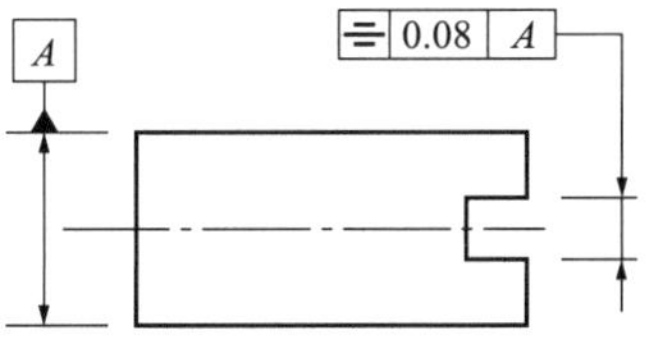

公差代号含义是：零件右端方槽上下平面的中心对称面相对于基准 A 的对称度公差值为0.08mm。
公差带形状是：在图示给定方向上，间距等于0.08mm，且关于基准平面 A 对称配置的两个平行平面之间的区域</td><td>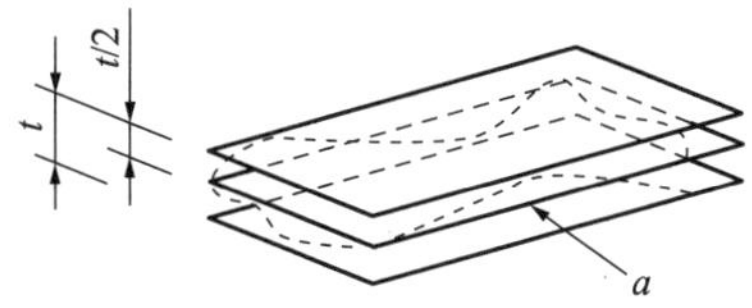

a 为基准平面
公差带定义是：在给定方向上，间距等于公差值 t，且关于基准平面对称配置的两个平行平面之间的区域</td></tr>
<tr><td>位置度
(⌖)</td><td>1. 点的位置度
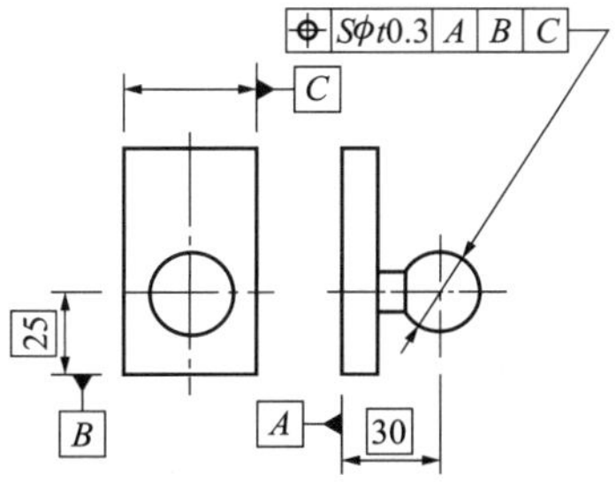

公差代号含义是：零件球体的球心相对于三基面体系 A、B、C 的位置度公差值为 Sφ0.08mm。
公差带形状是：直径等于 Sφ0.3mm，且球心由三基面体系 A、B、C 和理论正确尺寸30、25确定的球面之内的区域</td><td>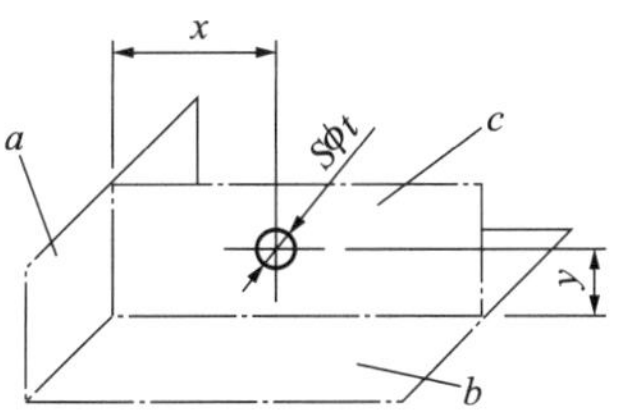

a 为基准平面 A
b 为基准平面 B
c 为基准平面 C
公差带定义是：直径等于公差值 φt（平面点）或 Sφt（空间点），且圆心或球心由基准体系和理论正确尺寸确定的圆或球面之内的区域</td></tr>
</table>

续表

公差项目	示例	定义
位置度 （⌖）	2. 线的位置度 （1）单个孔轴线的位置度 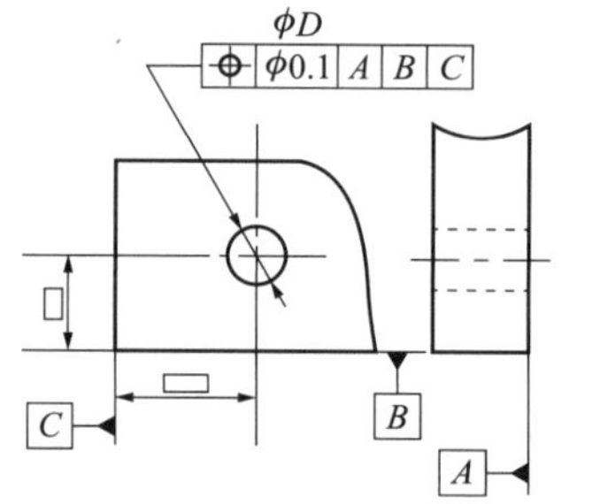 公差代号含义是：零件 ϕD 圆孔轴线相对于三基面体系 A、B、C 的位置度公差值为 ϕ0.1mm。 公差带形状是：直径等于 ϕ0.1mm，且轴线由三基面体系 A、B、C 和理论正确尺寸确定的圆柱面之内的区域	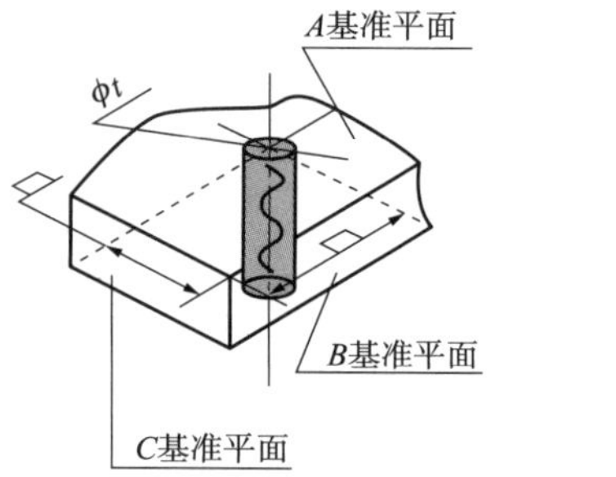 公差带定义是：直径等于公差值 ϕt，且轴线由基准体系和理论正确尺寸确定的圆柱面之内的区域
	（2）多个孔轴线的位置度 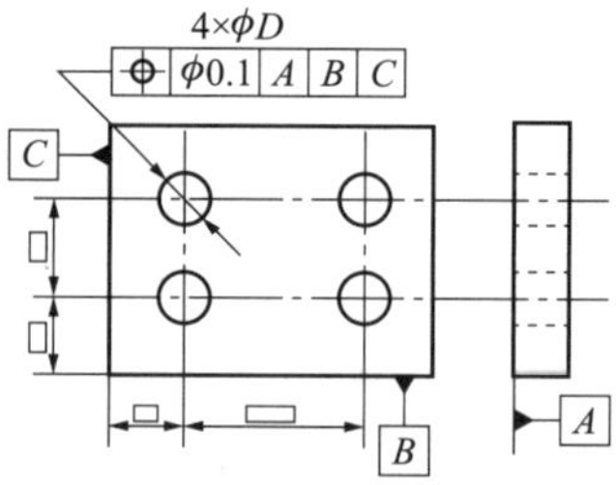 公差代号含义是：零件4个 ϕD 圆孔轴线相对于三基面体系 A、B、C 的位置度公差值均为 ϕ0.1mm。 公差带形状是：直径等于 ϕ0.1mm，且轴线由三基面体系 A、B、C 和理论正确尺寸确定的圆柱面之内的区域	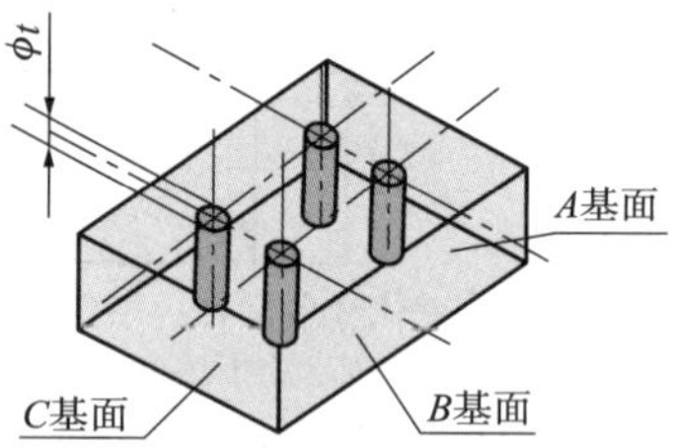 公差带定义是：直径等于公差值 ϕt，且轴线由基准体系和理论正确尺寸确定的圆柱面之内的区域

4.3.4 跳动公差及其公差带

跳动公差

4.3.4.1 跳动误差、跳动公差和跳动公差带的定义

（1）跳动误差

跳动误差是指零件上某一被测要素的实际形状相对于其理想形状绕基准轴线回转过程中在给定方向上的变动量。

（2）跳动公差

跳动公差是指零件上某一被测要素的实际形状绕基准轴线回转过程中在给定方向上所允许的最大变动量，即为某一被测要素所允许的最大跳动误差。

（3）跳动公差带

跳动公差带是指用来形象表达跳动公差的一种图示方法，其含义和跳动公差完全相

同，具有形状、大小、方向、位置四个维度。

跳动公差的特点：

①跳动公差带有基准，故跳动公差带的方向和位置同时由基准轴线确定；

②跳动公差带中包含了位置公差带、方向公差带和形状公差带，故跳动公差带能综合控制被测要素的位置误差、方向误差和形状误差，即对同一被测要素，跳动公差值 > 位置公差值 > 方向公差值 > 形状公差值。

通常对某一被测要素给出跳动公差后，就不再对其给出位置公差、方向公差和形状公差了，除非对该要素还有进一步的位置公差、方向公差和形状公差要求，才可以对其同时给出位置公差、方向公差或形状公差。

4.3.4.2 跳动误差的评定方法

绕基准轴线在给定方向上使用最小包容区域法确定出被测要素的跳动误差大小后，就可以对跳动误差的合格性进行判定，具体方法如下。

(1)合格判定

若零件上某一被测实际要素完全落在跳动公差带内，就表示该零件上此被测要素绕基准轴线在给定方向上的精度合格。

(2)不合格判定

若零件上某一被测实际要素超出跳动公差带，就表示该零件上此被测要素绕基准轴线在给定方向上的精度不合格。

4.3.4.3 跳动公差的类型

跳动公差包括圆跳动和全跳动两种类型，跳动公差带的定义和示例见表 4-7。圆跳动是控制某个测量面内被测要素相对于基准轴线在给定方向上的变动量，它可以分为径向圆跳动、轴向圆跳动和斜向圆跳动 3 种类型；全跳动是控制零件上整个被测要素相对于基准轴线在给定方向上的变动量，它可以分为径向全跳动和轴向全跳动两种类型。

表 4-7 跳动公差带的定义和示例

公差项目	示例	定义
圆跳动 (↗)	1. 径向圆跳动 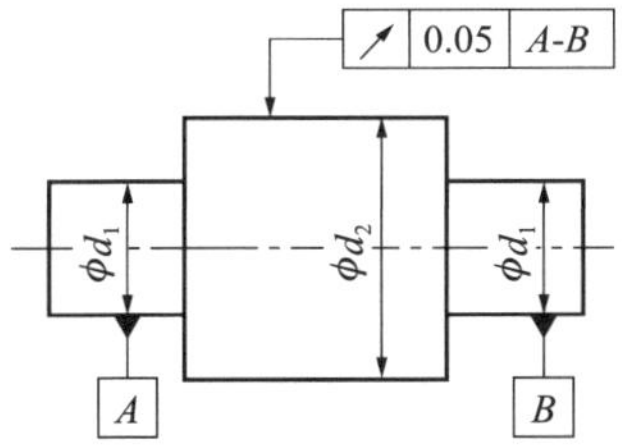 公差代号含义是：轴零件的 ϕd_2 圆柱面相对于公共基准 $A-B$ 轴线的径向圆跳动公差值为 0.05mm。 公差带形状是：任意垂直于公共基准 $A-B$ 轴线的横截面内，半径差等于 0.05mm，圆心在基准轴线上的两个同心圆之间的圆环区域	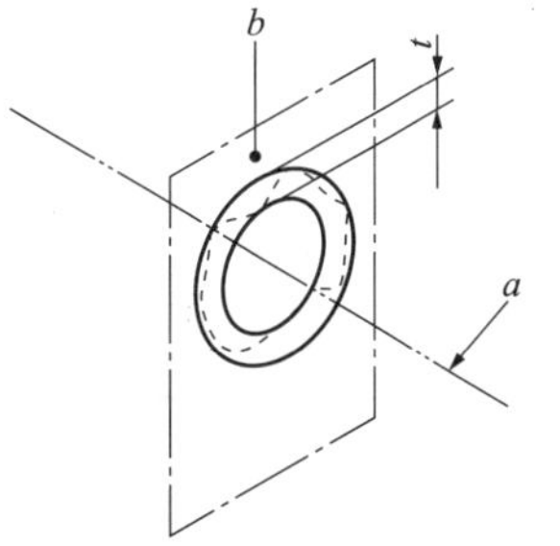 a 是基准直线 b 是测量横截面 公差带定义是：任意垂直于基准直线的测量横截面内，半径差等于公差值 t，圆心在基准直线上的两个同心圆之间的圆环区域

续表

公差项目	示例	定义
圆跳动 (↗)	2. 轴向圆跳动 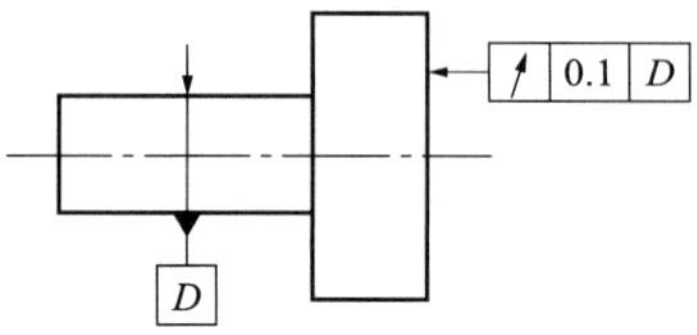 公差代号含义是：轴零件右端面相对于基准 D 的轴向圆跳动公差值为 0.1mm。 公差带形状是：与基准轴线同轴的任一测量半径的圆柱面上，间距等于 0.1mm 的两个圆之间的环形带状区域	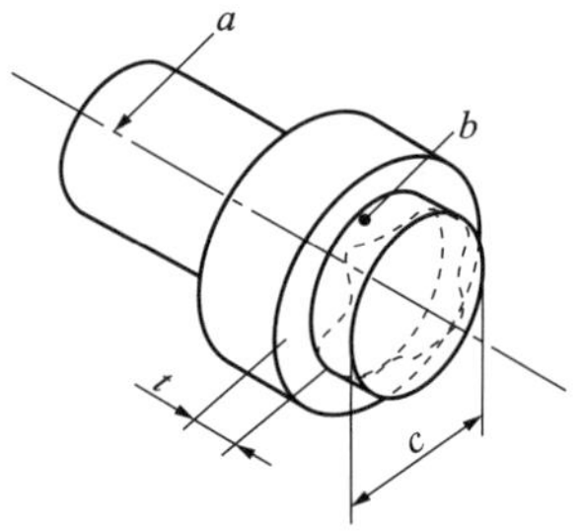 a 是基准轴线； b 是公差带； c 是任意测量直径。 公差带定义是：与基准轴线同轴的任一测量半径的圆柱面上，间距等于公差值 t 的两个圆之间的环形带状区域
	3. 斜向圆跳动 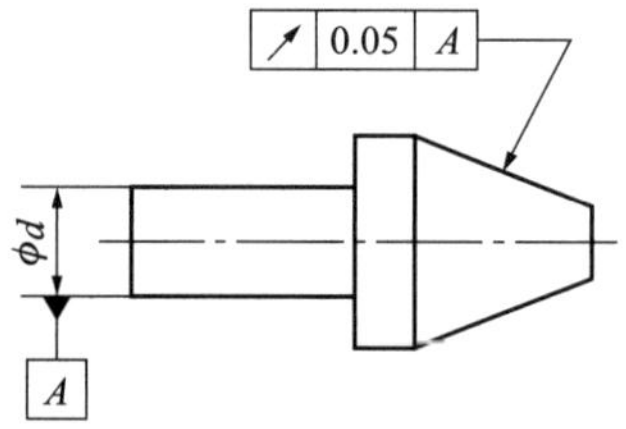 公差代号含义是：零件右端锥面相对于基准 A 的斜向圆跳动公差值为 0.05mm。 公差带形状是：在被测圆锥面的任一测量位置处，与基准轴线同轴且沿测量方向(即测量圆锥母线方向)的圆锥面上，间距等于 0.05mm 的两个圆之间的倾斜环形带状区域	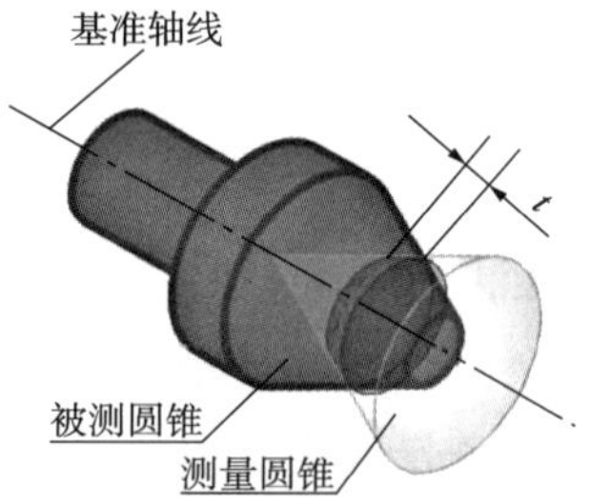 公差带定义是：在被测圆锥面的任一测量位置处，与基准轴线同轴且沿测量方向(即测量圆锥母线方向)的圆锥面上，间距等于公差值 t 的两个圆之间的倾斜环形带状区域
全跳动 (⌰)	1. 径向全跳动 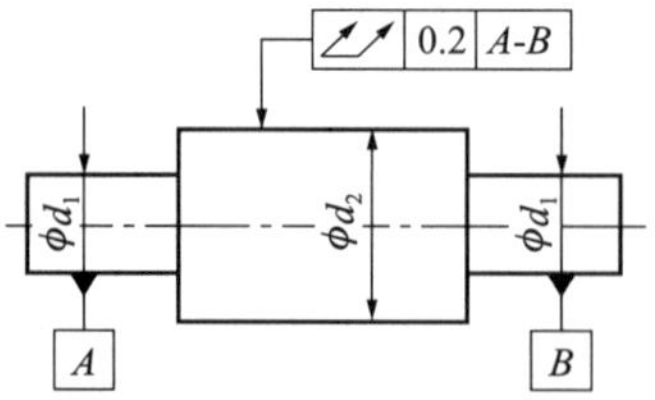 公差代号含义是：轴零件的 ϕd_2 圆柱面相对于公共基准轴线 $A-B$ 的径向全跳动公差值为 0.2mm。 公差带形状是：半径差等于 0.2mm，且均与公共基准轴线 $A-B$ 同轴的两个圆柱面之间的区域	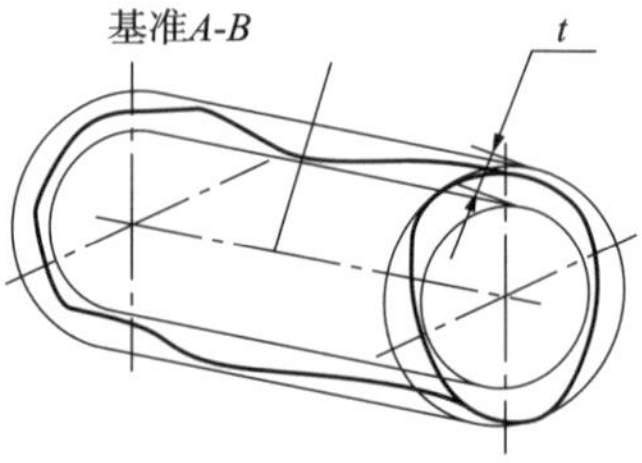 公差带定义是：半径差等于公差值 t，且均与公共基准轴线同轴的两个圆柱面之间的区域

续表

公差项目	示例	定义
全跳动 （⌰）	2. 轴向全跳动 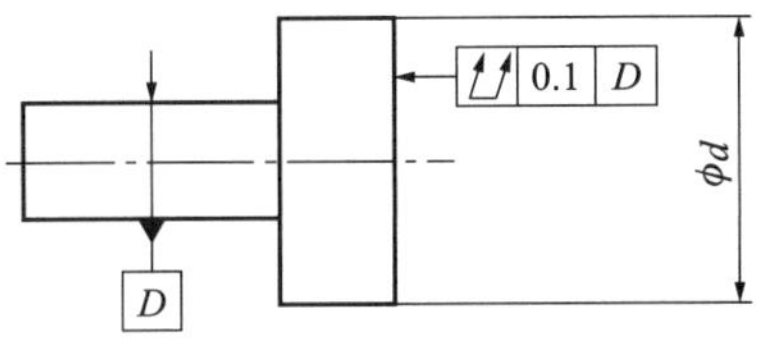 公差代号含义是：轴零件 ϕd 圆柱右端面相对于基准 D 的轴向全跳动公差值为 0.1mm。 公差带形状是：垂直于基准轴线 D，且距离等于 0.1mm 的两个平行平面之间的区域	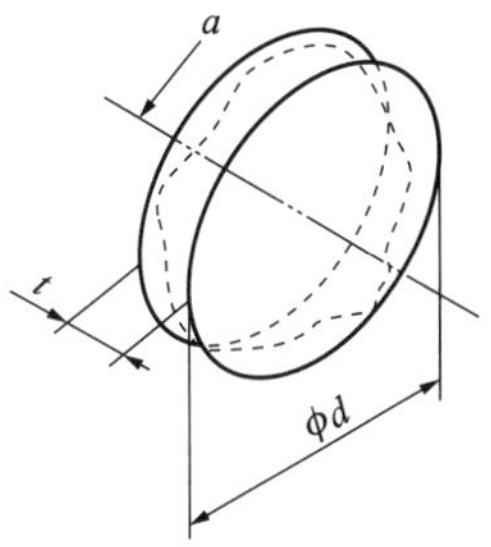 公差带定义是：垂直于基准轴线，且距离等于公差值 t 的两个平行平面之间的区域

4.4　公差原则

有关公差原则的术语和定义

4.4.1　公差原则的相关术语

4.4.1.1　局部实际尺寸

局部实际尺寸简称局部尺寸，它指的是一个轴或孔的任意正截面圆的直径方向上两对应点之间的实际距离。轴的外表面和孔的内表面的局部实际尺寸分别用 d_{ai} 和 D_{ai} 表示，下角标 i 表示第 i 个截面圆，同一个轴或孔各处的局部实际尺寸往往是不同的，如图 4－27 所示。

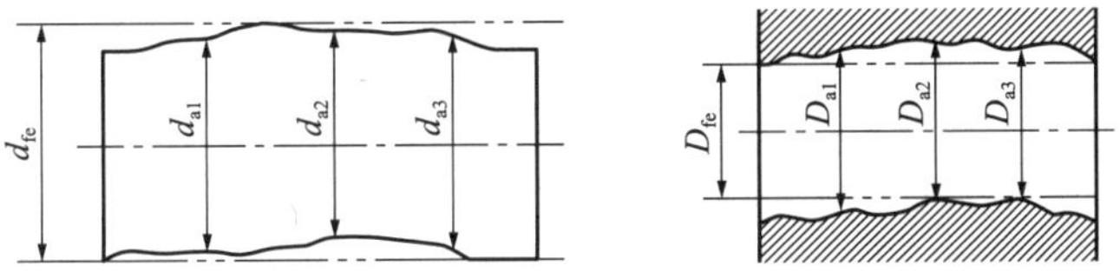

(a)　　(b)

图 4－27　局部尺寸和体外作用尺寸

4.4.1.2　体外作用尺寸

体外作用尺寸是由实际尺寸和几何公差综合作用形成的，可以分为轴的体外作用尺寸和孔的体外作用尺寸。

(1) 轴的体外作用尺寸

轴的体外作用尺寸指在该实际轴结合面的全长上与其体外外接的最小理想孔的尺寸，用 d_{fe} 表示，如图 4－27(a) 所示，它的大小等于轴的实际尺寸 d_a 与轴的几何误差 f 之和，即 $d_{fe}=d_a+f$。

(2) 孔的体外作用尺寸

孔的体外作用尺寸指在该实际孔结合面的全长上与其体外内接的最大理想轴的尺寸，

用 D_{fe}表示，如图 4－27(b)所示，它的大小等于孔的实际尺寸 D_a 与孔的几何误差 f 之差，即 $D_{fe}=D_a-f$。

4.4.1.3 体内作用尺寸

体内作用尺寸是由实际尺寸和几何公差综合作用形成的，可以分为轴的体内作用尺寸和孔的体内作用尺寸。

(1)轴的体内作用尺寸

轴的体内作用尺寸指在该实际轴结合面的全长上与其体内内接的最大理想孔的尺寸，用 d_{fi}表示，如图 4－28(a)所示，它的大小等于轴的实际尺寸 d_a 与轴的几何误差 f 之差，即 $d_{fi}=d_a-f$。

(2)孔的体内作用尺寸

孔的体内作用尺寸指在该实际孔结合面的全长上与其体内外接的最小理想轴的尺寸，用 D_{fi}表示，如图 4－28(b)所示，它的大小等于孔的实际尺寸 D_a 与孔的几何误差 f 之和，即 $D_{fi}=D_a+f$。

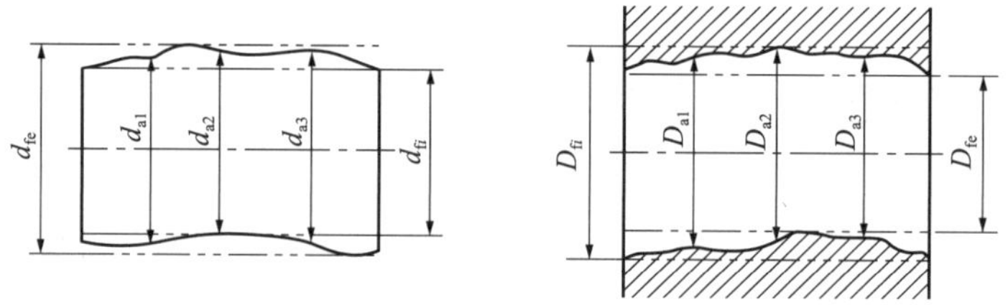

(a)外表面(轴)　　(b)内表面(孔)

图 4－28　局部尺寸和体内作用尺寸

4.4.1.4 最大实体状态(MMC)、最大实体尺寸(MMS)、最大实体边界(MMB)

最大实体状态指一个轴或孔零件具有允许的材料量为最多时的状态。

最大实体尺寸指一个轴或孔零件处于最大实体状态下的尺寸。

最大实体边界指一个轴或孔零件处于最大实体状态下的极限包容面。

对于轴零件，当它的尺寸为上极限尺寸时，材料量最多，处于最大实体状态，所以轴零件的最大实体尺寸 d_M 就是其上极限尺寸 d_{max}，即 $d_M=d_{max}$，此时它的外包容面就是其最大实体边界。

对于孔零件，当它的尺寸为下极限尺寸时，材料量最多，处于最大实体状态，所以孔零件的最大实体尺寸 D_M 就是其下极限尺寸 D_{min}，即 $D_M=D_{min}$，此时它的内包容面就是其最大实体边界。

4.4.1.5 最小实体状态(LMC)、最小实体尺寸(LMS)、最小实体边界(LMB)

最小实体状态指一个轴或孔零件具有允许的材料量为最少时的状态。

最小实体尺寸指一个轴或孔零件处于最小实体状态下的尺寸。

最小实体边界指一个轴或孔零件处于最小实体状态下的极限包容面。

对于轴零件，当它的尺寸为下极限尺寸时，材料量最少，处于最小实体状态，所以轴零件的最小实体尺寸 d_L 就是其下极限尺寸 d_{min}，即 $d_L=d_{min}$，此时它的外包容面就是其最小实体边界。

对于孔零件，当它的尺寸为上极限尺寸时，材料量最少，处于最小实体状态，所以孔零件的最小实体尺寸 D_L 就是其上极限尺寸 D_{max}，即 $D_L = D_{max}$，此时它的内包容面就是其最小实体边界。

4.4.1.6 最大实体实效状态(MMVC)、最大实体实效尺寸(MMVS)、最大实体实效边界(MMVB)

最大实体实效状态指一个轴或孔零件在最大实体状态下，其中心要素的几何误差值等于公差值时的综合极限状态。最大实体实效尺寸指一个轴或孔零件处于最大实体实效状态下的体外作用尺寸。最大实体实效边界指一个轴或孔零件处于最大实体实效状态下的极限包容面。

对于轴零件，它的最大实体实效尺寸 d_{MV}，就是当轴零件材料量最多(即 $d_a = d_{max}$)，且中芯轴线的几何误差 f 最大(即 $f = t$)时的体外作用尺寸，即 $d_{MV} = d_{max} + t$，此时轴零件体外的外包容面就是其最大实体实效边界，此时轴零件的状态就是其最大实体实效状态。

对于孔零件，它的最大实体实效尺寸 D_{MV}，就是当孔零件材料量最多(即 $D_a = D_{min}$)，且中芯轴线的几何误差 f 最大(即 $f = t$)时的体外作用尺寸，即 $D_{MV} = D_{min} - t$，此时孔零件体外的内包容面就是其最大实体实效边界，此时孔零件的状态就是其最大实体实效状态。

4.4.1.7 最小实体实效状态(LMVC)、最小实体实效尺寸(LMVS)、最小实体实效边界(LMVB)

最小实体实效状态指一个轴或孔零件在最小实体状态下，其中心要素的几何误差值等于公差值时的综合极限状态。最小实体实效尺寸指一个轴或孔零件处于最小实体实效状态下的体内作用尺寸。最小实体实效边界指一个轴或孔零件处于最小实体实效状态下的极限包容面。

对于轴零件，它的最小实体实效尺寸 d_{LV}，就是当轴零件材料量最少(即 $d_a = d_{min}$)，且中芯轴线的几何误差 f 最大(即 $f = t$)时的体内作用尺寸，即 $d_{LV} = d_{min} - t$，此时轴零件体内的内包容面就是其最小实体实效边界，此时轴零件的状态就是其最小实体实效状态。

对于孔零件，它的最小实体实效尺寸 D_{LV}，就是当孔零件材料量最少(即 $D_a = D_{max}$)，且中芯轴线的几何误差 f 最大(即 $f = t$)时的体内作用尺寸，即 $D_{LV} = D_{max} + t$，此时孔零件体内的外包容面就是其最小实体实效边界，此时孔零件的状态就是其最小实体实效状态。

4.4.2 公差原则

4.4.2.1 公差原则的定义

公差原则指确定尺寸公差和几何公差之间关系的原则。

对于一个零件，在生产制造过程中既有可能产生尺寸误差，又有可能产生几何(即形状、方向、位置、跳动)误差，为了判断该零件是否合格，就会用尺寸公差限制尺寸误差，几何公差限制几何误差，同时利用公差原则正确处理尺寸公差与几何公差之间的关系，以满足零件最初的设计装配要求。

4.4.2.2 公差原则的分类

GB/T 4249—2018《产品几何技术规范(GPS) 基础 概念、原则和规则》规定了具体的公差原则。根据尺寸公差与几何公差有无关系，公差原则可以分为独立原则和相关原则。

4.4.2.3 独立原则

(1)含义

独立原则

独立原则指给定图样上被测要素的尺寸公差和几何公差之间相互独立、彼此无关的公差原则。此时，被测要素的尺寸误差和几何误差只需要分别满足各自的公差要求即可。

(2)特点

①给出的尺寸公差仅控制被测要素的局部尺寸误差，不控制其几何误差；

②给出的几何公差为定值，不随被测轮廓要素的局部实际尺寸而变化。

(3)标注

使用独立原则时，在图样上不必标注任何特殊符号，它是尺寸公差和几何公差之间相互关系应遵守的一种默认的基本原则。

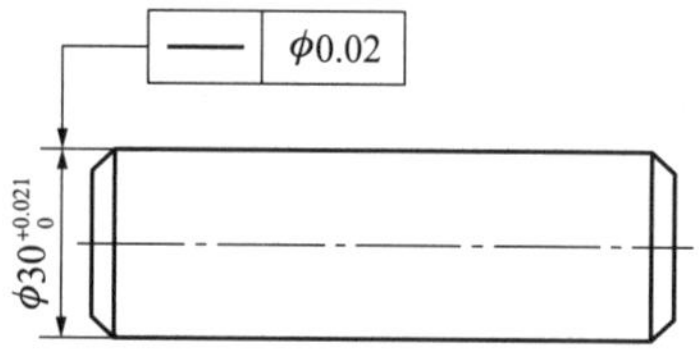

图 4－29 独立原则的标注示例

(4)举例

图 4－29 所示为独立原则的标注示例，含义为：①此轴零件不论其轴线的几何误差多大，该轴零件的局部实际直径尺寸只能在 $\phi30 \sim \phi30.021$mm 的范围内；②此轴零件不论其实际尺寸多大，该轴零件轴线的直线度误差 f 不允许大于公差 $\phi0.02$mm。可见在独立原则中，图样上所标注的尺寸公差和几何公差分别独立地控制被测要素的尺寸误差和几何误差。

4.4.2.4 相关原则

相关原则指给定图样上的尺寸公差和几何公差之间相互影响、彼此相关的公差原则。相关原则又可以分为包容要求、最大实体要求、最小实体要求和可逆要求等，它们的符号分别为Ⓔ、Ⓜ、Ⓛ和Ⓡ。

包容要求

(1)包容要求

①含义

包容要求指被测要素的局部实际尺寸不超过最小实体边界，且其体外作用尺寸不超过最大实体边界的规定，主要用于满足零件配合类型的场合。

②特点

a. 轮廓要素的局部实际尺寸不超过其最小实体尺寸，即对于轴零件 $d_a \geqslant d_{min}$，对于孔零件 $D_a \leqslant D_{max}$；

b. 轮廓要素的体外作用尺寸不超过其最大实体尺寸，即对于轴零件 $d_{fe} \leqslant d_{max}$，对于孔零件 $D_{fe} \geqslant D_{min}$；

c. 轮廓要素的局部实际尺寸均为最大实体尺寸时，其几何误差为 0；

d. 轮廓要素的局部实际尺寸偏离最大实体尺寸时，其偏离量可以补偿给几何误差。

③标注

在图样上被测要素的尺寸极限偏差或公差带代号后面标注符号Ⓔ，就表示该要素遵守包容要求，包容要求只适用于单一要素。

④举例

图 4－30 所示为包容要求的标注示例，含义为：①此轴零件的局部实际直径不小于 $\phi30$mm；②此轴零件的体外作用尺寸不超过 $\phi30.015$mm；③当此轴零件的局部实际直径均为 $\phi30.015$mm 时，其轴线的直线度误差为 0；④当此轴零件的局部实际直径均为 $\phi30$mm 时，其轴线允许的最大直线度误差为 $\phi0.04$mm。

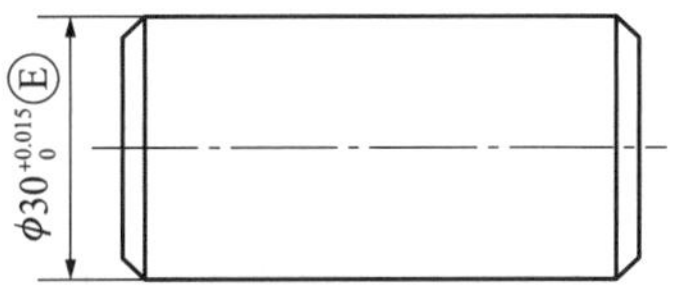

图 4－30　包容要求

(2) 最大实体要求

最大实体要求通常分为 2 种：用于几何公差值(即被测要素)的最大实体要求和用于基准字母的最大实体要求。

最大实体要求

1) 用于几何公差值的最大实体要求

①含义

用于几何公差值的最大实体要求指被测要素的局部实际尺寸不超过最小和最大实体边界，且其体外作用尺寸不超过最大实体实效边界的规定，主要用于满足零件可装配性的场合。

②特点

a. 被测轮廓要素的局部实际尺寸不超过其最小和最大实体尺寸，即对于轴零件 $d_{min} \leq d_a \leq d_{max}$，对于孔零件 $D_{max} \geq D_a \geq D_{min}$；

b. 被测轮廓要素的体外作用尺寸不超过其最大实体实效尺寸，即对于轴零件 $d_{fe} \leq d_{max} + t$，对于孔零件 $D_{fe} \geq D_{min} - t$；

c. 被测轮廓要素的局部实际尺寸均为最大实体尺寸时，其允许的几何误差值不超过公差值 t；

d. 被测轮廓要素的局部实际尺寸偏离最大实体尺寸时，其偏离量 x 可以补偿给几何公差，其允许的几何误差值 f 不超过补偿后的几何公差值 $t + x$；

e. 被测轮廓要素的局部实际尺寸均为最小实体尺寸时，尺寸公差 T 全部补偿给几何公差 t，其允许的几何误差值 f 不超过补偿后的几何公差值 $t + T$。

③标注

在图样上，被测要素几何公差框格内公差值后面标注符号Ⓜ。

④举例

图 4－31 所示为用于被测要素的最大实体要求的标注示例，其含义为轴零件 $\phi\, 20_{0}^{+0.3}$ 的轴线的直线度公差值为 $\phi0.1$mm，且被测要素遵守最大实体要求。

其中被测要素遵守最大实体要求的含义为：a) 此轴零件的局部实际直径介于 $\phi20$ ~ $\phi20.3$mm 之间；b) 此轴零件的体外作用尺寸不超过 ($\phi20.3 + \phi0.1$)mm，即不超过 $\phi20.4$mm；c) 当此轴零件的局部实际直径均为 $\phi20.3$mm 时，其轴线的直线度误差值 f 不

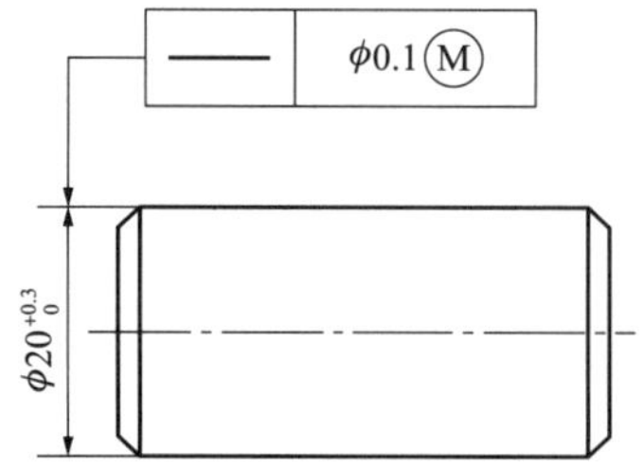

图 4-31　用于被测要素的最大实体要求的标注示例

超过 ϕ0.1mm；d) 当此轴零件的局部实际直径偏离其最大实体尺寸时，例如 $d_a = \phi 20.2$mm，其偏离量 $x = \phi 20.3 - \phi 20.2 = \phi 0.1$mm 可以补偿给几何公差，其轴线的直线度误差值 f 不超过补偿后的几何公差值 ϕ0.2mm；e) 当此轴零件的局部实际直径均为 ϕ20mm 时，其尺寸公差 $T = 0.3$mm 全部补偿给几何公差 $t = \phi 0.1$mm，其轴线的直线度误差值 f 不超过补偿后的几何公差值 ϕ0.4mm。

2) 用于基准字母的最大实体要求

用于基准字母的最大实体要求指被测要素的最大实体边界可以相对于基准要素在一定范围内浮动，这个范围不超过基准要素的体外作用尺寸与其对应的边界尺寸之差。因此，当基准字母后面标注最大实体要求时，被测要素更容易达到合格要求。

基准要素应遵守的边界尺寸有 2 种，分别为：基准要素本身采用包容要求或独立原则，基准要素本身采用最大实体要求。

①基准要素本身采用包容要求或独立原则

最大实体要求同时应用于几何公差值和基准字母，且基准要素本身采用包容要求或独立原则时，其对应的边界为最大实体边界。

a. 含义

其中用于几何公差值的最大实体要求表示的含义与前述相同，用于基准要素本身的包容要求或独立原则的含义也与前述相同。而用于基准字母的最大实体要求表示的含义为：被测要素的最大实体边界可以相对于基准要素在一定范围内浮动，这个范围不超过基准要素的体外作用尺寸与其最大实体尺寸之差。

b. 特点

a) 当基准轮廓要素的局部实际尺寸均为其最小实体尺寸时，被测要素的最大实体边界相对于基准要素的浮动范围不超过基准要素的尺寸公差 T；

b) 当基准轮廓要素的局部实际尺寸相对于其最大实体尺寸的偏离量为 x 时，被测要素的最大实体边界相对于基准要素的浮动范围不超过 x；

c) 当基准轮廓要素的局部实际尺寸均为其最大实体尺寸时，被测要素的最大实体边界相对于基准要素的浮动范围为 0。

c. 标注

在图样上，被测要素几何公差框格内公差值和基准字母后面均标注符号Ⓜ，就表示最大实体要求同时应用于几何公差值和基准字母。基准要素尺寸极限偏差或公差带代号后面标注符合Ⓔ，表示基准要素本身采用包容要求；基准要素尺寸极限偏差或公差带代号后面不标注任何特殊符号，表示基准要素本身采用独立原则，如图 4-32 所示。

d. 举例

图 4-32 所示为最大实体要求同时应用于几何公差值和基准字母，且基准要素本身采用包容要求或独立原则时的标注示例。其含义为：a) 被测要素本身遵守最大实体要求，且

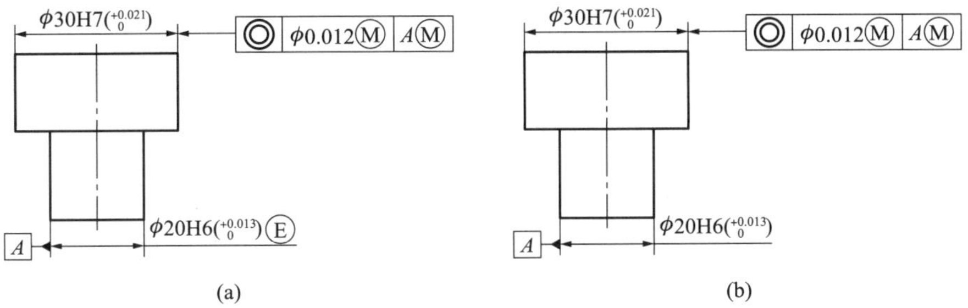

图 4－32 基准要素本身采用包容要求或独立原则的标注示例

基准要素本身遵守包容要求［如图 4－32(a)］或独立要求［图 4－32(b)］；b)当轴零件基准要素 A 的局部实际直径均为 $\phi 20$mm 时，被测要素的最大实体边界相对于基准要素 A 的浮动范围不超过基准要素的尺寸公差 $T=0.013$mm；c)当基准要素的局部实际直径偏离其最大实体尺寸时，例如 $d_a=\phi 20.005$mm，其偏离量 $x=\phi 20.013-\phi 20.005=\phi 0.008$mm，则被测要素的最大实体边界相对于基准要素的浮动范围不超过 $\phi 0.008$mm；d)当基准要素的局部实际直径均为 $\phi 20.013$mm 时，被测要素的最大实体边界相对于基准要素的浮动范围为 0。

②基准要素本身采用最大实体要求

最大实体要求同时应用于几何公差值和基准字母，且基准要素本身也采用最大实体要求时，其对应的边界为最大实体实效边界。

a. 含义

其中用于几何公差值的最大实体要求表示的含义与前述相同，用于基准要素本身的最大实体要求的含义也与前述相同。而用于基准字母的最大实体要求表示的含义为：被测要素的最大实体边界可以相对于基准要素在一定范围内浮动，这个范围不超过基准要素的体外作用尺寸与其最大实体实效边界尺寸之差。

b. 特点

a)当基准轮廓要素的体外作用尺寸为其最小实体尺寸时，被测要素的最大实体边界相对于基准要素的浮动范围不超过基准要素的尺寸公差 T_0 与基准要素的几何公差 t_0 之和；

b)当基准轮廓要素的局部实际尺寸相对于其最大实体实效尺寸的偏离量为 x 时，被测要素的最大实体边界相对于基准要素的浮动范围不超过 x；

c)当基准轮廓要素的局部实际尺寸均为其最大实体实效尺寸时，被测要素的最大实体边界相对于基准要素的浮动范围为 0。

c. 标注

在图样上，被测要素几何公差框格内公差值和基准字母后面均标注符号Ⓜ，就表示最大实体要求同时应用于几何公差值和基准字母。基准要素尺寸极限偏差或公差带代号后面标注符合Ⓜ，表示基准要素本身也采用最大实体要求，此时，基准代号应直接标注在基准要素的几何公差框格下面，基准要素的尺寸可以标注在其几何公差框格上面，如图 4－33 所示。

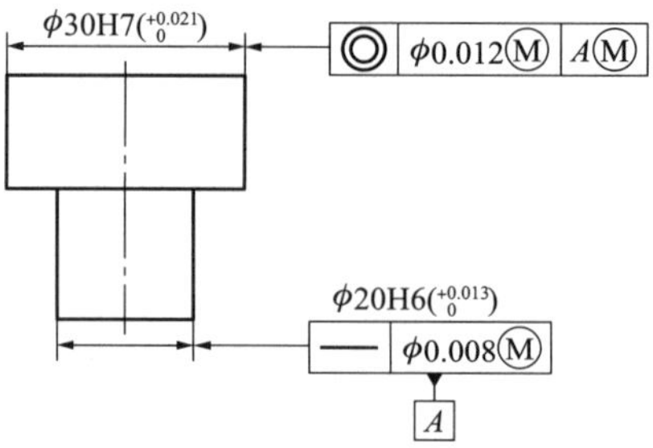

图 4－33　基准要素本身采用最大实体要求的标注示例

d. 举例

图 4－33 所示为最大实体要求同时应用于几何公差值和基准字母，且基准要素本身采用最大实体要求时的标注示例。其含义为：a) 被测要素和基准要素本身分别遵守最大实体要求；b) 当轴零件基准要素 A 的体外作用尺寸为 $\phi20$mm 时，被测要素的最大实体边界相对于基准要素 A 的浮动范围不超过 ($\phi0.013+\phi0.008$)mm，即不超过 $\phi0.021$mm；c) 当基准要素的局部实际直径偏离其最大实体实效尺寸时，例如 $d_a=\phi20.005$mm，其偏离量 $x=\phi20.021-\phi20.005=\phi0.016$mm，则被测要素的最大实体边界相对于基准要素的浮动范围不超过 $\phi0.016$mm；d) 当基准要素的局部实际直径均为 $\phi20.021$mm 时，被测要素的最大实体边界相对于基准要素的浮动范围为 0。

(3) 最小实体要求

最小实体要求通常分为 2 种：用于几何公差值的最小实体要求和用于基准字母的最小实体要求。

1) 用于几何公差值的最小实体要求

①含义

用于几何公差值的最小实体要求指被测要素的局部实际尺寸不超过最小和最大实体边界，且其体外作用尺寸不超过最小实体实效边界的规定，主要用于保证零件强度和控制最小壁厚的场合。

②特点

a. 被测轮廓要素的局部实际尺寸不超过其最小和最大实体尺寸，即对于轴零件 $d_{min}\leqslant d_a\leqslant d_{max}$，对于孔零件 $D_{max}\geqslant D_a\geqslant D_{min}$；

b. 被测轮廓要素的体内作用尺寸不超过其最小实体实效尺寸，即对于轴零件 $d_{fi}\geqslant d_{min}-t$，对于孔零件 $D_{fi}\leqslant D_{max}+t$；

c. 被测轮廓要素的局部实际尺寸均为最小实体尺寸时，其允许的几何误差值不超过公差值 t；

d. 被测轮廓要素的局部实际尺寸偏离最小实体尺寸时，其偏离量 x 可以补偿给几何公差，其允许的几何误差值 f 不超过补偿后的几何公差值 $t+x$；

e. 被测轮廓要素的局部实际尺寸均为最大实体尺寸时，尺寸公差 T 全部补偿给几何公差 t，其允许的几何误差值 f 不超过补偿后的几何公差值 $t+T$。

③标注

在图样上，被测要素几何公差框格内公差值后面标注符号Ⓛ。

④举例

如图 4－34 所示，为保证零件侧壁与孔壁之间的最小距离，轴线位置度采用最小实体要求的示例，其含义为零件上孔 $\phi8_0^{+0.25}$ 的轴线相对于基准 A 平面的位置度公差值为 $\phi0.4$mm，且被测孔遵守最小实体要求。

其中被测孔轴线遵守最小实体要求的具体含义为：a）此零件上孔的局部实际直径介于 $\phi8 \sim \phi8.25$mm 之间；b）此零件上孔的体内作用尺寸不超过（$\phi8.25+\phi0.4$）mm，即不超过 $\phi8.65$mm；c）当孔的局部实际直径均为最小实体尺寸 $\phi8.25$mm 时，其轴线的位置度误差 f 不超过 $\phi0.4$mm；d）当此零件上孔的局部实际直径偏离其最小实体尺寸时，例如 $D_a=\phi8.15$mm，其偏离量 $x=\phi8.25-\phi8.15=\phi0.1$mm 可以补偿给几何公差，其轴线的位置度误差值 f 不超过补偿后的几何公差值 $\phi0.5$mm；e）当此零件上孔的局部实际直径均为 $\phi8$ 时，其尺寸公差 $T=0.25$mm 全部补偿给几何公差 $t=\phi0.4$mm，其轴线的直线度误差值 f 不超过补偿后的几何公差值 $\phi0.65$mm。

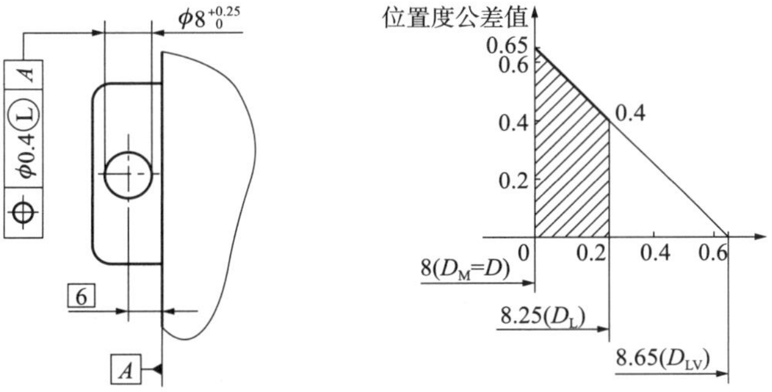

图 4－34　用于被测要素的最小实体要求的标注示例

2）用于基准字母的最小实体要求

用于基准字母的最小实体要求指被测要素的最小实体边界可以相对于基准要素在一定范围内浮动，这个范围不超过基准要素的体内作用尺寸与其对应的边界尺寸之差。因此，当基准字母后面标注最小实体要求时，被测要素更容易达到合格要求。

基准要素应遵守的边界尺寸有两种：一是基准要素本身采用独立原则；二是基准要素本身采用最小实体要求。

①基准要素本身采用独立原则

最小实体要求同时应用于几何公差值和基准字母，且基准要素本身采用独立原则时，其对应的边界为最小实体边界。

a. 含义

其中用于几何公差值的最小实体要求表示的含义与前述相同，用于基准要素本身的独立原则含义也与前述相同。而用于基准字母的最小实体要求表示的含义为：被测要素的最小实体边界可以相对于基准要素在一定范围内浮动，这个范围不超过基准要素的体内作用尺寸与其最小实体尺寸之差。

b. 特点

a）当基准轮廓要素的局部实际尺寸均为其最小实体尺寸时，被测要素的最小实体边界相对于基准要素的浮动范围不超过基准要素的尺寸公差 T；

b）当基准轮廓要素的局部实际尺寸相对于其最小实体尺寸的偏离量为 x 时，被测要素的最小实体边界相对于基准要素的浮动范围不超过 x；

c）当基准轮廓要素的局部实际尺寸均为其最大实体尺寸时，被测要素的最大实体边界相对于基准要素的浮动范围为 0。

c. 标注

在图样上，被测要素几何公差框格内公差值和基准字母后面均标注符号Ⓛ，就表示最小实体要求同时应用于几何公差值和基准字母。基准要素尺寸极限偏差或公差带代号后面不标注任何特殊符号，表示基准要素本身采用独立原则，如图 4－35 所示。

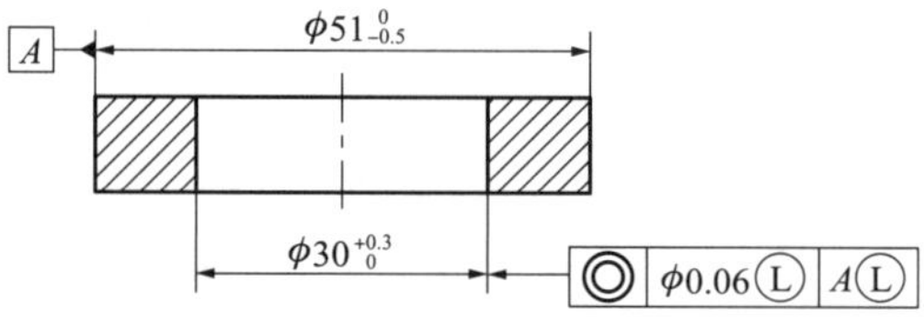

图 4－35　基准要素本身采用独立原则

d. 举例

图 4－35 所示为最小实体要求同时应用于几何公差值和基准字母，且基准要素本身采用独立原则时的标注示例，其含义为圆环零件上孔 $\phi 30_{0}^{+0.3}$ 的轴线相对于基准 A（即 $\phi 51^{0}_{-0.5}$ 的轴线）的同轴度公差值为 ϕ0.06mm，且被测内孔 $\phi 30_{0}^{+0.3}$ 遵守最小实体要求，外圆 $\phi 51^{0}_{-0.5}$ 本身遵守独立原则，被测孔的最小实体边界可以相对于基准 A 在一定范围内浮动。

其中上述在一定范围内浮动的具体含义为：a）当圆环零件上基准外圆 $\phi 51^{0}_{-0.5}$ 的局部实际直径均为 ϕ51mm 时，被测要素的最小实体边界相对于基准要素 A 的浮动范围不超过基准外圆的尺寸公差 $T = 0.5$mm，即可以再将其补偿给同轴度公差 t；b）当基准外圆 $\phi 51^{0}_{-0.5}$ 的局部实际直径偏离其最大实体尺寸时，例如 $d_a = \phi 50.8$mm，其偏离量 $x = \phi 51 - \phi 50.8 = \phi 0.2$mm，则被测要素的最小实体边界相对于基准要素 A 的浮动范围不超过 ϕ0.2mm，即可以再将其补偿给同轴度公差 t；c）当基准外圆 $\phi 51^{0}_{-0.5}$ 的局部实际直径均为 ϕ50.5mm 时，被测要素的最大实体边界相对于基准要素的浮动范围为 0。

②基准要素本身采用最小实体要求

最小实体要求同时应用于几何公差值和基准字母，且基准要素本身采用最小实体要求时，其对应的边界为最小实体边界。

a. 含义

其中用于几何公差值的最小实体要求表示的含义与前述相同，用于基准要素本身的最小实体要求含义也与前述相同。而用于基准字母的最小实体要求表示的含义为：被测要素的最小实体边界可以相对于基准要素在一定范围内浮动，这个范围不超过基准要素的体内作用尺寸与其最小实体实效尺寸之差。

b. 特点

a) 当基准轮廓要素的体内作用尺寸为其最小实体尺寸时，被测要素的最小实体边界相对于基准要素的浮动范围不超过基准要素的尺寸公差 T_0 与基准要素的几何公差 t_0 之和；

b) 当基准轮廓要素的局部实际尺寸相对于其最小实体实效尺寸的偏离量为 x 时，被测要素的最小实体边界相对于基准要素的浮动范围不超过 x；

c) 当基准轮廓要素的局部实际尺寸均为其最小实体实效尺寸时，被测要素的最小实体边界相对于基准要素的浮动范围为 0。

c. 标注

在图样上，被测要素几何公差框格内公差值和基准字母后面均标注符号Ⓛ，就表示最小实体要求同时应用于几何公差值和基准字母。基准要素尺寸极限偏差或公差带代号后面标注符合Ⓛ，表示基准要素本身也采用最小实体要求，此时，基准代号应直接标注在基准要素的几何公差框格下面，基准要素的轮廓尺寸可以标注在其几何公差框格上面，如图 4－36 所示。

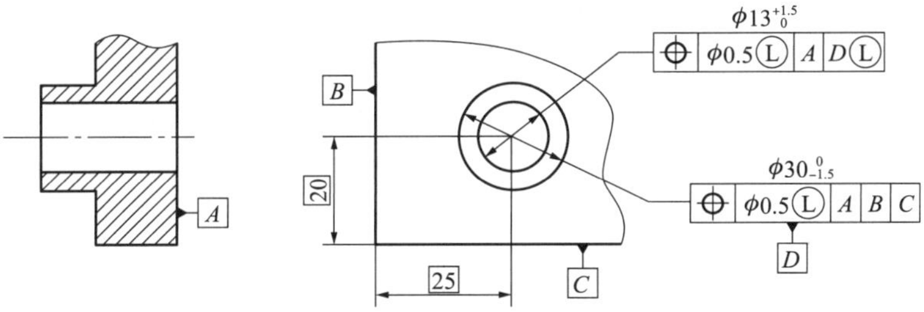

图 4－36　基准要素本身采用最小实体要求

d. 举例

图 4－36 所示为最小实体要求同时应用于几何公差值和基准字母，且基准要素本身采用最小实体要求时的标注示例，其含义为零件上孔 $\phi 13_{0}^{+1.5}$ 的轴线相对于基准 A(零件右端面) 和基准 D(即 $\phi 30^{0}_{-1.5}$ 的轴线) 的位置度公差值为 ϕ0.5mm，且被测内孔 $\phi 13_{0}^{+1.5}$ 遵守最小实体要求，基准 D 的孔径 $\phi 30^{0}_{-1.5}$ 本身遵守最小实体要求，被测孔的最小实体边界可以相对于基准 A 在一定范围内浮动。

其中上述在一定范围内浮动的具体含义为：a) 当零件上基准 D 孔径的体内作用尺寸为 ϕ30mm 时，被测要素的最小实体边界相对于基准要素 D 的浮动范围不超过 (ϕ1.5＋ϕ0.5)mm，即不超过 ϕ2mm；b) 当基准 D 孔径的局部实际直径偏离其最小实体实效尺寸时，例如 $d_a=\phi29$mm，其偏离量 $x=\phi30.5-\phi29=\phi1.5$mm，则被测要素的最小实体边界相对于基准要素 D 的浮动范围不超过 ϕ1.5mm；c) 当基准 D 孔径的局部实际直径均为 ϕ30.5mm 时，被测要素的最大实体边界相对于基准要素的浮动范围为 0。

(4) 可逆要求

①含义

可逆要求不能单独使用，只能与最大实体要求或最小实体要求联合使用。

当可逆要求与最大实体要求联合使用时，表示被测要素遵守前述最大实体要求规定的同时也遵守可逆要求规定，这里的可逆要求规定是指在被测要素的体外作用尺寸和局部实际尺寸不超过最大实体实效边界的前提下，其几何公差和尺寸公差可以相互补偿的规定。

当可逆要求与最小实体要求联合使用时，表示被测要素遵守前述最小实体要求规定的同时也遵守可逆要求规定，这里的可逆要求规定是指在被测要素的体内作用尺寸和局部实际尺寸不超过最小实体实效边界的前提下，其几何公差和尺寸公差可以相互补偿的规定。

②特点

当可逆要求与最大实体要求联合使用时，其特点是：a)被测要素的体外作用尺寸不超过最大实体实效边界，即对于轴零件 $d_{fe} \leqslant d_{MV}$，对于孔零件 $D_{fe} \geqslant D_{MV}$；b)被测要素的局部实际尺寸不超过最大实体实效边界，即对于轴零件 $d_a \leqslant d_{MV}$，对于孔零件 $D_a \geqslant D_{MV}$；c)被测要素的几何误差 f 小于给定的几何公差 t 时，可以将 $t-f$ 的差值补偿给其尺寸公差 T，允许局部实际尺寸超出最大实体尺寸；d)被测要素的局部实际尺寸偏离其最大实体尺寸时，可以将偏离量 d_M-d_a(对于轴零件)或 D_a-D_M(对于孔零件)补偿给其几何公差 t。

当可逆要求与最小实体要求联合使用时，其特点是：a)被测要素的体内作用尺寸不超过最小实体实效边界，即对于轴零件 $d_{fi} \geqslant d_{LV}$，对于孔零件 $D_{fi} \leqslant D_{LV}$；b)被测要素的局部实际尺寸不超过最小实体实效边界，即对于轴零件 $d_a \geqslant d_{LV}$，对于孔零件 $D_a \leqslant D_{LV}$；c)被测要素的几何误差 f 小于给定的几何公差 t 时，可以将 $t-f$ 的差值补偿给其尺寸公差 T，允许局部实际尺寸超出最小实体尺寸；d)被测要素的局部实际尺寸偏离其最小实体尺寸时，可以将偏离量 d_a-d_L(对于轴零件)或 D_L-D_a(对于孔零件)补偿给其几何公差 t。

③标注

在图样上，被测要素的几何公差框格中公差值后面Ⓜ符号之后标注Ⓡ符号，就表示可逆要求与最大实体要求联合使用，如图 4-37(a)所示。

被测要素的几何公差框格中公差值后面Ⓛ符号之后标注Ⓡ符号，就表示可逆要求与最小实体要求联合使用，如图 4-37(b)所示。

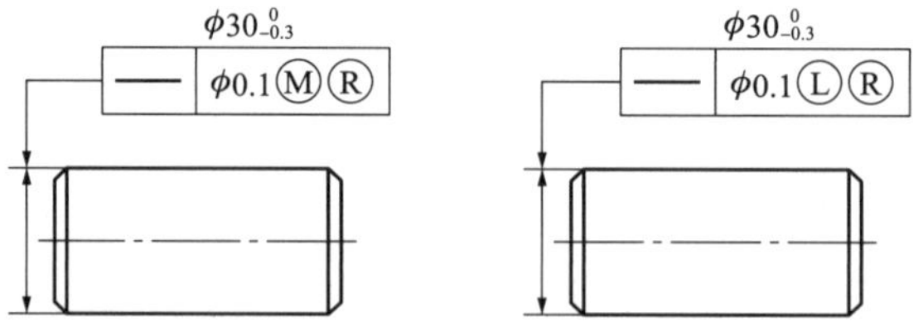

图 4-37　可逆要求应用示例

④举例

图 4-37(a)所示为可逆要求与最大实体要求联合使用的标注示例，其含义为：a)该轴零件的体外作用尺寸不超过其最大实体实效尺寸 ϕ30.1mm；b)该轴零件的局部实际尺寸不超过其最大实体实效尺寸 ϕ30.1mm；c)该轴零件轴线的直线度误差 f 小于 ϕ0.1mm

时，可以将 $\phi0.1-f$ 的差值补偿给轴径的尺寸公差 $\phi0.3$mm，故允许局部实际尺寸超出最大实体尺寸 $\phi30$mm；d) 该轴零件的实际轴径尺寸小于其最大实体尺寸 $\phi30$mm 时，可以将偏离量 $\phi30-d_a$ 补偿给其几何公差 $\phi0.1$mm。

图 4－37(b) 所示为可逆要求与最小实体要求联合使用的标注示例，其含义为：a) 该轴零件的体内作用尺寸不超过其最小实体实效尺寸 $\phi29.6$mm；b) 该轴零件的局部实际尺寸不超过其最小实体实效尺寸 $\phi29.6$mm；c) 该轴零件轴线的直线度误差 f 小于 $\phi0.1$mm 时，可以将 $\phi0.1-f$ 的差值补偿给轴径的尺寸公差 $\phi0.3$mm，故允许局部实际尺寸超出最小实体尺寸 $\phi29.7$mm；d) 该轴零件的实际轴径尺寸大于其最小实体尺寸 $\phi29.7$mm 时，可以将偏离量 $d_a-\phi29.7$ 补偿给其几何公差 $\phi0.1$mm。

4.5　几何公差的选用

正确合理地选用几何公差对于保证零部件和机器的功能要求，进而提高生产效率十分重要。几何公差的选择主要包括几何公差项目、公差数值、基准要素、公差原则等 4 个方面。

4.5.1　几何公差项目的选用

形位公差特征项目的选用原则

几何公差项目的选择一般是根据零件的几何特征、使用功能要求、几何公差综合控制职能、检测经济性等方面进行综合考虑的，目的是在确保零件使用功能的前提下，尽量减少几何公差项目的数量，以简化控制几何误差的方法。

4.5.1.1　根据零件的几何特征选用

零件几何特征不同，会产生不同的几何误差，这是选择被测要素公差项目的基本依据。例如，对于轴套类零件，可选择圆度、圆柱度、轴线或素线的直线度等；对于平面零件可选择平面度、平行度、直线度等；对于含有键槽结构的零件可选择对称度；等等。

4.5.1.2　根据零件的功能要求选用

零件功能要求不同，需给出不同的几何公差项目。例如，为确保机床工作台在导轨上的运动轨迹精度，应对导轨规定直线度公差；为确保孔轴配合的密封性，应对孔和轴规定圆柱度公差。

4.5.1.3　根据几何公差的综合控制职能选用

在 14 个几何公差项目中，直线度、圆度、平面度等属于单项控制的公差项目，圆柱度、所有的方向公差、所有的位置公差、所有的跳动公差都属于综合控制的公差项目。选用几何公差时，应认真分析几何公差形状、大小、方向、位置，在避免重复的基础上应尽量选择综合控制的公差项目，因为综合控制的公差项目可以同时控制其他相关的综合公差项目和单项公差项目，达到减少几何公差项目数量的目的。例如，被测圆柱面的圆柱度公差可以综合控制其圆度误差、直线度误差，故在图样上给被测要素标注了圆柱度公差后，则不再标注圆度或直线度公差；又如，被测轴线的位置度公差可以综合控制其垂直度误差，被测平面的平行度公差可以综合控制平面度误差，等等。

4.5.1.4　根据检测的方便性选用

要结合检测实际条件，并充分考虑检测的可行性、经济性、方便性对几何公差项目进行合理选择，并给出适当公差值，以免要求过严。例如，对于轴类零件，由于跳动公差的检测方便又具有较好的综合控制误差职能，故可用径向圆跳动公差或径向全跳动公差来替代圆度、圆柱度以及同轴度公差；又如，对于轴类零件，用轴向圆跳动公差或轴向全跳动公差可以替代端面相对于基准轴线的垂直度公差；用零件上圆柱面的圆度公差、素线的直线度公差和素线相对于基准轴线的平行度公差一起可以替代整个圆柱面的圆柱度公差。

4.5.2　几何公差数值的选用

公差数值的选用

国家标准将几何公差数值分为注出公差和未注公差两类，选用几何公差数值的时候，应根据对应表格，遵守原则方法合理选择。选用几何公差数值的基本原则是：在满足使用要求的前提下，选取较低的公差等级。

4.5.2.1　注出几何公差数值的选用

GB/T 1184—1996《形状和位置公差　未注公差值》规定，在 14 个几何公差项目中，除了线、面轮廓度和位置度未规定公差等级，其余 11 个几何公差项目均有规定(表 4－8～表 4－11)。其中圆度和圆柱度划分为 0～12 级，共 13 个公差等级，其他 8 个几何公差项目划分为 1～12 级，共 12 个公差等级，在注出的几何公差等级中，12 级精度最低。

表 4－8　直线度、平面度公差数值表(摘自 GB/T 1184—1996)

主参数 *L* 图例

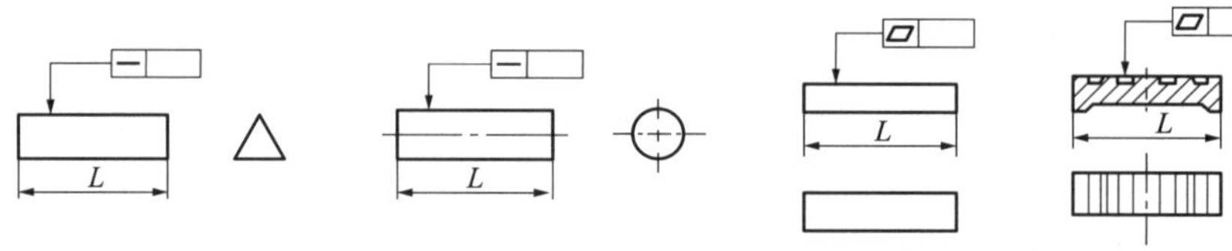

主参数 *L*/mm	公差等级											
	1	2	3	4	5	6	7	8	9	10	11	12
	公差值/μm											
≤10	0.2	0.4	0.8	1.2	2	3	5	8	12	20	30	60
>10～16	0.25	0.5	1	1.5	2.5	4	6	10	15	25	40	80
>16～25	0.3	0.6	1.2	2	3	5	8	12	20	30	50	100
>25～40	0.4	0.8	1.5	2.5	4	6	10	15	25	40	60	120
>40～63	0.5	1	2	3	5	8	12	20	30	50	80	150
>63～100	0.6	1.2	2.5	4	6	10	15	25	40	60	100	200
>100～160	0.8	1.5	3	5	8	12	20	30	50	80	120	250
>160～250	1	2	4	6	10	15	25	40	60	100	150	300

续表

主参数 L/mm	公差等级											
	1	2	3	4	5	6	7	8	9	10	11	12
	公差值/μm											
>250 ~ 400	1. 2	2. 5	5	8	12	20	30	50	80	120	200	400
>400 ~ 630	1. 5	3	6	10	15	25	40	60	100	150	250	500
>630 ~ 1000	2	4	8	12	20	30	50	80	120	200	300	600
>1000 ~ 1600	2. 5	5	10	15	25	40	60	100	150	250	400	800
>1600 ~ 2500	3	6	12	20	30	50	80	120	200	300	500	1000
>2500 ~ 4000	4	8	15	25	40	60	100	150	250	400	500	1200
>4000 ~ 6300	5	10	20	30	50	80	120	200	300	500	800	1500
>6300 ~ 10000	6	12	25	40	60	100	150	250	400	600	1000	2000

表 4 –9 圆度、圆柱度公差数值表(摘自 GB/T 1184—1996)

主参数 d(D)图例

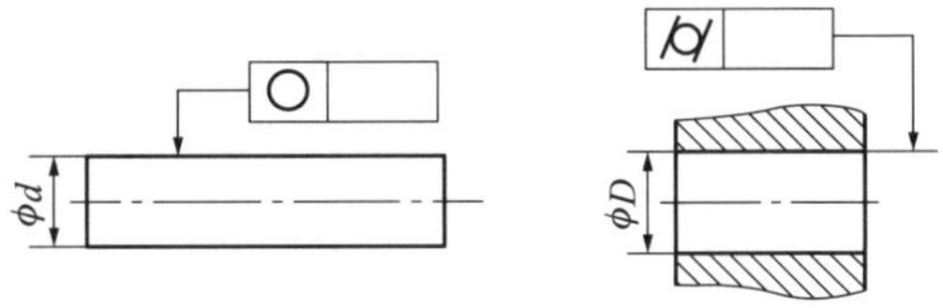

主参数 d(D)/mm	公差等级												
	0	1	2	3	4	5	6	7	8	9	10	11	12
	公差值/μm												
≤3	0. 1	0. 2	0. 3	0. 5	0. 8	1. 2	2	3	4	6	10	14	25
>3 ~ 6	0. 1	0. 2	0. 4	0. 6	1	1. 5	2. 5	4	5	8	12	18	30
>6 ~ 10	0. 12	0. 25	0. 4	0. 6	1	1. 5	2. 5	4	6	9	15	22	36
>10 ~ 18	0. 15	0. 25	0. 5	0. 8	1. 2	2	3	5	8	11	18	27	43
>18 ~ 30	0. 2	0. 3	0. 6	1	1. 5	2. 5	4	6	9	13	21	33	52
>30 ~ 50	0. 25	0. 4	0. 6	1	1. 5	2. 5	4	7	11	16	25	39	62
>50 ~ 80	0. 3	0. 5	0. 8	1. 2	2	3	5	8	13	19	30	46	74
>80 ~ 120	0. 4	0. 6	1	1. 5	2. 5	4	6	10	15	22	35	54	87
>120 ~ 180	0. 6	1	1. 2	2	3. 5	5	8	12	18	25	40	63	100
>180 ~ 250	0. 8	1. 2	2	3	4. 5	7	10	14	20	29	46	72	115
>250 ~ 315	1. 0	1. 6	2. 5	4	6	8	12	16	23	22	52	81	130
>315 ~ 400	1. 2	2	3	5	7	9	13	18	25	36	57	89	140
>400 ~ 500	1. 5	2. 5	4	6	8	10	15	20	27	40	63	97	155

表 4－10 平行度、垂直度、倾斜度公差数值表(摘自 GB/T 1184—1996)

主参数 *L*，*d*(*D*)图例

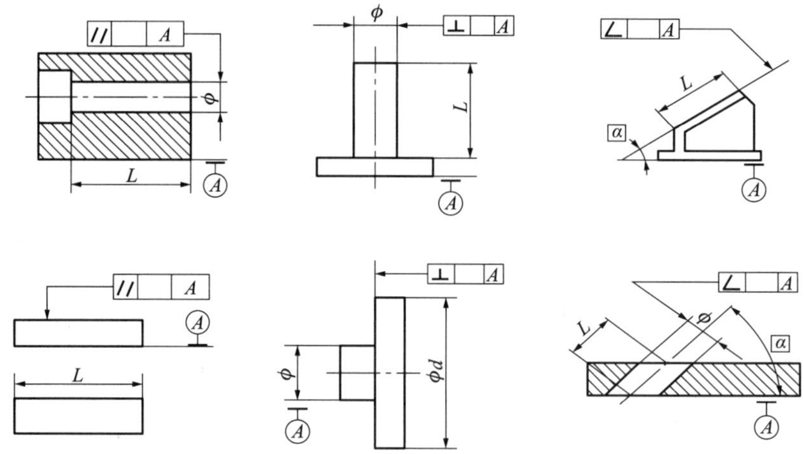

主参数 L，$d(D)$/mm	公差等级											
	1	2	3	4	5	6	7	8	9	10	11	12
	公差值/μm											
≤10	0.4	0.8	1.5	3	5	8	12	20	30	50	80	120
>10～16	0.5	1	2	4	6	10	15	25	40	60	100	150
>16～25	0.6	1.2	2.5	5	8	12	20	30	50	80	120	200
>25～40	0.8	1.5	3	6	10	15	25	40	60	100	150	250
>40～63	1	2	4	8	12	20	30	50	80	120	200	300
>63～100	1.2	2.5	5	10	15	25	40	60	100	150	250	400
>100～160	1.5	3	6	12	20	30	50	80	120	200	300	500
>160～250	2	4	8	15	25	40	60	100	150	250	400	600
>250～400	2.5	5	10	20	30	50	80	120	200	300	500	800
>400～630	3	6	12	25	40	60	100	150	250	400	600	1000
>630～1000	4	8	15	30	50	80	120	200	300	500	800	1200
>1000～1600	5	10	20	40	60	100	150	250	400	600	1000	1500
>1600～2500	6	12	25	50	80	120	200	300	500	800	1200	2000
>2500～4000	8	15	30	60	100	150	250	400	600	1000	1500	2500
>4000～6300	10	20	40	80	120	200	300	500	800	1200	2000	3000
>6300～10000	12	25	50	100	150	250	400	600	1000	1500	2500	4000

表 4－11 同轴度、对称度、圆跳动和全跳动公差数值表（摘自 GB/T 1184—1996）

主参数 $d(D)$，B，L 图例

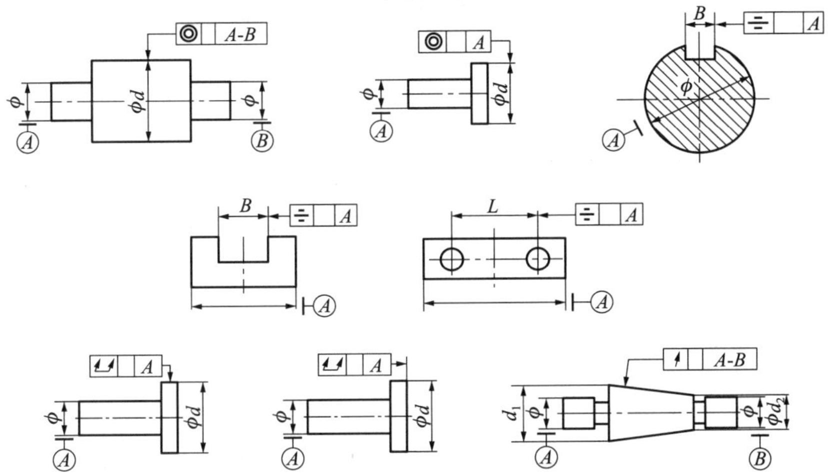

主参数 $d(D)$，B，L/mm	公差等级											
	1	2	3	4	5	6	7	8	9	10	11	12
	公差值/μm											
≤1	0.4	0.6	1.0	1.5	2.5	4	6	10	15	25	40	60
>1～3	0.4	0.6	1.0	1.5	2.5	4	6	10	20	40	60	120
>3～6	0.5	0.8	1.2	2	3	5	8	12	25	50	80	150
>6～10	0.6	1	1.5	2.5	4	6	10	15	30	60	100	200
>10～18	0.8	1.2	2	3	5	8	12	20	40	80	120	250
>18～30	1	1.5	2.5	4	6	10	15	25	50	100	150	300
>30～50	1.2	2	3	5	8	12	20	30	60	120	200	400
>50～120	1.5	2.5	4	6	10	15	25	40	80	150	250	500
>120～250	2	3	5	8	12	20	30	50	100	200	300	600
>250～500	2.5	4	6	10	15	25	40	60	120	250	400	800
>500～800	3	5	8	12	20	30	50	80	150	300	500	1000
>800～1250	4	6	10	15	25	40	60	100	200	400	600	1200
>1250～2000	5	8	12	20	30	50	80	120	250	500	800	1500
>2000～3150	6	10	15	25	40	60	100	150	300	600	1000	2000
>3150～5000	8	12	20	30	50	80	120	200	400	800	1200	2500
>5000～8000	10	15	25	40	60	100	150	250	500	1000	1500	3000
>8000～10000	12	20	30	50	80	120	200	300	600	1200	2000	4000

注：①使用同轴度公差值时，应在表中查得的数值前加注“ϕ”。

②当被测要素为圆锥面时，取 $d=\dfrac{d_1+d_2}{2}$。

4.5.2.2 未注几何公差数值的选用

在图样的技术要求中，有时标注了几何公差的标准号和等级代号，例如，“未注几何公差按 GB/T 1184 - H”，这就是未注几何公差数值的标注方式。国标对直线度、平面度、垂直度、对称度、圆跳动的未注公差，均规定了 H、K、L 三个公差等级，如表 4 - 12 ~ 表 4 - 15 所示。

表 4 - 12　直线度、平面度的未注公差等级数值表（摘自 GB/T 1184—1996）　mm

公差等级	基本长度范围					
	≤10	>10 ~ 30	>30 ~ 100	>100 ~ 300	>300 ~ 1000	>1000 ~ 3000
H	0.02	0.05	0.1	0.2	0.3	0.4
K	0.05	0.1	0.2	0.4	0.6	0.8
L	0.1	0.2	0.4	0.8	1.2	1.6

表 4 - 13　垂直度的未注公差等级数值表（摘自 GB/T 1184—1996）　mm

公差等级	基本长度范围			
	≤100	>100 ~ 300	>300 ~ 1000	>1000 ~ 3000
H	0.2	0.3	0.4	0.5
K	0.4	0.6	0.8	1
L	0.6	1	1.5	2

表 4 - 14　对称度的未注公差等级数值表（摘自 GB/T 1184—1996）　mm

公差等级	基本长度范围			
	≤100	>100 ~ 300	>300 ~ 1000	>1000 ~ 3000
H	0.5			
K	0.6		0.8	1
L	0.6	1	1.5	2

表 4 - 15　圆跳动的未注公差等级数值表（摘自 GB/T 1184—1996）

公差等级	圆跳动公差值
H	0.1
K	0.2
L	0.5

4.5.2.3 几何公差数值的选用方法

在选择被测要素的几何公差等级和数值时，除了考虑“在满足使用要求的前提下，选取较低的公差等级”这个基本原则以外，还应该考虑以下问题。

（1）对同一被测要素，尺寸公差值 > 跳动公差值 > 位置公差值 > 方向公差值 > 形状公差值 > 表面粗糙度值。

(2)零件的结构特征与加工难易程度。对于结构复杂、刚性差、不易加工或测量的零件，可在满足零件功能要求的前提下，适当降低1～2级的公差等级。

(3)考虑形状公差与表面粗糙度的关系。一般地，表面粗糙度 Ra 的数值为形状公差的0.2～0.3倍，而对于高精度或小尺寸零件，表面粗糙度 Ra 的数值为形状公差的0.5～0.7倍。

(4)专业标准已经对几何公差作了规定，均应按照标准中的规定执行。例如，机床导轨的直线度公差，以及与滚动轴承相配合的轴和壳体孔的圆柱度公差，均应按专业标准进行确定。

(5)对于位置度，因被测要素种类较多，故国家标准只规定了位置度公差值的数系，并未规定其公差等级，如表4－16所示。例如，用螺栓或螺钉联接两个或两个以上零件时，其孔组的各孔位置度公差 t，可根据螺栓或螺钉与孔间的最小间隙 X_{min} 确定，即

用螺栓联接时，螺栓穿过被联接件的孔均为通孔，其位置度公差

$$t = X_{min}$$

用螺钉联接时，螺钉穿过被联接件的孔中有一个是螺纹孔，而其余零件上的孔都是通孔，其位置度公差

$$t = 0.5X_{min}$$

按以上公式求出位置度公差后进行圆整，并根据表4－16进一步确定所需要的位置度公差值。

表4－16　位置度系数表(摘自GB/T 1184—1996)

1	1.2	1.5	2	2.5	3	4	5	6	8
1×10^n	1.2×10^n	1.5×10^n	2×10^n	2.5×10^n	3×10^n	4×10^n	5×10^n	6×10^n	8×10^n

(6)在充分考虑零件的性能、加工方法和经济性等因素下，一般可以使用类比法对几何公差的数值进行选择确定，具体可以参照表4－17～表4－22。

表4－17　几种主要加工方法所能达到的直线度、平面度公差等级

加工方法		公差等级											
		1	2	3	4	5	6	7	8	9	10	11	12
车	粗											——	——
	细									——	——		
	精					——	——	——	——				
铣	粗											——	——
	细										——	——	
	精						——	——	——	——			
刨	粗											——	——
	细									——	——		
	精							——	——	——			

续表

加工方法		公差等级											
		1	2	3	4	5	6	7	8	9	10	11	12
磨	粗									——	——	——	
	细							——	——	——			
	精		——	——	——	——	——	——					
研磨	粗				——	——							
	细			——									
	精	——	——										
刮研	粗						——	——					
	细				——	——							
	精	——	——	——									

表 4－18　几种主要加工方法所能达到的同轴度公差等级

加工方法		公差等级										
		1	2	3	4	5	6	7	8	9	10	11
车、镗	加工孔				——	——	——	——	——	——		
	加工轴			——	——	——	——	——	——			
铰						——	——	——				
磨	孔		——	——	——	——	——	——				
	轴	——	——	——	——	——	——					
珩磨			——	——	——							
研磨		——	——	——								

表 4－19　直线度、平面度公差等级应用

公差等级	应用举例
5	1 级平板，2 级宽平尺，平面磨床的纵导轨、垂直导轨、立柱导轨及工作台，液压龙门刨床和转塔车床床身导轨，柴油机进气、排气阀门导杆
6	普通机床导轨面，如卧式车床、龙门刨床、滚齿机、自动车床等的床身导轨、立柱导轨，柴油机壳体
7	2 级平板，机床主轴箱，摇臂钻床底座和工作台，镗床工作台，液压泵盖，减速器壳体接合面
8	机床传动箱体，挂轮箱体，车床溜板箱体，柴油机气缸体，连杆分离面，缸盖接合面，汽车发动机缸盖，曲轴箱接合面，液压管件和端盖联接面
9	3 级平板，自动车床床身底面，摩托车曲轴箱体，汽车变速箱壳体，手动机械的支承面

表 4－20　圆度、圆柱度公差等级应用

公差等级	应用举例
5	一般计量仪器主轴，测杆外圆柱面，陀螺仪轴颈，一般机床主轴轴颈及主轴轴承孔，柴油机、汽油机活塞、活塞销，与 E 级滚动轴承配合的轴颈
6	仪表端盖外圆柱面，一般机床主轴及前轴承孔，泵、压缩机的活塞，气缸，汽油发动机凸轮轴，纺机锭子，减速传动轴轴颈，高速船用柴油机、拖拉机曲轴主轴颈，与 E 级滚动轴承配合的外壳孔，与 G 级滚动轴承配合的轴颈
7	大功率低速柴油机曲轴轴颈、活塞、活塞销、连杆、气缸，高速柴油机箱体轴承孔，千斤顶或压力油缸活塞，机车传动轴，水泵及通用减速器转轴轴颈，与 G 级滚动轴承配合的外壳孔
8	低速发动机、大功率曲柄轴轴颈，压气机连杆盖、体，拖拉机气缸、活塞，炼胶机冷铸轴辊，印刷机传墨辊，内燃机曲轴轴颈，柴油机凸轮轴承孔，凸轮轴，拖拉机、小型船用柴油机气缸套
9	空气压缩机缸体，液压传动件，通用机械杠杆与拉杆用套筒销子，拖拉机活塞环、套筒孔

表 4－21　平行度、垂直度、倾斜度公差等级应用

公差等级	应用举例
4，5	卧式车床导轨，重要支承面，机床主轴孔对基准的平行度，精密机床重要零件，计量仪器、量具、模具的基准面和工作面，主轴箱体重要孔，通用减速器壳体孔，齿轮泵的油孔端面，发动机轴和离合器的凸缘，气缸支承端面，安装精密滚动轴承的壳体孔的凸肩
6，7，8	一般机床的基准面和工作面，压力机和锻锤的工作面，中等精度钻模的工作面，机床一般轴承孔对基准面的平行度，变速器箱体孔，主轴花键对定心直径部位轴线的平行度，重型机械轴承盖端面，卷扬机、手动传动装置中的传动轴，一般导轨，主轴箱体孔，刀架，砂轮架，气缸配合面对基准轴线，活塞销孔对活塞中心线的垂直度，滚动轴承内、外圈端面对轴线的垂直度
9，10	低精度零件，重型机械滚动轴承端盖，柴油机、煤气发动机箱体曲轴孔、曲轴颈、花键轴和轴肩端面，皮带运输机端盖等端面对轴线的垂直度，手动卷扬机及传动装置中的轴承端面，减速器壳体平面

表 4－22　同轴度、对称度、跳动公差等级应用

公差等级	应用举例
5，6，7	这是应用范围较广的公差等级。用于几何精度要求较高、尺寸公差等级为 IT8 及高于 IT8 的零件。5 级常用于机床轴颈，计量仪器的测量杆，汽轮机主轴，柱塞油泵转子，高精度滚动轴承外圈，一般精度滚动轴承内圈，回转工作台端面跳动。7 级用于内燃机曲轴、凸轮轴、齿轮轴，水泵轴，汽车后轮输出轴，电动机转子，印刷机传墨辊的轴颈，键槽
8，9	常用于几何精度要求一般，尺寸公差等级 IT9 至 IT11 的零件。8 级用于拖拉机发动机分配轴轴颈，与 9 级精度以下齿轮相配的轴，水泵叶轮，离心泵体，棉花精梳机前、后滚子，键槽等。9 级用于内燃机气缸套配合面，自行车中轴

4.5.3　基准要素的选用

对于有基准的几何公差要求，其基准要素可以从以下几个方面进行选择。

4.5.3.1　基准要素部位的选择

基准要素部位的选择通常可以根据 4.1 节基准选择的内容来进行思考判断，即应根据

零件的实际结构特征，结合设计、加工、测量、装配过程中的具体要求，兼顾基准统一、基准重合、自为基准及互为基准等原则，来进行基准部位的选择。

4.5.3.2 基准数量的确定

一般根据几何公差项目的方向、位置、几何功能要求等来确定基准数量。通常，方向公差只需要一个基准，而位置公差则需要一个或者多个基准。

4.5.3.3 基准顺序的安排

如果选择两个或两个以上的基准要素时，就必须确定基准要素的先后顺序，并按顺序填入公差框格中。基准顺序的安排主要需考虑零件的结构特点，以及装配和使用要求。

4.5.4 公差原则的选用

公差原则和基准要素的选用

在选择使用的公差原则时，应根据零件上被测要素的实际功能需求，充分考虑尺寸公差项目和几何公差项目的职能、关系和经济性等进行确定。

4.5.4.1 独立原则应用场合

(1)尺寸精度和几何精度需要分别满足各自功能要求的场合。例如，减速器上的孔，为了保证孔与轴承的配合关系、各个齿轮的正确啮合关系，就要分别保证孔的尺寸精度、各个孔中心线的平行度要求。

(2)尺寸精度和几何精度要求差异较大的场合。例如，平板的尺寸精度要求低，但平面度要求高，应分别满足要求。

(3)零件图上未注几何公差原则的要素一律遵守独立原则。

4.5.4.2 包容要求应用场合

包容要求主要用于精密配合的场合，以保证零件间的配合性质，即包容要求是利用最大实体边界来控制零件尺寸大小和几何误差的综合结果，以保证零件配合所要求的最小间隙或最大过盈。例如，ϕ80H8 Ⓔ的孔和 ϕ80h7 Ⓔ的轴配合，可以保证最小间隙为 0。

4.5.4.3 最大实体要求应用场合

最大实体要求主要用于保证零件具有可装配性的场合。例如，用于穿过螺栓的通孔的位置度公差。

4.5.4.4 最小实体要求应用场合

最小实体要求主要用于需要保证零件的强度和最小壁厚等场合，目前应用较少。

4.5.4.5 可逆要求应用场合

可逆要求与最大(最小)实体要求一般联合使用，它能充分利用公差带，扩大被测要素实际尺寸的范围。该要求可以使实际尺寸超过了最大(或最小)实体尺寸而体外(或体内)作用尺寸未超过最大(或最小)实体实效边界的不合格品变为合格品，提高了产品合格率和经济效益，在不影响使用要求的情况下可以选用。

4.6 几何误差的检测

几何误差的检测项目较多，为了便于选择合理的检测方案以正确检测几何误差，国家标准规定了几何误差的 5 条检测原则及应用这 5 条原则的 108 种检测方法。检测几何误差时，根据被测对象的特点和客观条件，可以按照这 5 条原则，在 108 种检测方法中，选择一种较为合理的方法。也可根据实际生产条件，采用标准规定以外的其他检测方法和检测装置，但要确保能获得正确的检测结果。检测几何误差时，需根据测得的几何误差值是否在几何公差的范围内，得出零件合格与否的结论。

形位误差的检测原则

4.6.1 几何误差的检测原则

4.6.1.1 与理想要素比较原则

与理想要素比较原则就是在将被测实际要素与理想要素比较过程中，由直接或间接测量方法获得量值数据，再依据这些数据评定几何误差。由于使用此原则所测得的结果与误差定义一致，所以这是一种检测几何误差的基本原则。实际上，大多数几何误差的检测都应用了这个原则。

这里的理想要素是用模拟方法获得的，模拟理想要素的物质，必须要有足够的精度。例如，刀口尺的刃口、平尺的工作面、拉紧的钢丝、一束光线等可以作为理想直线，平台的工作面、水平面等可以作为理想平面，等等。

与理想要素比较原则的示例如图 4-38 所示，用刀口尺测量直线度误差，测量时，把刀口尺的刃口作为理想要素，将其与工件的被测要素比较后，根据两者之间的间隙大小来确定直线度误差的大小。

4.6.1.2 测量坐标值原则

测量坐标值原则就是利用坐标测量装置（如三坐标测量机、光学影像仪等）测量实际被测要素的坐标值（如直角坐标值、极坐标值、圆柱坐标值），并经过数据处理以获得被测要素的几何误差值。该原则对轮廓度、位置度的测量应用更为广泛。

图 4-39 所示为用测量坐标值原则测量圆心位置度误差的示例。由仪器测得各圆心实际位置的坐标值分别为 (x_1, y_1)、(x_2, y_2)、(x_3, y_3)、(x_4, y_4)，计算每个圆的圆心实际坐标相对于理论正确尺寸的偏差为 $\Delta x_i = x_i - \boxed{x_i}$，$\Delta y_i = y_i - \boxed{y_i}$，其中 $i=1$、2、3、4，于是各孔的位置度误差值为

$$\phi f_i = 2\sqrt{\Delta x_i^2 + \Delta y_i^2} \quad (i=1、2、3、4)$$

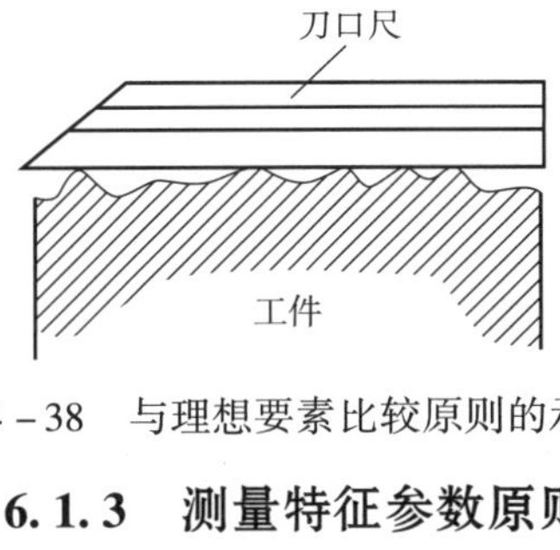

图 4-38 与理想要素比较原则的示例

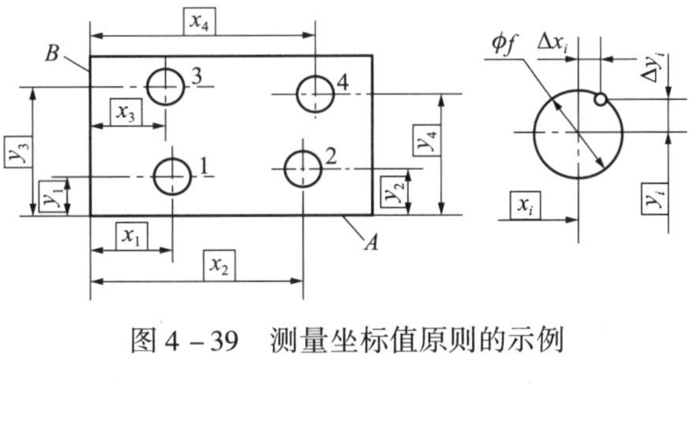

图 4-39 测量坐标值原则的示例

4.6.1.3 测量特征参数原则

测量特征参数原则就是测量实际要素上具有代表性的参数（即特征参数）来表示几何误

差值。这是一种近似测量方法，但是因为易于实现，所以在实际生产中经常使用。

例如，以被测平面任意方向的最大直线度误差来近似表示该平面的平面度误差。又如，用两点法测量圆度误差，即在一个横截面内的几个方向上测量直径，并取最大和最小直径差的一半作为圆度误差，如图 4－40 所示。

4.6.1.4　测量圆跳动原则

测量圆跳动原则是指在被测实际要素围绕基准线回转过程中，沿给定方向测量其变动量，变动量为指示器上最大与最小读数值之差。该原则主要用于图样上标注了圆跳动或全跳动时误差的测量，如图 4－41 所示。

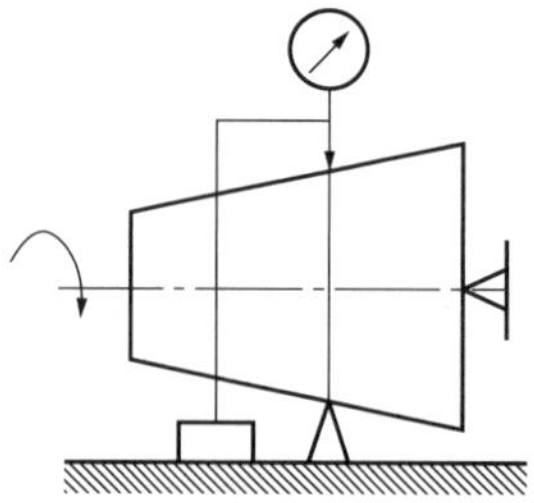

图 4－40　测量特征参数原则的示例

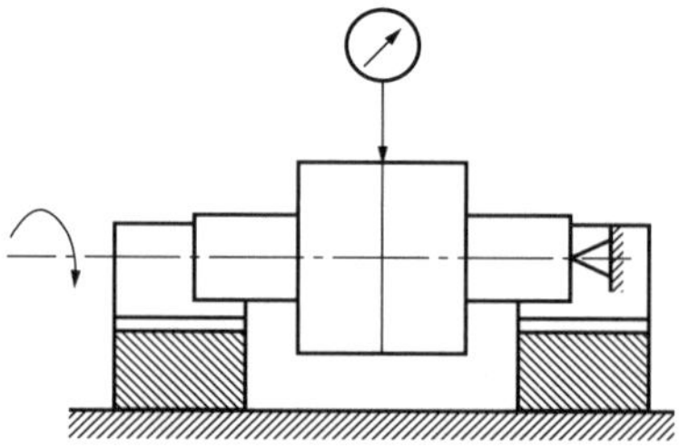

图 4－41　测量圆跳动原则的示例

4.6.1.5　控制实效边界原则

控制实效边界原则是指检验被测实际要素是否超过最大实体实效边界（即实效边界），以判断零件合格与否。一般会使用综合量规模拟实效边界，若被测实际要素能被综合量规通过，则表示零件上的被测要素未超过实效边界，即该项几何公差要求合格。图 4－42 所示为用综合量规检验同轴度误差的示例。

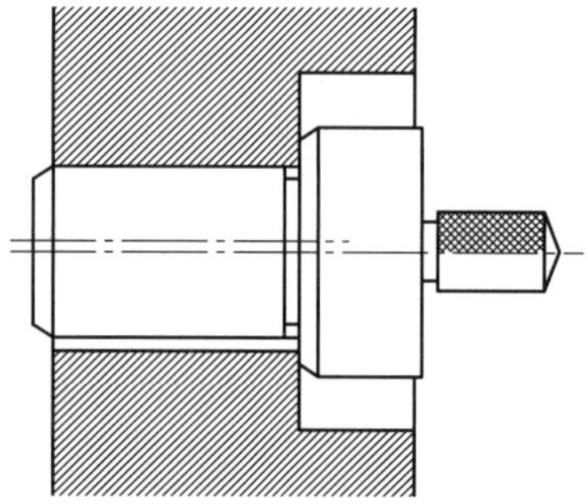

图 4－42　用综合量规检验同轴度误差的示例

4.6.2　几何误差的检测方法

4.6.2.1　形状误差的检测方法

（1）直线度误差的检测方法

①光隙法

光隙法一般适用于磨削或研磨的较短表面的直线度误差的测量。图 4－38 所示为用刀口尺测量零件表面某一轮廓线的直线度误差的示例。具体做法为：将刀口尺的刃口与实际轮廓紧贴，测量出实际轮廓线与刃口之间的最大间隙即为直线度误差。

最大间隙的具体测量方法有 2 种情况：

a. 通过观察，若光隙较小时，可将被测光隙与标准光隙进行比较，如表 4－23 所示，根据其颜色估读出被测光隙大小，以确定直线度误差；

b. 通过观察，若光隙较大时，可用塞尺直接测出被测光隙大小，以确定直线度误差。

表4－23　标准光隙颜色及其大小的对应关系

颜色	光隙/μm
不透光	<0.5
蓝色	≈0.8
红色	≈1.5
白色	>2.5

②指示表法

指示表法适用于测量圆柱体素线或轴线的直线度误差。图4－43所示为用指示表法测量圆柱体轴线直线度误差的示例。具体做法为：将被测零件安装在平行于工作平台的两顶尖之间，在该零件的上、下素线处分别放置两个指示表，在通过被测零件轴线的铅垂面内沿轴线方向同步移动两个指示表，记录两个指示表在各个测点处的对应读数 M_1 和 M_2，并计算各个测点处对应的 $|M_1-M_2|/2$，取所有测点中最大的 $|M_1-M_2|/2$ 的值作为该铅垂面内零件轴线的直线度误差，一个截面测量完成后数据还不够，需要继续转动被测零件，选择多个不同的铅垂面继续完成测量，最后取各个铅垂面上最大的 $|M_1-M_2|/2$ 值作为整个被测零件轴线的直线度误差。

③节距法

节距法适用于较长零件表面的测量，常用的测量仪器为水平仪、自准直仪等。图4－44所示为用节距法测量窄长平面直线度误差的示例。具体做法为：将零件上被测直线要素按一定长度分离成首尾相接的小段，各小段相接处为1个节点，若将被测直线要素的测量起点看作基准0点，则可用仪器测出每个节点相对于基准0点在给定测量方向上的数值，各节点读数见表4－24所示。

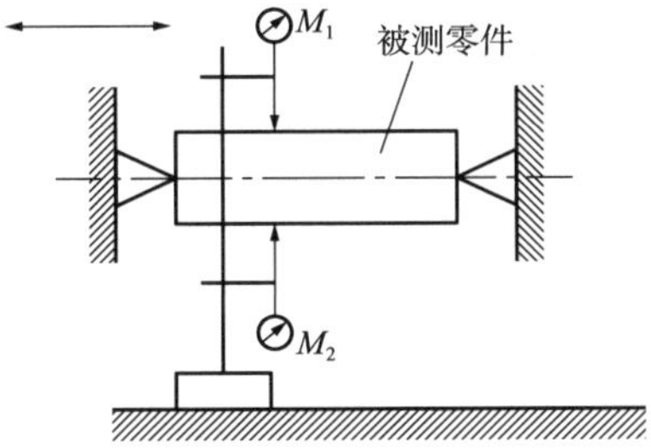

图4－43　用指示表法测量圆柱体轴线直线度误差的示例

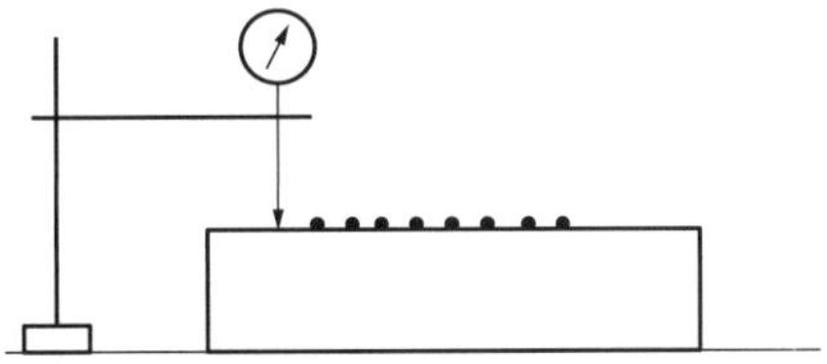

图4－44　节距法测量窄长平面直线度误差的示例

表4－24　被测直线要素各节点测得值统计表

节距序号	0	1	2	3	4	5	6	7
读数值	0	－3	0	－4	－4	+1	+1	－5
累计值	0	－3	－3	－7	－11	－10	－9	－14

然后，绘制直角坐标系，横坐标表示节点位置，纵坐标表示每个节点相对于基准0点

在给定测量方向的测得值，即表 4－24 中的累计值，根据累计值在对应节点位置描点并连线，作出误差曲线，最后按最小包容区域法求得直线度误差 $f \approx 5\mu m$，如图 4－45 所示。

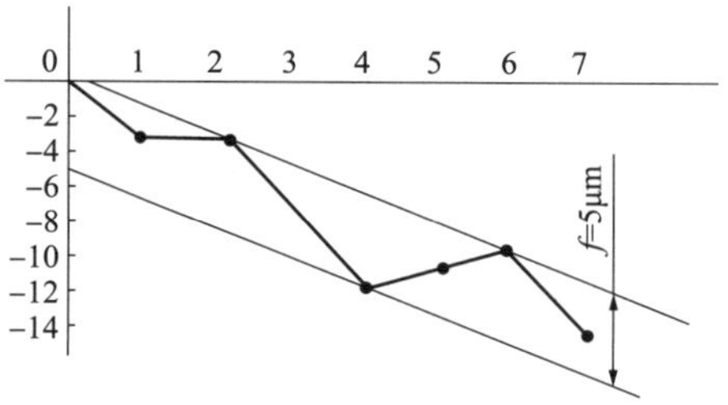

图 4－45　用最小包容区域法求误差曲线的直线度误差的示例

(2)平面度误差的检测方法

①指示表法

图 4－46 所示为用指示表法测量平面度误差的示例。具体做法为：首先将被测零件用支承件支承在测量基准平板上，借助指示表调整被测平面对角线上的 a 和 b 两点，使之等高；其次调整另一对角线上 c 和 d 两点，使之等高；再次对两条对角线调整一次，以确保被测平面和测量基准平板尽可能保持平行；最后，移动指示表测量被测平面上各点的值，指示表的最大与最小读数之差即为该平面的平面度误差。

②干涉法

干涉法适用于小平面平面度误差的高精度测量，图 4－47 所示为用干涉法测量平面度误差的示例。具体做法为：将平面平晶紧贴在被测平面上，根据所产生的干涉条纹数，经过计算即可得到平面度误差值。

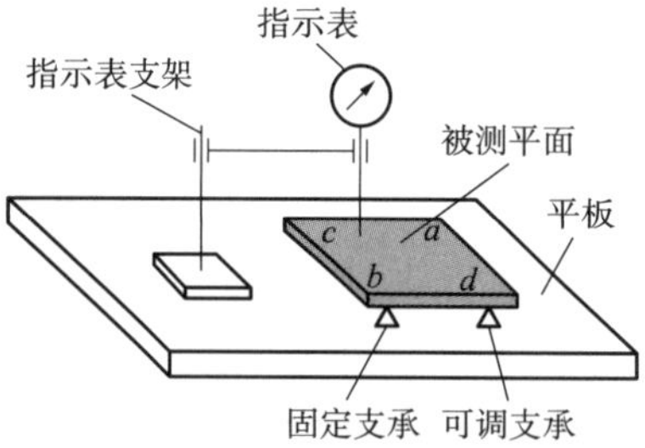

图 4－46　指示表法测量平面度误差的示例

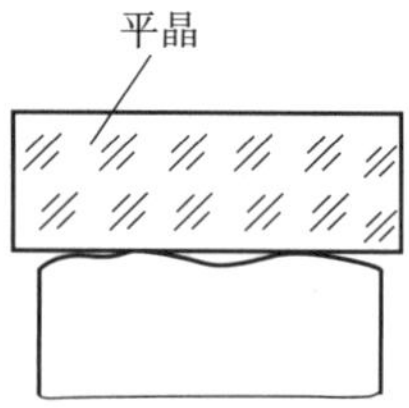

图 4－47　干涉法测量平面度误差的示例

(3)圆度误差的检测方法

①两点法

两点法是指在测量圆周上取两个测量点，测量并计算几何误差值的方法。两点法常用的仪器主要有游标卡尺、千分尺、比较仪等，图 4－48 所示为用两点法测量圆锥面圆度误差的示例。具体做法为：首先，正确装夹零件，即使被测圆锥面的轴线与被测圆截面垂直，并固定圆锥的轴向位置；其次，测量一个圆截面，即将零件绕着轴线回转一周，用指示表测量该圆截面的径向变动量(即最大直径差)，计算该径向变动量的一半作为该圆截面的圆度误差值；最后，按同样的方法测量若干个圆截面的圆度误差值，取其中最大的圆度误差值作为该圆锥面的圆度误差值。

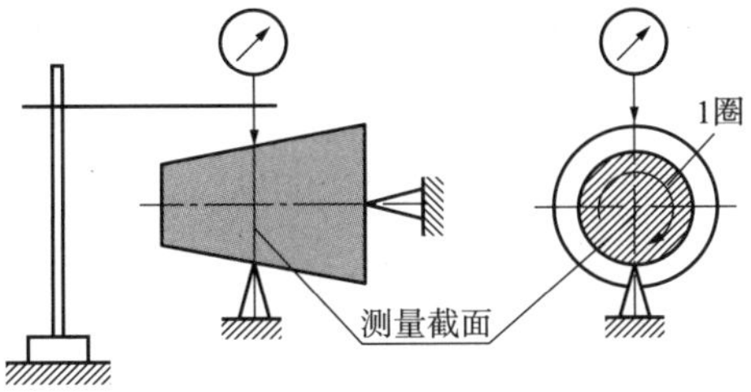

图 4-48 用两点法测量圆锥面圆度误差的示例

类似地，测量圆柱面的圆度误差时，在正确装夹后，先用仪器测出一个圆截面的径向变动量(即最大直径差)，计算该径向变动量的一半作为该圆界面的圆度误差值，然后测量若干个圆截面的圆度误差值，取其中的最大圆度误差值作为该圆柱面的圆度误差值。圆柱孔的圆度误差值可用内径百分表或千分尺进行测量，具体测量步骤与上述相同。

②三点法

三点法是指在测量圆周上取三个测量点，测量并计算几何误差值的方法。图 4-49 所示为用三点法测量圆柱面圆度误差的示例。具体做法为：首先，正确装夹零件，即将被测零件 1 放置在 V 形块 3 上，使被测圆柱面的轴线与被测圆截面垂直，并固定圆锥的轴向位置；其次，测量一个圆截面，即将零件绕着轴线回转一周，用指示表测量该圆截面的径向变动量(即指示表 2 的最大与最小读数之差)作为该圆截面的圆度误差值；最后，按同样的方法测量若干个圆截面的圆度误差值，取其中最大的圆度误差值作为该圆柱面的圆度误差值。

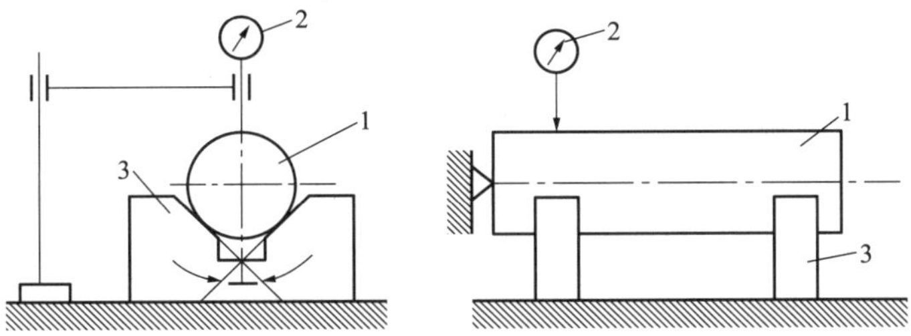

图 4-49 三点法测量圆柱面圆度误差的示例

1—被测零件；2—指示表；3—V 形块

③圆度仪法

图 4-50 所示为用圆度仪法测量零件圆柱面圆度误差的示例，圆度仪上的回转轴 1 带着传感器 2 转动，使传感器上的测头 3 围绕圆柱零件 4 的被测圆截面回转一圈，传感器将测头的径向位移转变为电信号，经过放大器 6 放大后，记录器 7 将被测圆截面的实际轮廓在转盘 5 的坐标纸上绘制出来，然后根据最小包容区域法求出该圆截面的圆度误差值，最后，按同样的方法测量若干个圆截面的圆度误差值，取其中最大的圆度误差值作为该零件圆柱面的圆度误差值。

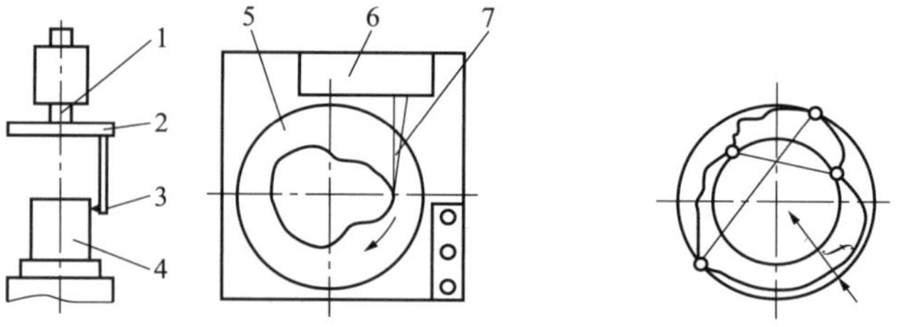

(a)测量圆度 (b)圆度的最小包容区域

图 4－50 圆度仪法测量圆柱零件圆柱面圆度误差的示例

1—回转轴；2—传感器；3—测头；4—被测零件；

5—转盘；6—放大器；7—记录器

(4)圆柱度误差的检测方法

图 4－51 所示为用指示表测量零件外圆柱面圆柱度误差的示例。具体做法为：首先，正确装夹零件，即取直角座置于测量平板上，将零件放在测量平板并紧靠直角座；其次，测量一个圆截面，即将零件绕着轴线回转一周，用指示表测量该截面半径方向上的最大值与最小值并进行记录，按同样方法测量若干个圆截面的最大值与最小值并进行记录；最后，在所有测量值中取最大与最小测量值之差的一半作为该零件圆柱面的圆柱度误差。

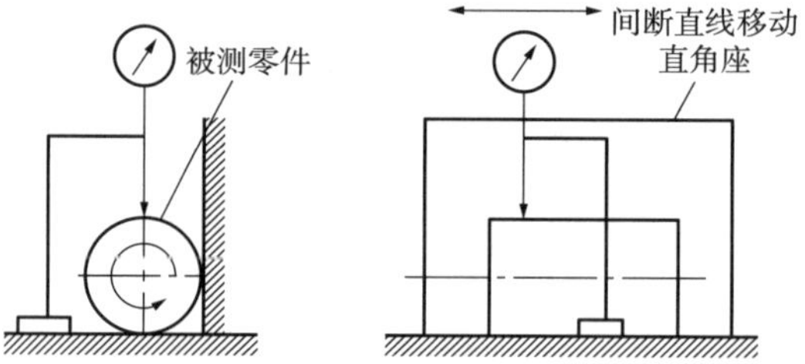

图 4－51 用指示表测量零件外圆柱面的圆柱度误差的示例

(5)轮廓度误差的检测方法

用于轮廓度误差测量的仪器主要有：成套的截面轮廓样板、仿形测量装置、三坐标测量机和光学跟踪轮廓测量仪等。

①线轮廓度的检测方法

图 4－52(a)所示为用轮廓样板测量线轮廓度误差的示例。具体做法为：将轮廓样板按规定方向放置在零件被测表面的某一截面位置，根据前述直线度误差检测方法中的光隙法估读轮廓样板和该截面的间隙大小，取间隙的最大值作为零件被测表面指定截面位置的线轮廓度误差。

②面轮廓度的检测方法

图 4－52(b)所示为用三坐标测量机测量面轮廓度误差的示例。具体做法为：将被测零件装夹在三坐标测量机的工作平台上，使用三坐标测量机测出零件实际被测轮廓表面上若干个点的坐标值，并将测得的坐标值与理想轮廓表面的坐标值进行比较，取其中对应坐标值差值最大的绝对值的 2 倍作为零件被测表面的面轮廓度误差。

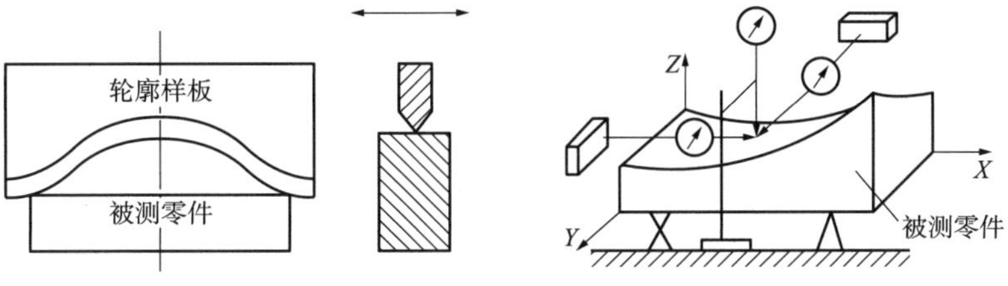

(a)轮廓样板测量线轮廓度误差　(b)三坐标测量机测量面轮廓度误差

图 4－52　轮廓度误差的检测示例

4.6.2.2　方向误差的检测方法

(1)平行度误差的检测方法

①线对线平行度误差的检测

图 4－53(a)所示为线对线平行度误差测量的示例。具体做法为：将零件放置在等高的支撑上，被测轴线和基准轴线均由芯轴模拟。在被测零件上距离为 L_2 的两个位置上用两个指示表分别进行测量，测得所有数据中的最大和最小读数之差为 a，则被测轴线相对于基准轴线的平行度误差为 $f=\frac{L_1}{L_2}a$。

②线对面行平度误差的检测

图 4－53(b)所示为线对面平行度误差测量的示例。具体做法为：将零件直接放置在测量平板上，在零件被测孔内放入芯轴，用芯轴的轴线模拟被测孔的轴线，测量平板上表面为基准平面，在被测零件上距离为 L_2 的两个位置上用指示表进行测量，测得数据分别为 M_1 和 M_2，则被测轴线相对于基准平面的平行度误差为 $f=\frac{L_1}{L_2}|M_1-M_2|$，其中 L_1 为被测孔的轴线长度。

③面对面平行度误差的检测

图 4－53(c)所示为面对面平行度误差测量的示例。具体做法为：将零件放置在测量平面上，测量平板上表面为基准平面，用指示表按照指定方向测量零件上被测平面的若干个点，指示表的最大与最小读数之差即为被测平面相对于基准平面的平行度误差 f。

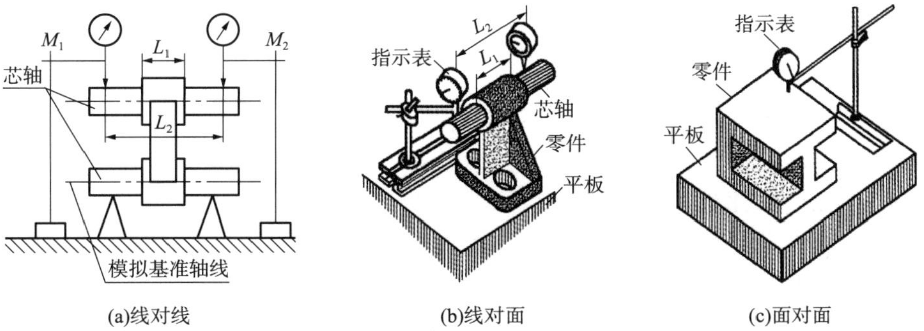

(a)线对线　(b)线对面　(c)面对面

图 4－53　平行度误差的检测示例

(2)垂直度误差的检测方法

①面对面垂直度误差的检测

图 4－54(a)所示为用精密直角尺和指示表测量面对面垂直度误差的示例。具体做法为：首先，正确放置零件，即精密直角尺的短边置于平板上，并用精密直角尺长边将指示表调 0，再将零件的基准平面放置在测量平板上；其次，用指示表测量零件被测表面，指示表的读数即为该被测点的偏差值。调整指示表的高度位置以便测量不同的被测点偏差值，取指示表最大读数之差作为零件被测表面的相对于基准测量平面的垂直度误差。

图 4－54(b)所示为用精密直角尺和塞尺测量面对面垂直度误差的示例。具体做法为：首先，正确放置零件，即直角尺的短边和零件的基准平面均置于平板上，直角尺的长边紧靠在零件的被测平面上；其次，用塞尺测量直角尺长边与被测平面之间的最大间隙 x，移动直角尺，在被测平面的不同位置重复上述测量，取所有测得 x 值中的最大值 x_{max} 作为该平面的垂直度误差 f。

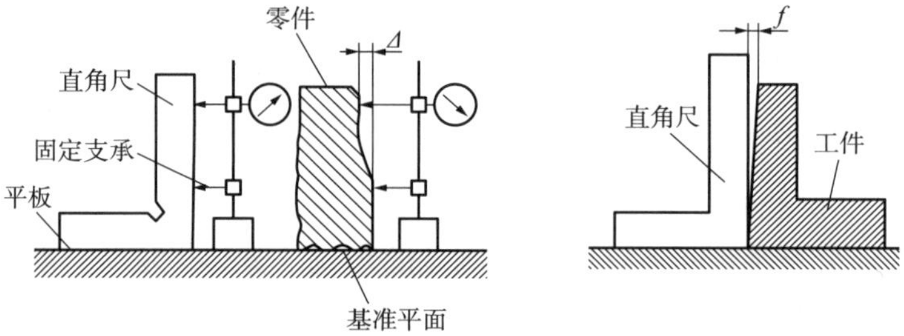

(a)指示表测量面对面垂直度误差　　(b)塞尺测量面对面垂直度误差

图 4－54　面对面垂直度误差的检测示例

②面对线垂直度误差的检测

图 4－55(a)所示为用导向套筒和指示表测量面对线垂直度误差的示例。具体做法为：首先，正确放置零件，即将被测零件的基准轴段放置到导向套筒内部，故可用导向套筒来模拟基准轴线；其次，用指示表测量零件整个被测表面，指示表最大和最小读数之差即为零件被测实际表面相对于其基准轴线的垂直度误差。

图 4－55(b)所示为用 V 形架和指示表测量面对线垂直度误差的示例。具体做法为：首先，正确放置零件，即将芯轴装入被测零件的基准孔内，形成无间隙配合，并将芯轴固定在 V 形架上，此时可用 V 形架通过芯轴来模拟基准孔的轴线；其次，用指示表测量零件整个被测表面，指示表最大和最小读数之差即为零件被测实际表面相对于其基准孔轴线的垂直度误差。

(3)倾斜度误差的检测方法

图 4－56 所示为用定角座(或正弦规)测量面对面倾斜度误差的示例。具体做法为：首先，正确放置零件，即将被测零件基准平面放置在定角座(或正弦规)的工作平面上；其次，用指示表测量被测零件的整个被测表面，指示表最大和最小读数之差即为零件被测实际表面相对于其基准平面的倾斜度误差。

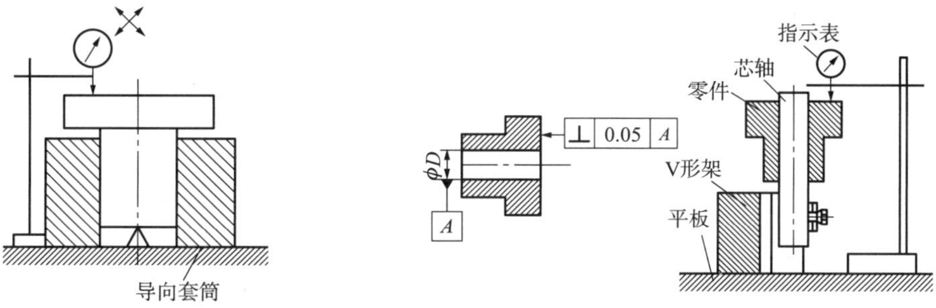

(a)用导向套筒和指示表测量面对线垂直度误差　　(b)用V形架和指示表测量面对线垂直度误差

图 4－55　面对线垂直度误差的检测示例

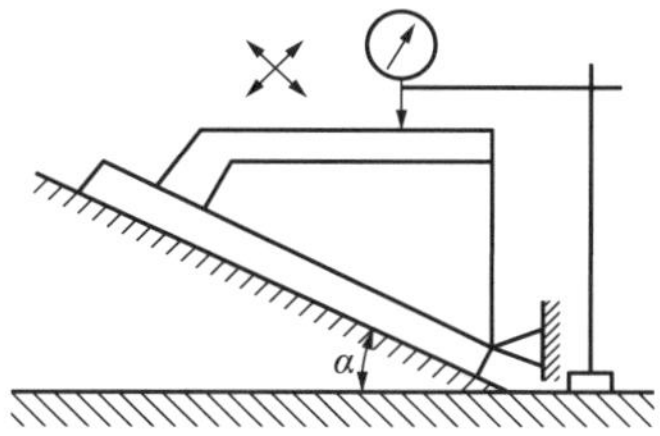

图 4－56　用定角座(或正弦规)测量面对面倾斜度误差示例

4.6.2.3　位置误差的检测方法

(1)同轴度误差的检测方法

图 4－57 所示为用指示表测量同轴度误差的示例，即测量某阶梯轴 ϕd 轴线相对于零件两端 ϕd_1 轴段轴线组成的公共基准 $A-B$ 轴线的同轴度误差。具体做法为：首先，正确放置零件，即在测量平板上放置两个等高的 V 形架，并将零件放置在这两个 V 形架上，V 形架就可以用来体现零件的基准轴线；其次，转动台阶轴，用指示表在被测的 ϕd 轴段测量一个圆截面，将指示表最大和最小读数之差作为该圆截面的同轴度误差；最后，沿零件轴向移动指示表，测量若干个圆截面，取所有圆截面同轴度误差中最大的一个作为该台阶轴被测轴段 ϕd 轴线相对于公共基准 $A-B$ 轴线的同轴度误差。

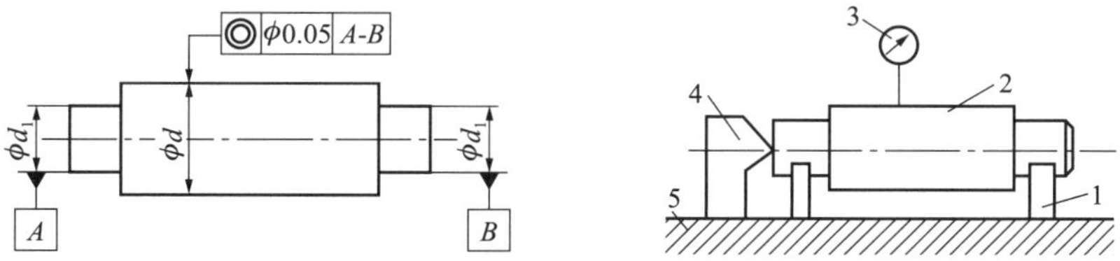

图 4－57　用指示表测量同轴度误差示例

1—V 形块；2—被测台阶轴；3—指示表；4—定位器；5—测量平板

(2)对称度误差的检测方法

图 4－58 所示为用指示表测量对称度误差的示例，即测量某轴零件上键槽两个工作面的中心对称平面相对于键槽所在轴段 ϕd 轴线的对称度误差。具体做法为：首先，正确装夹零件，即将 V 形架放置在测量平板上，再将轴零件放置在该 V 形架上，并将定位块放入键槽内；其次，用指示表测量定位块的上、下表面并调整轴零件，确保定位块的上、下

测量表面在轴零件径向上平行于测量平板，此时被测要素(即键槽中心对称平面)由定位块模拟，基准要素(即轴段 ϕd 的轴线)由 V 形架模拟；最后，用指示表测量定位块上表面并读数，再将轴零件旋转 180°后重复上述测量，取两次测量结果之差作为该被测截面的对称度误差，按上述方法测量若干个截面，取其中的最大误差作为其对称度误差。

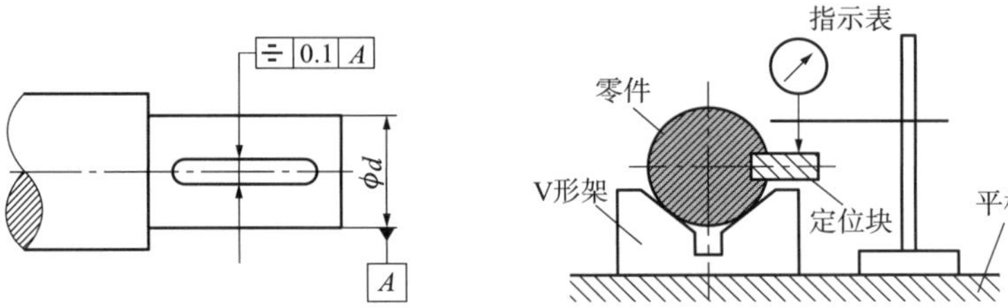

图 4－58　用指示表测量对称度误差示例

4.6.2.4　跳动误差的检测方法

(1)圆跳动误差的检测方法

①径向圆跳动误差的检测方法

图 4－59 所示为用指示表测量径向圆跳动误差的示例，即测量某阶梯轴的 ϕd_2 轴段圆柱面相对于两端 ϕd_1 轴段中芯轴线组成的公共基准轴线 $A-B$ 的径向圆跳动误差。具体做法为：首先，正确装夹零件，即将偏摆检查仪放置在测量平台上，并将被测零件安装在偏摆检查仪的两同轴顶尖之间，且轴向定位；其次，测量一个圆截面，即将工件回转一周，并用指示表测头垂直于基准轴线测量该圆截面的最大值与最小值之差，即为该圆截面的径向圆跳动误差值；最后，按上述方法测量若干个圆截面的径向圆跳动误差值，取所有测量圆截面中最大的径向圆跳动误差值作为该零件的被测圆柱面的径向圆跳动误差。

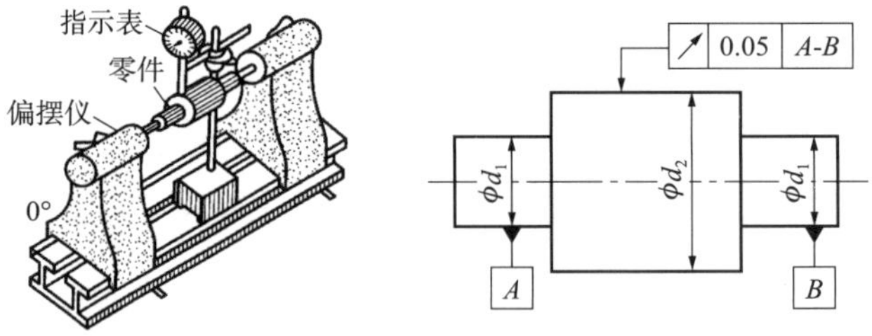

图 4－59　用指示表测量径向圆跳动误差示例

②轴向圆跳动误差的检测方法

图 4－60 所示为用导向套筒和指示表测量轴向圆跳动误差的示例，即测量某阶梯轴端面相对于 ϕd 轴段中芯轴线的轴向圆跳动误差。具体做法为：首先，正确装夹零件，即将被测零件用支承件支撑在导向套筒内，并进行轴向定位；其次，用指示表测头与被测表面垂直接触，在零件回转一周过程中，指示表的最大值与最小值之差即为该测量位置处圆柱面的轴向圆跳动误差；最后，将指示表沿被测端面径向移动到不同位置，按上述方法测量若干个圆柱面的轴向圆跳动误差，并取所有测量圆柱面中最大的轴向圆跳动误差作为该阶梯轴被测端面的轴向圆跳动误差。

图 4－61 所示为用 V 形架和指示表测量轴向圆跳动误差的示例，即测量某阶梯轴端面相对于 ϕd 轴段中芯轴线的轴向圆跳动误差。具体做法为：首先，正确装夹零件，即将 V 形架放置在测量平板上，将被测零件的 ϕd 轴段放置在 V 形架上，并进行轴向定位；其次，用指示表测头与被测表面垂直接触，在零件回转一周过程中，指示表的最大值与最小值之差即为该测量位置处圆柱面的轴向圆跳动误差；最后，将指示表沿被测端面径向移动到不同位置，按上述方法测量若干个圆柱面的轴向圆跳动误差，并取所有测量圆柱面中最大的轴向圆跳动误差作为该阶梯轴被测端面的轴向圆跳动误差。

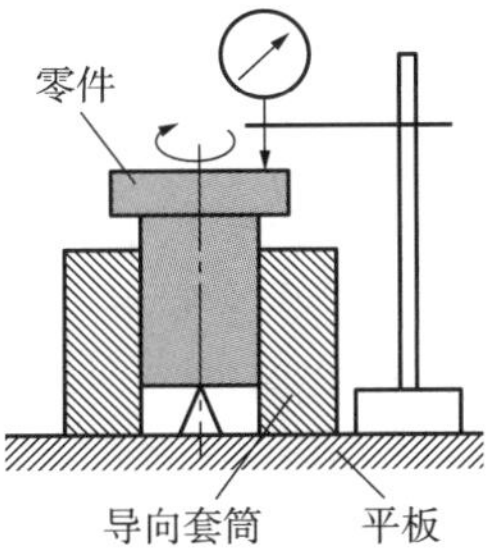

图 4－60　用导向套筒和指示表测量轴向圆跳动误差示例

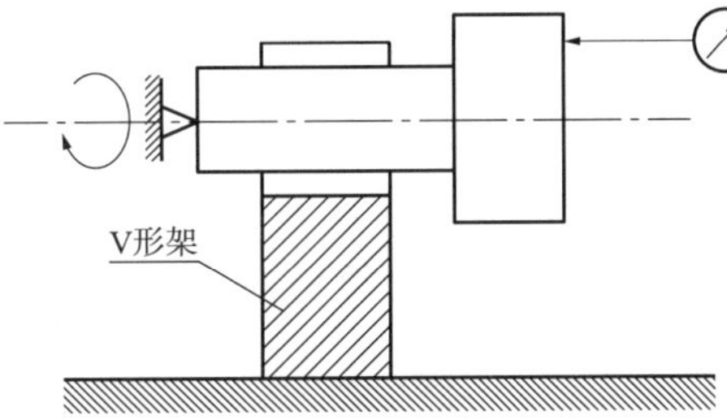

图 4－61　用 V 形架和指示表测量轴向圆跳动误差示例

③斜向圆跳动误差的检测方法

图 4－62 所示为用导向套筒和指示表测量斜向圆跳动误差的示例，即测量某零件圆锥面相对于 ϕd 轴段中芯轴线的斜向圆跳动误差。具体做法为：首先，正确装夹零件，即将被测零件用支承件支撑在导向套筒内，并进行轴向定位；其次，用指示表测头与被测圆锥表面垂直接触，在零件回转一周过程中，指示表的最大值与最小值之差即为该测量位置处圆锥面的斜向圆跳动误差；最后，将指示表沿被测圆锥面素线方向移动到不同位置，按上述方法测量若干个斜向圆跳动误差，并取所有测量结果中最大的斜向圆跳动误差作为该零件被测圆锥面的斜向圆跳动误差。

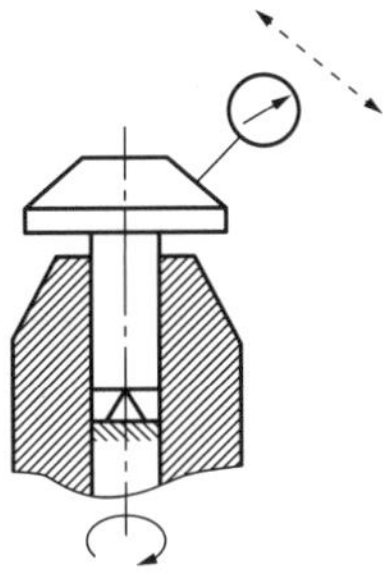

图 4－62　用导向套筒和指示表测量斜向圆跳动误差示例

(2) 全跳动误差的检测方法

①径向全跳动误差的检测方法

图 4－63 所示为用导向套筒和指示表测量径向全跳动误差的示例，即测量某阶梯轴中间的 ϕd_2 轴段圆柱面相对于两端 ϕd_1 轴段中芯轴线组成的公共基准轴线 $A-B$ 的径向全跳动误差。具体做法为：首先，正确装夹零件，即将被测零件固定在两同轴导向套筒内，并进行轴向定位，微调套筒使其同轴并与测量平板保持平行；其次，将零件连续回转，同时沿轴向匀速直线移动指示表，用指示表测头垂直于基准轴线连续测量零件被测圆柱面，在整个测量过程中，指示表的最大值与最小值之差即为该零件被测圆柱面的径向全跳动误差值。

②轴向全跳动误差的检测方法

图 4－64 所示为用导向套筒和指示表测量轴向全跳动误差的示例，即测量某阶梯轴端

面相对于 ϕd 轴段中芯轴线的轴向全跳动误差。具体做法为：首先，正确装夹零件，即将被测零件用支承件支撑在导向套筒内，并进行轴向定位；其次，用指示表测头与被测表面垂直接触，将零件连续回转，同时沿径向匀速直线移动指示表，在整个测量过程中，指示表的最大值与最小值之差即为该零件被测端面的轴向全跳动误差值。

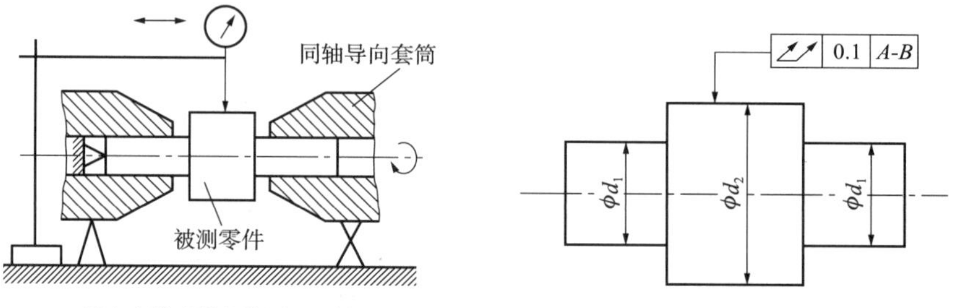

(a)径向全跳动误差检测过程简图　　(b)被测阶梯轴零件

图 4－63　用导向套筒和指示表测量径向全跳动误差示例

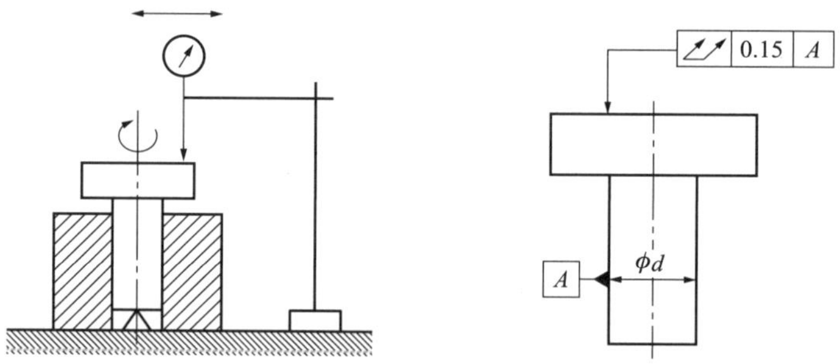

(a)轴向全跳动误差检测过程简图　　(b)被测阶梯轴零件

图 4－64　用导向套筒和指示表测量轴向全跳动误差示例

课后练习

1. 什么是零件的几何要素？零件的几何要素是怎样分类的？

2. 几何公差特征项目共有多少个？每个项目的名称和符号是什么？

3. 几何公差带的形状一共多少种，分别是什么形状？哪种形状的几何公差带对应的几何公差数值需要加上直径符号 ϕ？

4. 轮廓要素和中心要素的几何公差标注有什么区别？

5. 几何公差项目的选择应具体考虑哪些问题？

6. 请说明“公共基准 $A-B$”与“基准 A 和基准 B”的异同之处？

7. 国标规定了哪些公差原则？它们的符号是什么？并说明它们的应用场合。

8. 试说出下列几何公差项目的公差带有何相同点和不同点：

(1) 圆度和径向圆跳动公差带；

(2) 端面对轴线的垂直度和轴向全跳动公差带；

(3) 圆柱度和径向全跳动公差带。

9. 如图 4 – 65 所示销轴的 3 种几何公差标注，说明它们的公差带有何不同。

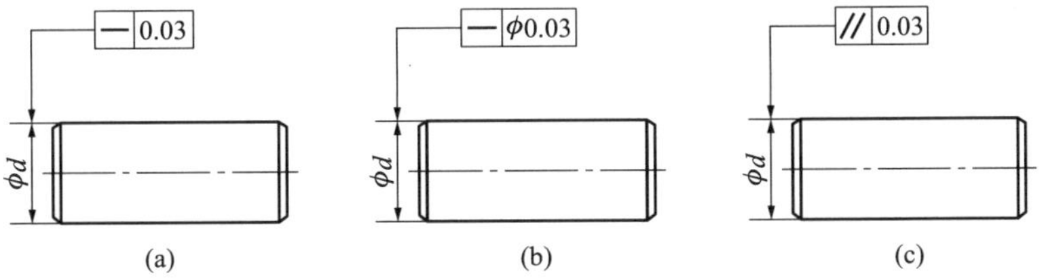

图 4 – 65　题 9 图

10. 解释图 4 – 66 中各项几何公差项目的含义。

11. 将下列几何公差要求标注在图 4 – 67 上：

(1) φ20F6 孔的轴线对左端面的垂直度公差值为 φ0. 02mm；

(2) φ40h5 外圆柱面轴线对 φ20F6 孔轴线的同轴度公差值为 φ0. 03mm；

(3) 内锥孔面对 φ20F6 孔轴线的斜向圆跳动公差值为 0. 06mm；

(4) 内锥孔面的圆度公差值为 0. 015mm；

(5) 左端面的平面度公差值为 0. 008mm。

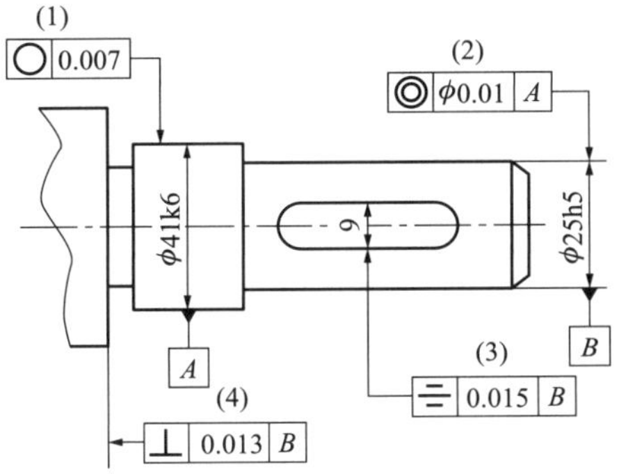

图 4 – 66　题 10 图

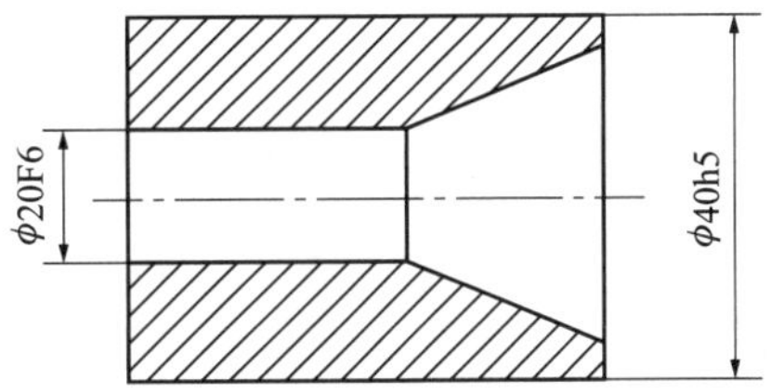

图 4 – 67　题 11 图

12. 将下列几何公差要求标注在图 4 – 68 上：

(1) ϕd_1 孔的圆柱度公差值为 0. 02mm，圆度公差值为 0. 015mm；

(2) *B* 面的平面度公差值为 0. 01mm；

(3) *B* 面对 ϕd_1 孔的轴线的轴向圆跳动公差值为 0. 04mm；

(4) *B* 面对 *C* 面的平行度公差值为 0. 03mm；

(5) ϕd_1 圆柱面轴线的直线度公差值为 φ0. 03mm。

13. 将下列要求标注在图 4 – 69 上：

(1) φ41g7 轴线对 25h7 轴线的同轴度公差值为 φ0. 02mm；

(2) 左端面对 φ25h7 轴线的轴向圆跳动公差值为 0. 03mm；

(3) φ25h7 外圆柱面的圆柱度公差值为 0. 01mm；

(4) φ41g7 圆柱右端面对左端面的平行度公差值为 0. 04mm；

(5) φ25h7 轴线对 φ41g7 圆柱左端面的垂直度公差值为 φ0. 015mm。

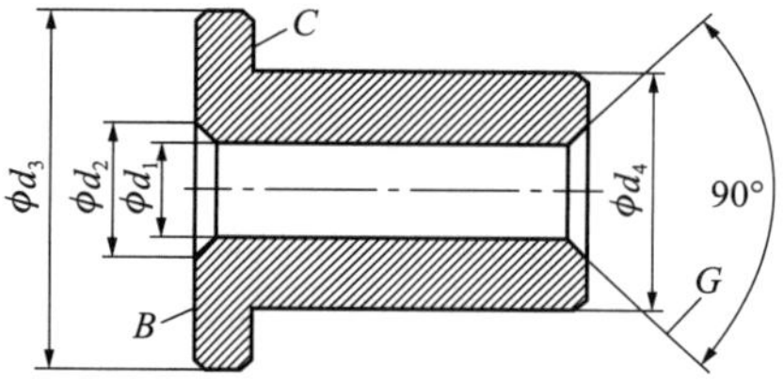

图4－68　题12图

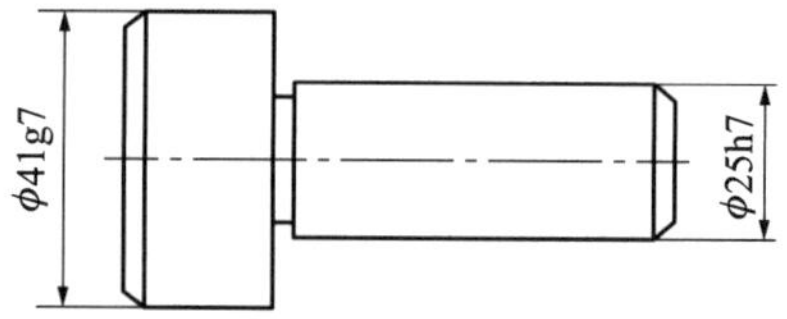

图4－69　题13图

14. 将下列技术要求标注在图4－70上：

(1)圆锥面的圆度公差值为0.015mm，圆锥素线直线度公差值为0.02mm；

(2)圆锥轴线对ϕd_1和ϕd_2两圆柱面公共轴线的同轴度公差值为ϕ0.04mm；

(3)端面A对ϕd_1和ϕd_2两圆柱面公共轴线的轴向圆跳动公差值为0.03mm；

(4)ϕd_1和ϕd_2圆柱面的圆柱度公差值分别为0.007mm和0.006mm。

15. 将下列几何公差要求标注在图4－71上：

(1)底面的平面度公差值为0.012mm；

(2)ϕd两个孔的轴线分别对它们公共轴线的同轴度公差值为ϕ0.015mm。

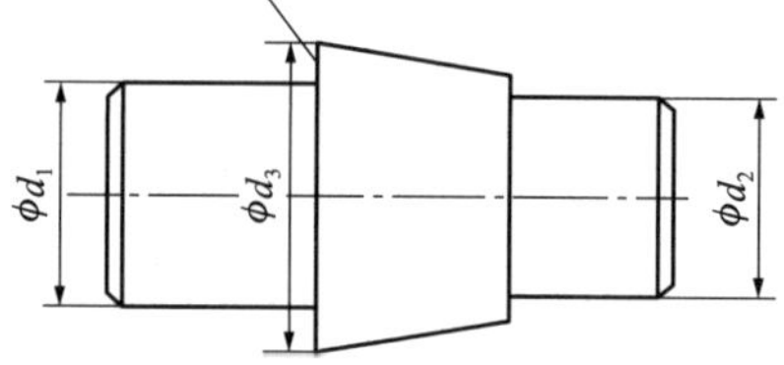

图4－70　题14图

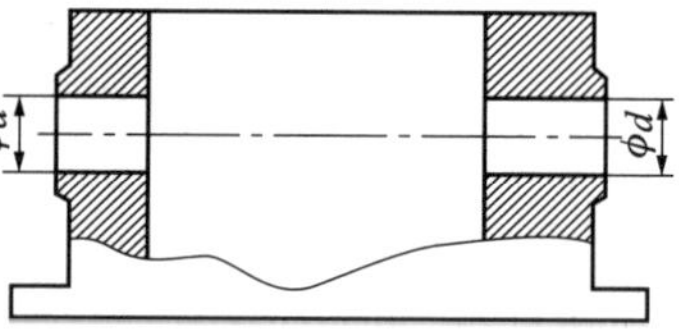

图4－71　题15图

16. 将下列技术要求标注在图4－72上：

(1)圆锥面a的圆度公差值为0.1mm；

(2)圆锥面a对孔轴线b的斜向圆跳动公差值为0.02mm；

(3)孔轴线b的直线度公差值为ϕ0.005mm；

(4)孔表面c的圆柱度公差值为0.01mm；

(5)端面d对基准孔轴线b的轴向全跳动公差值为0.01mm；

(6)端面e对端面d的平行度公差为0.03mm。

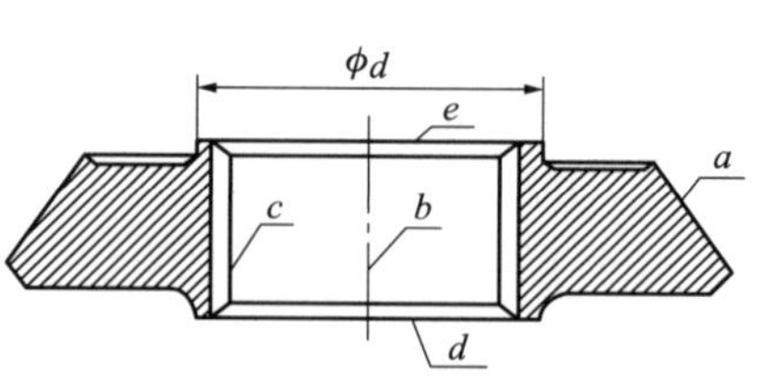

图4－72　题16图

17. 将下列技术要求标注在图4－73上：

(1)ϕd_1的圆柱度误差不大于0.02mm，圆度误差不大于0.015mm；

(2)B面的平面度误差不大于0.001mm，B面对ϕd_1轴线的轴向圆跳动误差不大于

0.04mm，B 面对 C 面的平行度误差不大于 0.02mm；

(3) F 面对 ϕd_1 轴线的轴向圆跳动误差不大于 0.04mm；

(4) ϕd_2 外圆柱轴线相对于 ϕd_1 内孔轴线的同轴度误差不大于 ϕ0.2mm；

(5) ϕd_3 外圆柱轴线相对于 ϕd_1 内孔轴线的同轴度误差不大于 ϕ0.16mm。

18. 将下列技术要求标注在图 4－74 上：

(1) 底面 F 的平面度公差值为 0.02mm；

(2) ϕ20K7 和 ϕ45M7 孔的内端面相对于它们公共轴线的轴向圆跳动公差值为 0.04mm；

(3) 6×ϕ12H9 相对于 ϕ45M7 孔轴线和 F 面的位置度公差值为 0.05mm；

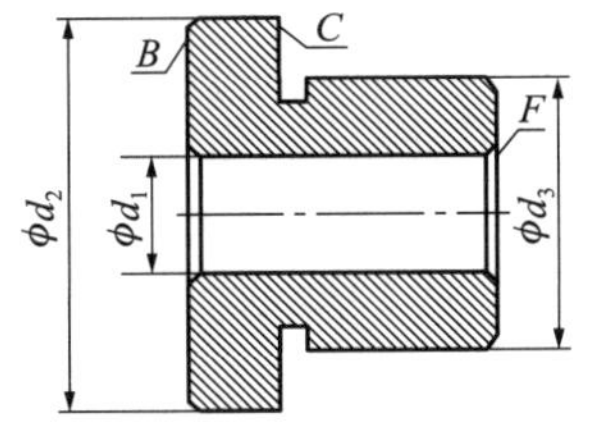

图 4－73　题 17 图

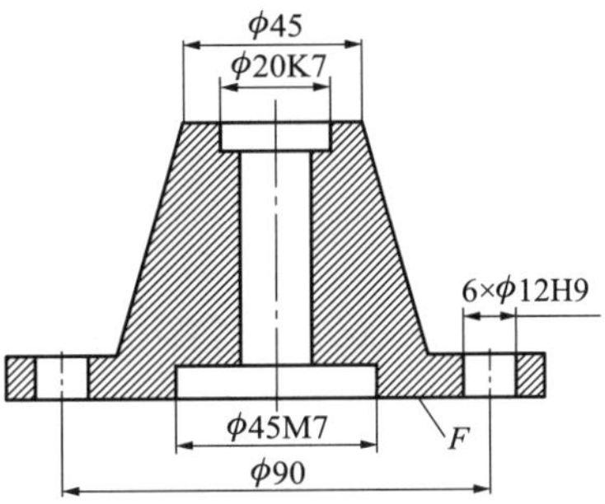

图 4－74　题 18 图

19. 将下列技术要求标注在图 4－75 上：

(1) 12N9 键槽中心平面相对于 ϕ55k6 圆柱面轴线的对称度公差值为 0.012mm；

(2) ϕ55k6 圆柱面、ϕ62r6 圆柱面和 ϕ80G7 孔分别相对于 ϕ68k6 圆柱面和 ϕ75k6 圆柱面公共轴线的径向圆跳动公差值均为 0.025mm；

(3) 平面 F 相对于 ϕ68k6 圆柱面和 ϕ75k6 圆柱面公共轴线的轴向圆跳动公差值为 0.04mm；

(4) 平面 F 的平面度公差值为 0.02mm；

(5) 10×20P8 孔轴线相对于 ϕ68k6 圆柱面和 ϕ75k6 圆柱面公共轴线（第一基准）以及 F 面（第二基准）的位置度公差值均为 ϕ0.5mm。

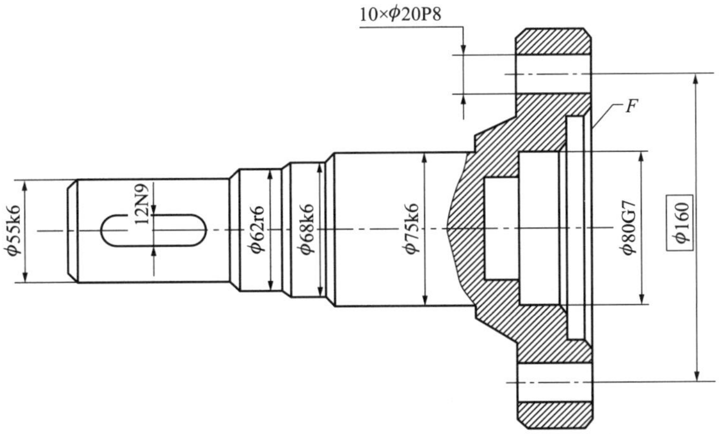

图 4－75　题 19 图

20. 请改正图 4－76 中几何公差标注的错误。

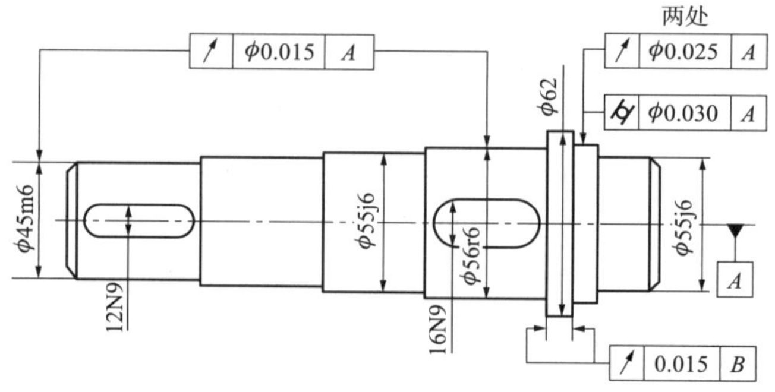

图 4－76　题 20 图

21. 用文字解释图 4－77 中各几何公差标注的含义，并填写表 4－25。

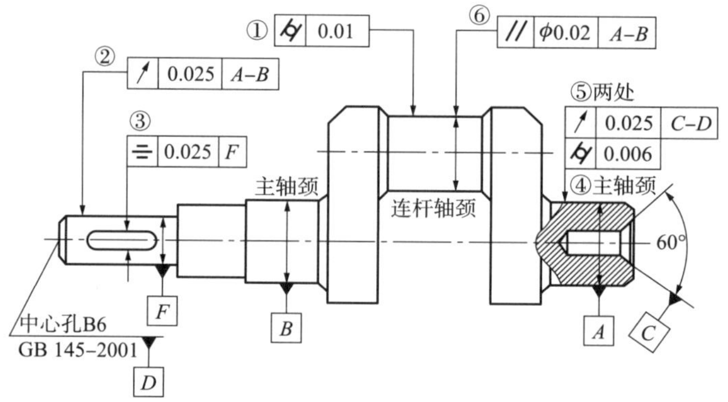

图 4－77　题 21 图

表 4－25

序号	几何公差项目名称	几何公差代号含义
①		
②		
③		
④		
⑤		
⑥		

第 5 章　表面粗糙度与检测

表面粗糙度

表面粗糙度的概述

5.1　表面粗糙度的概述

5.1.1　表面粗糙度的概念

设计零件时，除了有尺寸公差、几何形状与位置公差要求外，表面质量也是必须要考虑的精度参数，它会对零件的使用性能产生重要的影响。表面质量是零件表面结构的综合反映，而表面结构是表面粗糙度、表面波纹度、表面几何形状等的总称(图 5－1)。表面粗糙度是由于零件加工过程中刀具与零件间的摩擦、加工系统的振动以及切屑分离时表面金属层的塑性变形等造成的，这种加工完毕以后，在零件表面形成的由较小间距和微小峰、谷组成的微量高低不平的几何特征，称为表面粗糙度。

表面粗糙度是零件表面的微观几何形状误差，几何形状误差是零件表面的宏观几何形状特征，表面波纹度介于两者之间，简称表面波度。通常情况下，按照波距 λ 与波幅 h 的比值来区分，当$\frac{\lambda}{h}<50$时，属于表面粗糙度[图 5－1(b)]；当$50<\frac{\lambda}{h}<1000$时，属于表面波纹度[图 5－1(c)]；当$\frac{\lambda}{h}>1000$时，属于形状误差[图 5－1(d)]。

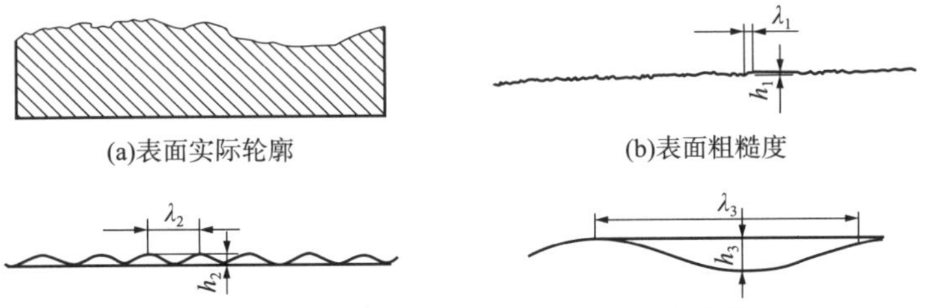

(a)表面实际轮廓　(b)表面粗糙度　(c)表面波纹度　(d)形状误差

图 5－1　零件表面结构示意图

5.1.2　表面粗糙度对零件使用性能的影响

5.1.2.1　表面粗糙度对零件摩擦、磨损的影响

两零件表面较粗糙时，在相对运动过程中，摩擦阻力变大，磨损加剧。此外，表面越粗糙，将导致有配合要求的两零件实际接触面积越小，单位面积压力越大，也会加剧磨损。

5.1.2.2 表面粗糙度对零件配合性质的影响

对于间隙配合，越粗糙表面的峰尖会在工作过程中被逐渐磨平，致使间隙增大，影响间隙配合稳定性。对于过盈配合，粗糙表面的波峰会在装配过程中被挤平，导致过盈量减小，降低联接强度，影响过盈配合的可靠性。

5.1.2.3 表面粗糙度对零件疲劳强度的影响

零件表面越粗糙，疲劳强度越低。这主要是因为粗糙的表面，峰谷高低变化较大，即表面轮廓微观起伏明显，容易产生应力集中现象，当零件受交变载荷作用时，可能产生疲劳断裂。

5.1.2.4 表面粗糙度对零件接触刚度的影响

表面粗糙度越大，表面间的接触面积就越小，单位面积受力增加，导致表面轮廓微观波峰处的变形加剧，而且这种变形往往是不可逆的，属于塑性变形，也就是说，零件表面的接触刚度降低。

5.1.2.5 表面粗糙度对零件抗腐蚀性的影响

零件表面越粗糙，越容易在其表面微观谷深处积聚腐蚀性物质，这为腐蚀提供了“温床”，并逐渐演变为向金属内层渗透，导致腐蚀加剧，即零件的抗腐蚀性降低。

此外，表面粗糙度对零件的密封性能、流体阻力、测量精度及表面涂层质量等都有一定影响，会直接影响零件的使用性能和使用寿命。由此可见，表面粗糙度在零件精度设计中是必不可少的，也是表面质量评价的重要指标，实际中，应根据零件的功能要求，确定合理的表面粗糙度。

5.2 表面粗糙度的评定

5.2.1 基本术语

5.2.1.1 取样长度 l_r

取样长度是指用于判别具有表面粗糙度特征的一段基准线长度。如前所述，零件表面结构包含宏观几何形状误差、表面波纹度及表面粗糙度，这里的表面结构是指与加工纹理方向垂直的实际轮廓。若取样长度过短，不能反映表面粗糙度的实际情况；若取样长度过长，表面粗糙度测量结果中包含表面波纹度的成分，导致测量结果不准确。因此，为了客观反映零件表面粗糙度的实际情况，需要选取合理的取样长度，以限制和削弱宏观几何形状误差和表面波纹度对表面粗糙度测量结果的影响。标准规定，取样长度应与被测零件的表面粗糙度值相适应，即表面越粗糙，取样长度越大。一般情况下，在一个取样长度范围内，应包含 5 个以上的波峰和波谷(图 5－2)。

5.2.1.2 评定长度 l_n

评定长度是评价并判定零件表面粗糙度的一段长度，可以包括一个或几个取样长度，实际中，由于表面轮廓的不均匀性，一般 $l_n = 5l_r$（图 5－2）。在评定长度范围内，根据取样长度进行测量，计算其平均值作为测量结果，这样可以更加客观地反映零件表面的粗糙度。

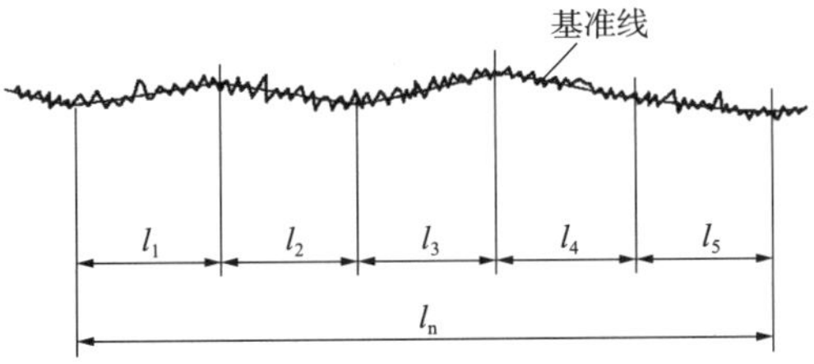

图 5－2　取样长度、评定长度及基准线示意图

5.2.1.3　基准线

评定零件表面粗糙度数值大小的一条参考线称为基准线（图 5－2），它是一条轮廓中线，包括轮廓最小二乘中线和轮廓算术平均中线，见图 5－3。

(1) 轮廓最小二乘中线

轮廓最小二乘中线是根据最小二乘法确定的一条轮廓中线，它是指在取样长度范围内，使轮廓上各点至一条假想中线的距离的平方和最小，这条假想的中线就是轮廓最小二乘中线［图 5－3(a)］。其数学表达式为：

$$\int_0^l y^2 \mathrm{d}x = \min \text{ 或}$$

$$\sum_{i=1}^{n} y_i^2 = \min$$

(2) 轮廓算术平均中线

轮廓算术平均中线是指在取样长度范围内，由一条假想的中线将实际轮廓分为上、下两部分，且两部分的面积相等，这条假想的中线就是轮廓算术平均中线［图 5－3(b)］。其数学表达式为：

$$\sum_{i=1}^{n} F_i = \sum_{i=1}^{n} F'_i$$

通常来讲，轮廓最小二乘中线是理想的、唯一的基准线，但由于其在实际轮廓上的位置比较难确定，一般用算术平均中线近似代替，二者的差别很小。轮廓算术平均中线可以用目测法来确定。

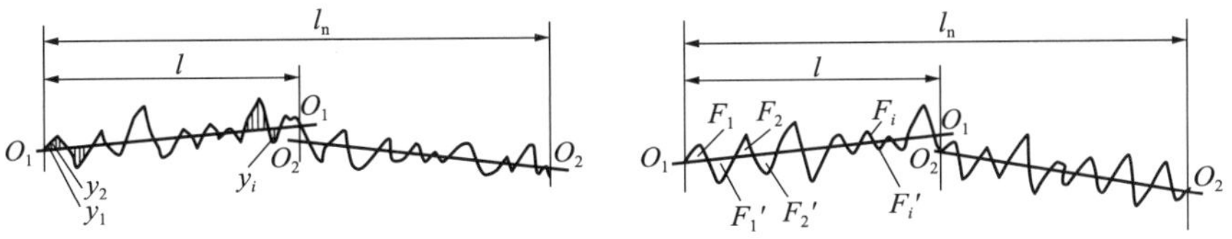

(a)轮廓最小二乘中线　　(b)轮廓算术平均中线

图 5－3　轮廓中线

5.2.2 评定参数

表面粗糙度
的评定参数

表面粗糙度评定参数是用来衡量零件表面微观几何形状特征的物理量，同时，为了满足不同机械产品的功能要求，零件表面粗糙度需要不同的表征参数，GB/T 3505—2009《产品几何技术规范(GPS) 表面结构 轮廓法 术语、定义及表面结构参数》规定了幅度、间距、形状特性等一系列相应的评定参数。

5.2.2.1 轮廓算术平均偏差 *Ra*

轮廓算术平均偏差是指在取样范围内，轮廓上各点至基准线距离的算术平均值，见图 5－4，其数学表达式为：

$$Ra = \frac{1}{l}\int_0^l |y(x)|\,\mathrm{d}x \text{ 或}$$

$$Ra = \frac{1}{n}\sum_{i=1}^{n} |y_i|$$

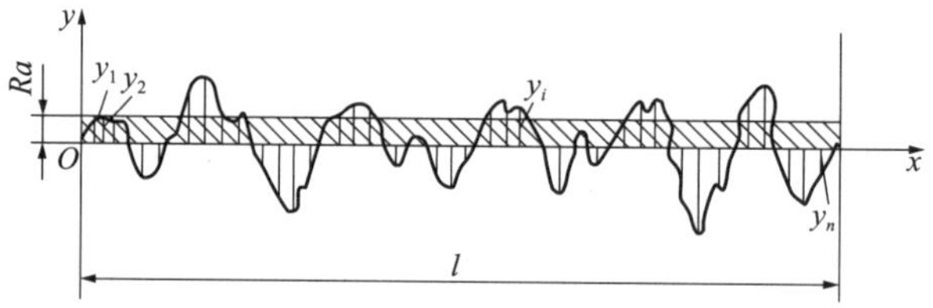

图 5－4 轮廓算术平均偏差

5.2.2.2 轮廓最大高度 *Rz*

轮廓最大高度 Rz 是指在取样长度范围内，轮廓最大峰高与最大谷深之和，见图 5－5，其数学表达式为：

$$Rz = |y_P| + |y_v|$$

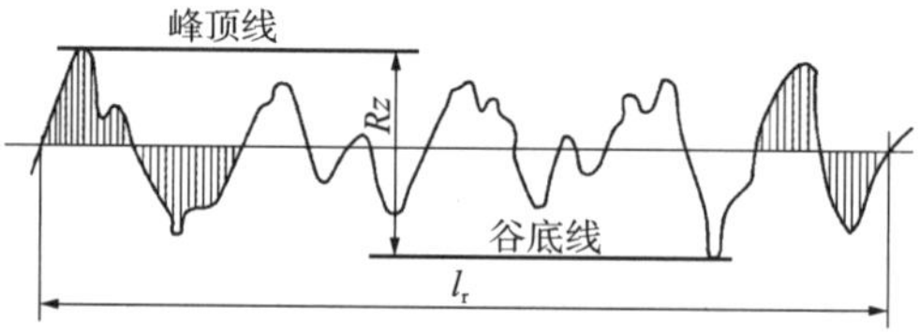

图 5－5 轮廓最大高度

5.2.2.3 轮廓单元平均宽度 *Rsm*

轮廓单元平均宽度是指在一个取样长度范围内，轮廓单元宽度的平均值，其数学表达式为：

$$Rsm = \frac{1}{n}\sum_{i=1}^{n} X_{si}$$

式中，X_s 为轮廓单元宽度，如图 5－6 所示，轮廓单元宽度是每一段轮廓单元与基准线相交线段的长度。

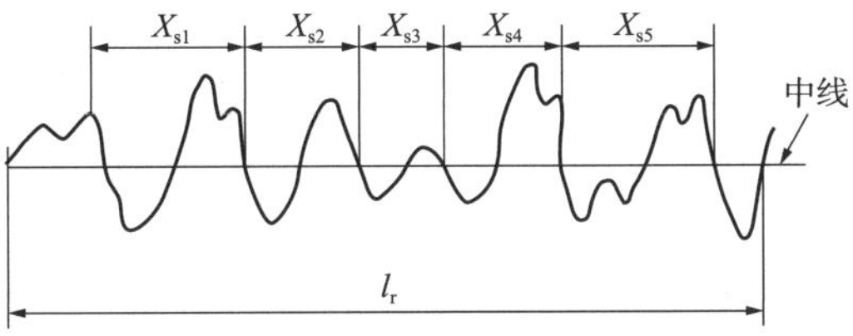

图 5－6 轮廓单元平均宽度

5.2.2.4 轮廓支承长度率 *Rmr*(*c*)

轮廓支承长度率是指在评定长度范围内，一条平行于基准线的直线从峰顶向下移动到某一水平位置(移动距离为 *c*)时，轮廓的实体材料长度 *Ml*(*c*)与评定长度 l_n 的比值，其数学表达式为：

$$Rmr(c)=\frac{Ml(c)}{l_n}$$

轮廓支承长度率是评价零件表面耐磨性的参数，与表面轮廓形状有关。当给定水平位置时，直线与轮廓相截所得各段长度之和越大的，其零件耐磨性越好；反之，越差。

5.3 表面粗糙度的选用

表面粗糙度的选用

表面粗糙度的选用主要包括评定参数的选用和参数值的选用两方面。

5.3.1 表面粗糙度评定参数的选用

选择表面粗糙度评定参数时，应尽可能客观、合理反映零件表面微观几何形状的实际轮廓。其基本原则是：在满足零件表面使用性能要求的前提下，尽量选择加工工艺简单、测量方便、成本较低的评定参数。一般情况下，如无特殊要求，仅选用幅度参数，如 *Ra*、*Rz*。*Ra* 能较充分、全面地反映零件表面轮廓的总体变化趋势，一般推荐优先选用，其数值范围为 0.025～6.3μm。当零件表面过于粗糙(*Ra*≥6.3μm)或过于光滑(*Ra*≤0.025μm)时，可选用 *Rz*。如零件的工作状态对疲劳强度要求较高时，应避免加工过程中出现较深的痕迹，即较高的峰和较深的谷，以防止应力集中，产生疲劳断裂，此时，选用 *Rz* 较好。

幅度参数 *Ra*、*Rz* 是表面粗糙度的基本评定参数，*Rsm* 和 *Rmr*(*c*)是附加评定参数，附加评定参数一般不单独使用。当零件表面有特殊要求时，为保证产品质量，应附加选用 *Rsm*、*Rmr*(*c*)等参数。如零件表面对涂层的均匀性、附着性等外观质量有严格要求时，例如汽车外形的漆面涂层，需要选用 *Ra* 和 *Rsm* 来综合控制表面质量。*Rmr*(*c*)直观反映了零件表面实际接触面积的大小，其中，*c* 值应根据实际情况研究确定，当零件表面有耐磨性和支撑刚度性能指标要求时，应附加选用 *Rmr*(*c*)，但其测量成本较高。

5.3.2 表面粗糙度参数值的选用

选择表面粗糙度参数值时，应在满足零件表面使用性能的前提下，尽量选择较大的参数值，这样可以降低加工难度，提高经济效益。实际选用时，通常采用类比法确定，此外，还应注意以下几点：

(1)在同一零件上，工作表面的粗糙度数值比非工作表面的小，*Rmr*(*c*)除外；

(2)摩擦表面的粗糙度数值比非摩擦表面的小，滚动摩擦表面的粗糙度数值比滑动摩擦表面的小；

(3)运动速度高、单位面积压力大、受交变载荷的表面，特别是在圆角、沟槽处，其表面粗糙度数值应小；

(4)对配合性质要求较高的表面，如小间隙配合、要求连接可靠且受重载的过盈配合等，其表面粗糙度数值应小；

(5)表面粗糙度数值应与尺寸公差、几何公差相协调，见表5-1，一般情况下，尺寸公差、几何公差小的表面，其表面粗糙度数值应小；

(6)如有相关标准对标准件、常用件等表面粗糙度参数值作出规定的，如与滚动轴承相配的外壳孔和轴颈、键槽的工作面等表面粗糙度数值，应按标准执行。

表面粗糙度参数值已经标准化，应按GB/T 3505—2009的规定选取，见表5-2、表5-3，选用时优先采用第一系列。表5-4是常用表面粗糙度*Ra*的推荐选用值，表5-5是表面粗糙度的表面特征、加工方法及应用举例。

表5-1　尺寸公差、几何公差与表面粗糙度数值的协调关系 %

几何公差 t 占尺寸公差 T 的百分比(t/T)	表面粗糙度参数值占尺寸公差的百分比	
	Ra/T	Rz/T
≈60	≤5	≤20
≈40	≤2.5	≤10
≈25	≤1.2	≤5

表5-2　轮廓算术平均偏差 *Ra* 参数值 μm

基本系列	补充系列	基本系列	补充系列	基本系列	补充系列	基本系列	补充系列
	0.008						
	0.010						
0.012			0.125		1.25	12.5	
	0.016		0.160	1.60			16.0
	0.020	0.20			2.0		20
0.025			0.25		2.5	25	
	0.032		0.32	3.2			32
	0.040	0.40			4.0		40
0.050			0.50		5.0	50	
	0.063		0.63	6.3			63
	0.080	0.80			8.0		80
0.100			1.00		10.0	100	

表 5－3　轮廓最大高度 *Rz* 参数值　　μm

基本系列	补充系列	基本系列	补充系列	基本系列	补充系列	基本系列	补充系列	基本系列	补充系列
0. 025			0. 25		2. 5		25		250
	0. 032		0. 32	3. 2			32		320
	0. 040	0. 40			4. 0		40	400	
0. 050			0. 50		5. 0	50			500
	0. 063		0. 63	6. 3			63		630
	0. 080	0. 80			8. 0		80	800	
0. 100			1. 0		10. 0	100			1000
	0. 125		1. 25	12. 5			125		1250
	0. 160	1. 60			16. 0		160	1600	
0. 20			2. 0		20	200			

表 5－4　常用表面粗糙度 *Ra* 的推荐选用值

应用场合			*Ra*/μm	
示例	公差等级	表面	公称尺寸/mm	
			≤50	>50～500
经常装拆零件的配合表面（如挂轮、滚刀等）	IT5	轴	≤0. 2	≤0. 4
		孔	≤0. 4	≤0. 8
	IT6	轴	≤0. 4	≤0. 8
		孔	≤0. 8	≤1. 6
	IT7	轴	≤0. 8	≤1. 6
		孔		
	IT8	轴	≤0. 8	≤1. 6
		孔	≤1. 6	≤3. 2

应用场合			*Ra*/μm		
示例	公差等级	表面	公称尺寸/mm		
			≤50	>50～120	>120～500
过盈配合的配合表面（a）用压热机装配（b）用热孔法装配	IT5	轴	≤0. 2	≤0. 4	≤0. 4
		孔	≤0. 4	≤0. 8	≤0. 8
	IT6	轴	≤0. 4	≤0. 8	≤1. 6
	IT7	孔	≤0. 8	≤1. 6	≤1. 6
	IT8	轴	≤0. 8	≤1. 6	≤3. 2
		孔	≤1. 6	≤3. 2	≤3. 2
	IT9	轴	≤1. 6	≤3. 2	≤3. 2
		孔	≤3. 2	≤3. 2	≤3. 2

续表

<table>
<tr><td colspan="3">应用场合</td><td colspan="6">Ra/μm</td></tr>
<tr><td rowspan="2">示例</td><td rowspan="2">公差等级</td><td rowspan="2">表面</td><td colspan="6">公称尺寸/mm</td></tr>
<tr><td colspan="2">≤50</td><td colspan="2">>50～120</td><td colspan="2">>120～500</td></tr>
<tr><td rowspan="4">滑动轴承的配合表面</td><td rowspan="2">IT6～IT9</td><td>轴</td><td colspan="6">≤0.8</td></tr>
<tr><td>孔</td><td colspan="6">≤1.6</td></tr>
<tr><td rowspan="2">IT10～IT12</td><td>轴</td><td colspan="6">≤3.2</td></tr>
<tr><td>孔</td><td colspan="6">≤3.2</td></tr>
<tr><td rowspan="4">精密定心零件的配合表面</td><td rowspan="2">公差等级</td><td rowspan="2">表面</td><td colspan="6">径向跳动/μm</td></tr>
<tr><td colspan="6">基本尺寸/mm</td></tr>
<tr><td rowspan="2">IT5～IT8</td><td>轴</td><td>≤0.05</td><td>≤0.1</td><td>≤0.1</td><td>≤0.2</td><td>≤0.4</td><td>≤0.8</td></tr>
<tr><td>孔</td><td>≤0.1</td><td>≤0.2</td><td>≤0.2</td><td>≤0.4</td><td>≤0.8</td><td>≤1.6</td></tr>
</table>

表5-5　表面粗糙度的表面特征、加工方法及应用举例

表面微观特性		Ra/μm	加工方法	应用举例
粗糙表面	微见刀痕	≤20	粗车、粗刨、粗铣、钻、毛锉、锯断	半成品初加工非配合类加工表面，如轴端面、倒角、钻孔、齿轮和皮带轮侧面、键槽的面、垫圈接触面
半光表面	微见加工痕迹	≤10	车、刨、铣、镗、钻、粗铰	轴上不安装轴承、齿轮处的非配合表面，紧固件的自由装配表面，轴和孔的退刀槽
	微见加工痕迹	≤5	车、刨、铣、镗、磨、拉、粗刮、滚压	半精加工表面，箱体、支架、盖面、套筒等和其他零件结合而无配合要求的表面，需要发蓝的表面
	看不清加工痕迹	≤2.5	车、刨、铣、镗、磨、拉、刮、压、铣齿	接近于精加工表面、箱体上安装轴承的镗孔表面、齿轮的工作面
光表面	可辨加工痕迹方向	≤1.25	车、刮、铣、镗、拉、精铰、磨齿、滚压	圆柱销、圆锥销、与滚动轴承相配合的表面、普通车床的导轨面、内外花键定心表面
	微辨加工痕迹方向	≤0.63	精铰、磨齿、滚压、刮、磨	要求配合性质稳定的表面、工作时受交变应力的重要零件、较高精度车床的导轨面
	不可辨加工痕迹方向	≤0.32	精磨、磨、研磨、超精加工	精密机床主轴锥孔、顶尖圆锥面、发动机曲轴、凸轮轴工作表面，高精度齿轮表面
极光表面	暗光泽面	≤0.16	精磨、研磨、普通抛光	精密机床主轴轴颈表面、一般量规工作表面、气缸套内表面、活塞销表面
	亮光泽面	≤0.08	超精磨、精抛光、镜面磨削	精密机床主轴轴颈表面、滚动轴承的滚珠、高压油泵中的柱塞和柱塞配套的表面
	镜状光泽面	≤0.04		
	镜面	≤0.01	镜面磨削、超精研	高精度量仪、量块的工作表面、光学仪器重金属镜面

表面粗糙度的
符号、代号及
标注

5.4　表面粗糙度的标注

5.4.1　表面粗糙度的符号

表面粗糙度的符号及其含义见表5－6。

表5－6　表面粗糙度的符号及其含义

符号名称	符号	含义
基本图形符号		未指定工艺方法的表面，当通过一个注释时可单独使用
扩展图形符号		用去除材料方法获得的表面，仅当其含义是“被加工表面”时可单独使用
		不去除材料的表面，亦可用于表示保持上道工序形成的表面，不管这种状况是通过去除或不去除材料形成的
完整图形符号		在以上符号的长边上加一横线，以便注写对表面结构的各种要求

5.4.2　表面粗糙度的代号

在表面粗糙度符号的规定位置，注出表面粗糙度数值及相关项目后，就形成一个完整的表面粗糙度代号，见图5－7。

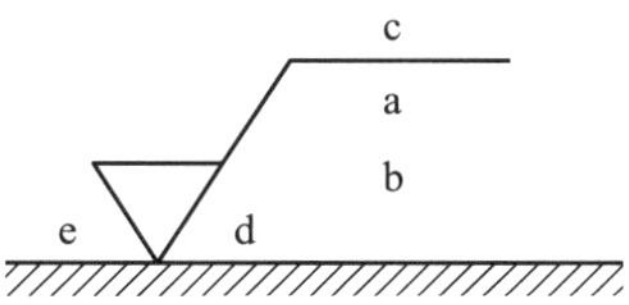

图5－7　表面粗糙度代号

a——注写表面粗糙度单一要求或第一要求的评定参数符号及数值，单位为 μm；

b——注写表面粗糙度第二要求的评定参数符合及数值，如附加评定参数，单位为 μm；

c——注写加工方法、表面处理或其他加工说明等；

d——注写表面纹理符号，见表5－7；

e——注写加工余量，单位为 mm。

表 5－7　表面纹理符号及其含义

符号	图例与说明	符号	图例与说明
=	 纹理沿水平方向	*C*	 纹理近似为以表面中心为圆心的同心圆
⊥	 纹理沿垂直方向	*R*	 纹理近似为通过表面中心的辐线
×	 纹理沿交叉方向	*P*	 纹理无方向或呈凸起的微粒状
M	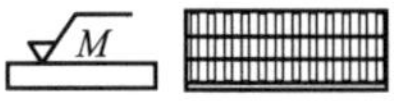 纹理呈多方向		

表面粗糙度标注示例见表 5－8。需要说明的是，表 5－8 中出现了两种表面粗糙度判断规则，分别是 16% 规则和最大规则。16% 规则是表面粗糙度要求的默认规则，不需要加注任何符号表示，其含义是在表面粗糙度参数的所有实测值中，允许有超过极限值的存在，其个数不大于总数的 16%。最大规则是表面粗糙度参数的所有实测值均不能超过给定的极限值，在表面粗糙度评定参数代号后加注“max”表示。

表 5－8　表面粗糙度标注示例

示例	含义	示例	含义
*Ra*3.2	用去除材料的方法获得的表面粗糙度，*Ra* 的上限值为 3.2μm	*Ra*3.2 *Ra*1.6	用去除材料的方法获得的表面粗糙度，*Ra* 的最大值为 3.2μm，*Ra* 的最小值为 1.6μm
*Ra*3.2	用不去除材料的方法获得的表面粗糙度，*Ra* 的上限值为3.2μm	*Rz*200	用不去除材料的方法获得的表面粗糙度，*Rz* 的最大值为 200μm
*Ra*3.2	用任何方法获得的表面粗糙度，*Ra* 的上限值为 3.2μm	*Rz*3.2 *Rz*1.6	用去除材料的方法获得的表面粗糙度，*Rz* 的最大值为 3.2μm，*Rz* 的最小值为 1.6μm
*Ra*3.2 *Ra*1.6	用去除材料的方法获得的表面粗糙度，*Ra* 的上限值为 3.2μm，*Ra* 的下限值为 1.6μm	*Ra*3.2	用任何方法获得的表面粗糙度，*Ra* 的最大值为 3.2μm
*Rz*3.2 *Rz*1.6	用去除材料的方法获得的表面粗糙度，*Rz* 的上限值为 3.2μm，*Rz* 的下限值为 1.6μm	*Rsm*0.05	用去除材料的方法获得的表面粗糙度，*Rsm* 的上限值为 3.2μm

续表

示例	含义	示例	含义
Rz200	用不去除材料的方法获得的表面粗糙度，*Rz* 的上限值为200μm	Rsm0.05	用去除材料的方法获得的表面粗糙度，*Rsm* 的最大值为 3. 2μm
Ra3.2	用去除材料的方法获得的表面粗糙度，*Ra* 的最大值为 3. 2μm	Rmr(c)70%,c50%	用去除材料的方法获得的表面粗糙度，*Rmr*(*c*) 的下限值为 70%，水平位置 *c* 在 *Rz* 的 50% 位置上
Ra3.2	用不去除材料的方法获得的表面粗糙度，*Ra* 的最大值为 3. 2μm	Rmr(c)70%,c50%	用去除材料的方法获得的表面粗糙度，*Rmr*(*c*) 的最小值为 70%，水平位置 *c* 在 *Rz* 的 50% 位置上

5. 4. 3　表面粗糙度的标注方法

(1) 表面粗糙度符号应从材料外指向被注表面，相关参数及数值注写与尺寸数字书写方向一致，表面粗糙度代号可标注在轮廓线、尺寸线或尺寸界线上，也可标注在延长线上，如图 5 – 8 所示。

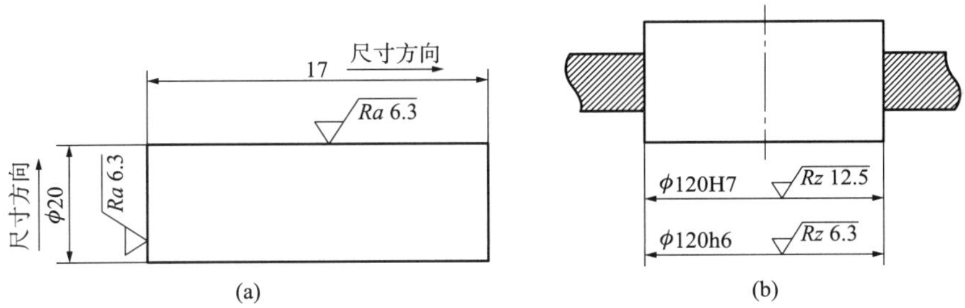

图 5 – 8　表面粗糙度标注示例一

(2) 表面粗糙度可用带箭头或黑点的指引线引出标注，如图 5 – 9 所示。

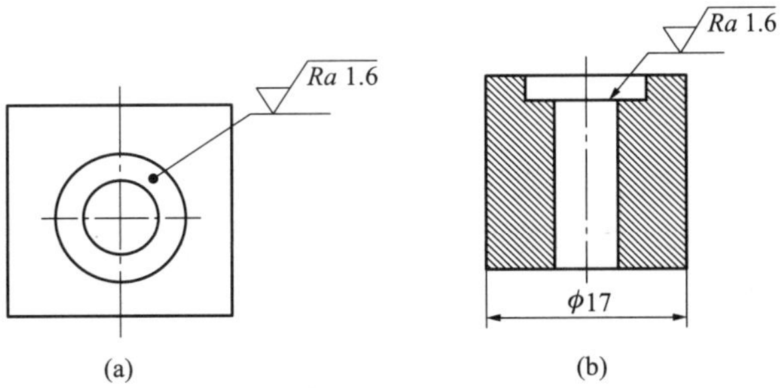

图 5 – 9　表面粗糙度标注示例二

(3) 表面粗糙度可标注在几何公差框格上方，如图 5 – 10 所示。

(4) 圆柱与棱柱表面的粗糙度要求只标注一次，若每个棱柱表面有不同的表面粗糙度要求，则要分开单独标注，如图 5－11 所示。

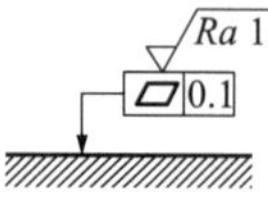

图 5－10　表面粗糙度标注示例三

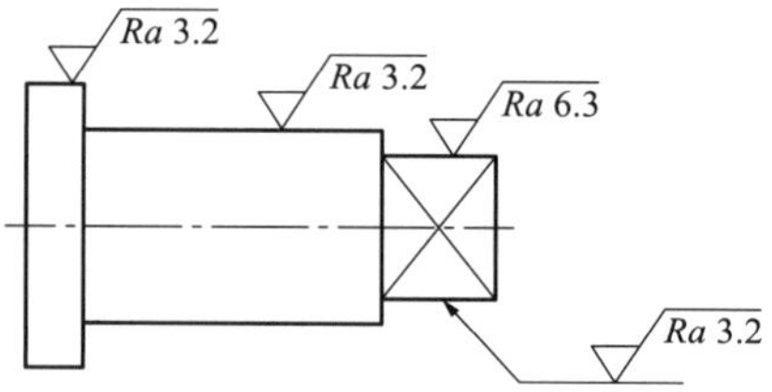

图 5－11　表面粗糙度标注示例四

（5）键槽、倒角、圆角的表面粗糙度标注方法见图 5－12。

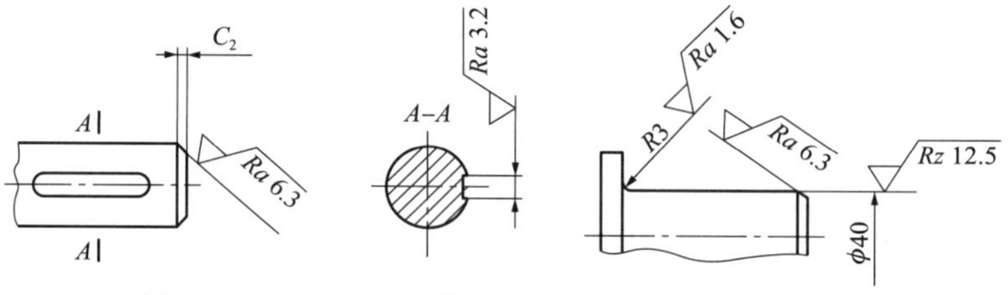

(a)　(b)　(c)

图 5－12　表面粗糙度标注示例五

（6）表面粗糙度的简化标注。

①当零件多数表面有相同的表面粗糙度要求时，则其他表面不同的表面粗糙度要求可直接标注在图中，相同的可统一标注在标题栏附近，并在其后面圆括号中给出无任何其他注写的表面粗糙度基本符号，也可在括号内给出不同的表面粗糙度要求，见图 5－13。

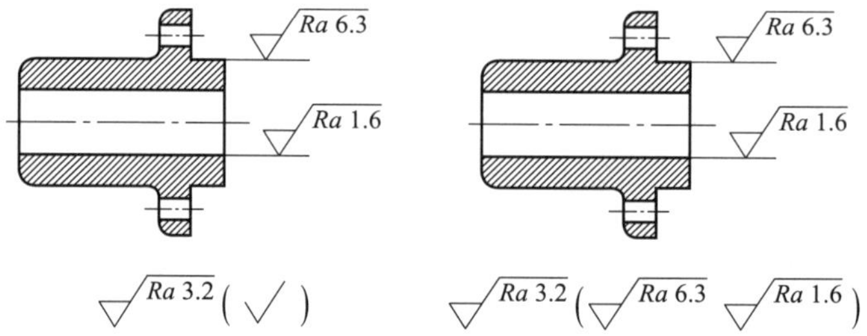

(a)　(b)

图 5－13　表面粗糙度简化标注示例一

②当多个表面具有相同的表面粗糙度要求或图纸有限时，可采用带字母的完整符号对有相同结构要求的表面进行标注，并以等式的形式标注在图形或标题栏附近，见图 5－14。也可用表面粗糙度符号，以等式的形式标注出多个表面相同的表面粗糙度要求，见图 5－15。

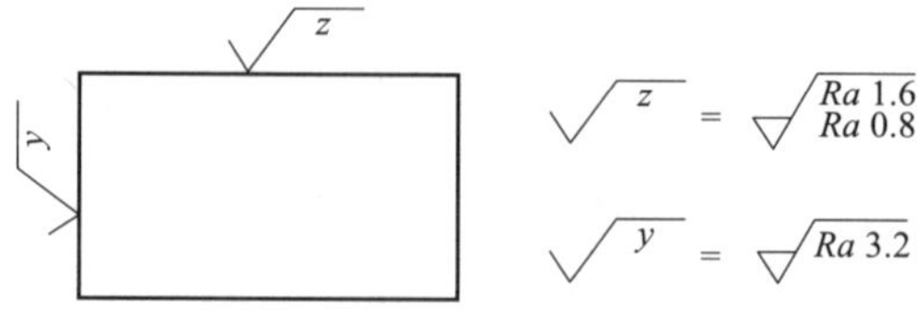

图 5－14　表面粗糙度简化标注示例二

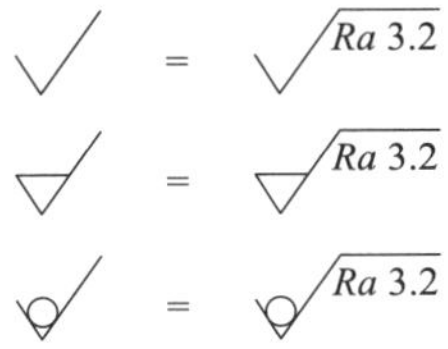

图 5－15　表面粗糙度简化标注示例三

③由两种或多种工艺方法获得的表面，可按图 5－16 所示进行标注，其中 Fe 表示基体材料为钢，Ep 表示加工工艺为电镀，Cr25b 为钢件材质代号。

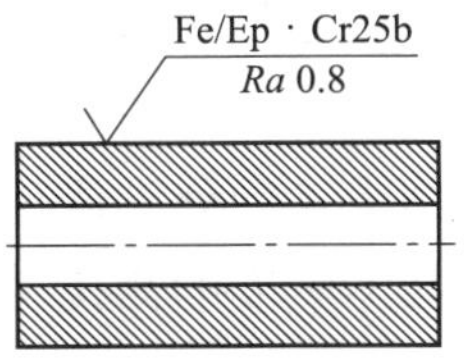

图 5－16　表面粗糙度简化标注示例四

5.5　表面粗糙度的检测

表面粗糙度的检测

表面粗糙度的检测方法有比较法、光切法、干涉法、针描法、印模法等。

5.5.1　比较法

比较法就是将被测表面与表面粗糙度样板直接比较，通过触觉、视觉估计出被测表面粗糙度值的一种测量方法。图 5－17 所示为表面粗糙度比较样板。

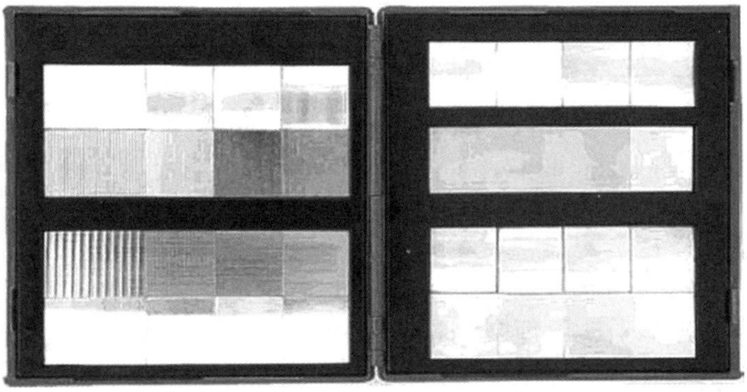

图 5－17　表面粗糙度比较样板

比较法器具简单、使用方便，一般多用于生产现场；缺点是评定结果的可靠性很大程度上取决于检测人员的经验。比较法仅适用于评定表面粗糙度要求不高的工件，比较时，可用肉眼观察、手动触摸，也可借助显微镜、放大镜，所用粗糙度样板的材料、形状及加工方法应尽可能与被测表面保持一致。

图 5－18　光切显微镜

5.5.2　光切法

光切法是指利用光切原理来测量表面粗糙度的一种方法。常用的测量仪器是光切显微镜，又称双管显微镜，如图 5－18 所示，多用于测量 *Rz* 值，测量范围为 0.5～60μm。

如图 5－19 所示，光切显微镜由两个镜管组成，一个为投射照明管，一个为观察管（*B* 处），两个镜管轴线呈 90°夹角。照明管中光源 1 发出的光线经过聚光镜 2、光阑 3 及物镜 4 后，形成一束平行光带，这束平行光带以 45°的倾角投射到被测表面。光带在粗糙不平的波峰 S_1 和波谷 S_2 处产生反射，S_1 和 S_2 经观察管的物镜 4 后分别成像于分划板 5 的 S_1' 和 S_2'。若被测表面微观高低不平度的高度为 h，轮廓峰、谷 S_1 与 S_2 在 45°截面上的距离为 h_1，S_1' 与 S_2' 之间的距离为 h_1'，h_1' 是 h_1 经物镜 4 后的放大像。若测得 h_1'，则可求出 h。其数学表达式为：

$$h = h_1 \cos 45° = \frac{h'_1}{k} \cos 45°$$

式中，k 为物镜的放大倍数。

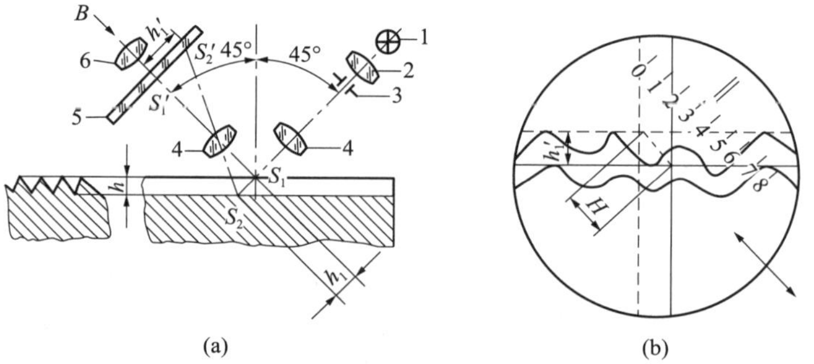

图 5－19　光切显微镜测量原理

1—光源；2—聚光镜；3—光阑；4—物镜；5—分划板；6—目镜

5.5.3　干涉法

干涉法是指利用光学干涉原理来测量表面粗糙度的一种方法。常用仪器是干涉显微镜，如图 5－20 所示，主要用于测量 *Rz* 值，测量范围为 0.032～0.8μm。

光学干涉原理简单来说，就是在测量过程中，由于被测表面的粗糙不平，两路光束相遇后形成与其相应的起伏不平的干涉条纹，并经信号转换、计算和处理，反映被测表面的粗糙度大小。

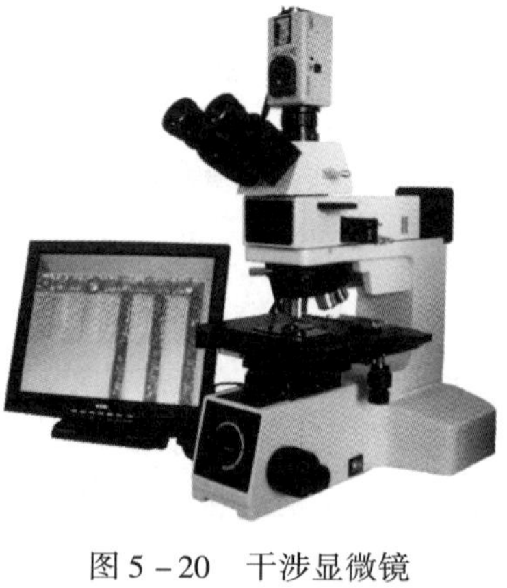

图 5－20　干涉显微镜

5.5.4 针描法

针描法是利用仪器的测针与被测表面相接触，并使测针沿被测表面轻轻滑动来测量表面粗糙度的一种方法，又称轮廓法。常用的仪器是电动轮廓仪，如图 5 – 21 所示，主要用于测量 *Ra* 值，测量范围为 0.02 ~ 5μm。

由于被测表面有微小的峰和谷，触针在滑行过程中，同时沿轮廓的垂直方向上下运动，触针的运动轨迹反映了被测表面轮廓的实际情况。将触针运动的微小变化通过传感器转换成电信号，并经计算和处理，便可形成可观测的 *Ra* 值。

图 5 – 21　电动轮廓仪

5.5.5 印模法

印模法是将石蜡或低熔点合金(图 5 – 22)等印模材料压印在被测表面上，取出后借助显微镜等器具间接测量表面粗糙度的一种方法。印模法适用于测量深孔、内螺纹等不能用仪器测量或不适用样板对比的内表面，测量范围为 0.8 ~ 330μm。

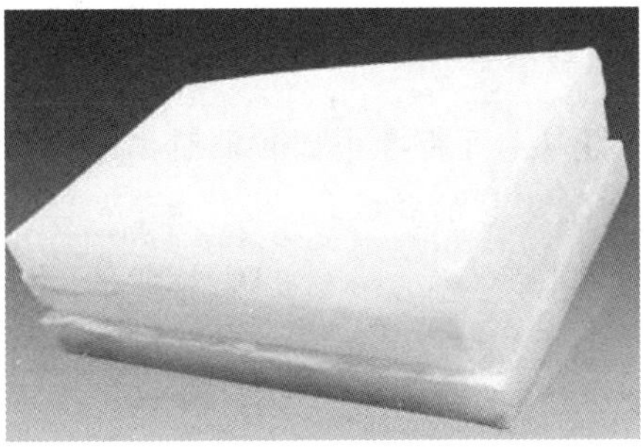

(a)石蜡

(b)低熔点合金

图 5 – 22　印模材料

课后练习

1. 单选题

(1) 表面粗糙度的基本评定参数是(　　)。

A. *Rmr*(*c*)　　B. *Ra*　　C. *Rsm*　　D. 以上都不是

(2) 车间生产中评定表面粗糙度最常用的方法是(　　)。

A. 光切法　　B. 针描法　　C. 干涉法　　D. 比较法

(3)表面粗糙度值越小，则零件的(　　)。

A. 耐磨性越好　B. 传动灵敏性越差　C. 加工越容易　D. 加工成本越低

(4)表面粗糙度标注时尖端应从(　　)指向表面。

A. 材料外　B. 材料内　C. 材料内或材料外　D. 任意方向

(5)表面粗糙度是指(　　)。

A. 表面微观的几何形状误差　B. 表面波纹度

C. 表面宏观的几何形状误差　D. 表面形状误差

(6)评定表面粗糙度时，规定取样长度是为了(　　)。

A. 减少波度影响　B. 减少加工表面不均匀的影响

C. 测量方便　D. 容易测得正确结果

(7)*Ra* 表示零件表面粗糙度中的(　　)。

A. 轮廓的算术平均偏差　B. 轮廓的偏差

C. 轮廓的最大偏差　D. 轮廓的最大高度

(8)下列表示表面粗糙度评定长度符号的是(　　)。

A. l_m　B. l_n　C. l_r　D. l_b

(9)下列表示表面粗糙度取样长度符号的是(　　)。

A. l_r　B. N_r　C. M_r　D. T_r

(10)下列关于评定表面粗糙度要注意的基本原则，错误的是(　　)。

A. 表面粗糙度的数值应该是在被测表面的法向剖面上对实际轮廓的测量结果。

B. 在测量表面粗糙度时，应该考虑表面的各种缺陷，如：气孔、砂眼、划痕等。

C. 选择适当的基本长度和测量长度进行测量，以保证正确评定被测表面的表面粗糙度。

D. 如果被测表面各部分的表面粗糙度极不均匀，可将各个部位测量结果分别注出。

(11)下列测量表面粗糙度的方法中，属于接触测量的是　(　　)

A. 光切法　B. 干涉法　C. 针描法　D. 比较法

(12)同一零件上，工作面的表面粗糙度应(　　)非工作表面的表面粗糙度。

A. 大于　B. 小于等于　C. 等于　D. 小于

(13)表面粗糙度符号“√”表示(　　)。

A. 表面是用去除材料的方法获得　B. 表面应保持原供应状况

C. 表面是用不去除材料的其他方法获得　D. 表面是用任何方法获得

(14)表面粗糙度参数越小，则表面就(　　)。

A. 越光滑，越容易加工　B. 越光滑，越难加工

C. 越粗糙，越容易加工　D. 越粗糙，越难加工

2. 多选题

(1)选择表面粗糙度评定参数值时，下列论述正确的有(　　)。

A. 受交变载荷的表面，参数值应大

B. 配合表面的粗糙度数值应小于非配合表面的

C. 摩擦表面应比非摩擦表面参数值小

D. 配合质量要求高，参数值应小

(2)表面粗糙度对零件使用性能影响有(　　)。

A. 对耐磨性有影响　　B. 对配合性质有影响

C. 对抗疲劳强度有影响　　D. 对抗腐蚀性有影响

(3)下列测量表面粗糙度的方法中，属于非接触测量的是(　　)。

A. 光切法　　B. 干涉法　　C. 针描法　　D. 印模法

3. 判断题

(1)测量和评定表面粗糙度轮廓参数时，若零件表面的微观几何形状很均匀，则可以选取一个取样长度作为评定长度。(　　)

(2)零件的尺寸公差等级越高，则该零件加工后表面粗糙度轮廓数值越小，由此可知，表面粗糙度要求很小的零件，则其尺寸公差亦必定很小。(　　)

(3)零件的表面粗糙度值越小，则零件的尺寸精度应越高。(　　)

(4)取样长度过短不能反映表面粗糙度的真实情况，因此越长越好。(　　)

(5)规定取样长度的目的在于限制或减少表面波纹度对表面粗糙度测量结果的影响。(　　)

(6)要求配合精度高的工件，其表面粗糙度数值应大。(　　)

(7)16%规则是所有表面结构要求标注的默认规则。(　　)

(8)零件的表面精度越高，通常表面粗糙度参数值相应取得越小。(　　)

(9)双管显微镜可以测量表面粗糙度的 *Ra* 值。(　　)

(10)选择表面粗糙度评定参数值应尽量小为好。(　　)

(11)评定表面粗糙度时必需的一段长度称取样长度，它可以包括几个评定长度。(　　)

(12)确定表面粗糙度时，通常可在两项高度特性参数中选取。(　　)

(13)表面粗糙度是指通过机械加工方法获得零件表面很小间距的微小峰、谷的微观形状误差。(　　)

(14)某轴的外圆面表面粗糙度值为 *Ra* 3.2，可选用表面粗糙度样板中的铣 *Ra* 3.2 进行对比测量。(　　)

(15)表面粗糙度测量仪主要测量表面粗糙度的 *Ra* 值。(　　)

(16)表面粗糙度检查仪测量表面粗糙度属于非接触法测量。(　　)

(17)用比较法检测工件的表面粗糙度时，被测表面与粗糙度比较样板应具有相同材质和加工方法。(　　)

(18)用比较法评定零件表面粗糙度时，能精确地获得被检测表面的粗糙度值。(　　)

4. 简答题

(1)表面粗糙度的含义是什么？对零件的使用性能有哪些影响？

(2)测量和评定表面粗糙度的基本原则是什么？

(3)用表面粗糙度比较样板作比较检查工件粗糙度时应注意什么？

(4)常用的表面粗糙度测量仪器有哪几种？分别能测出哪种评定参数？

5. 标注题

(1)试将下列表面粗糙度要求标注在图 5－23 中。

①用去材料的方法获得表面 a 和 b，要求表面粗糙度参数 Ra 的上限值为 1.6μm；

②用任何方法加工 ϕd_1 和 ϕd_2 圆柱面，要求表面粗糙度参数 Rz 的上限值为 6.3μm，下限值为 3.2μm；

③其余各表面用去除材料的方法加工，要求 Ra 的上限值均为 12.5μm。

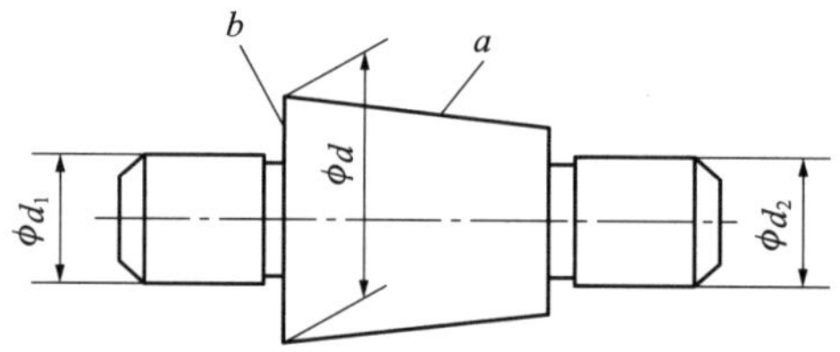

图 5－23　题 5－1 图

(2)将下列表面粗糙度要求标注在图 5－24 中，零件加工均采用去除材料的方法。

①直径 ϕ50mm 的圆柱外表面粗糙度 Ra 的上限值为 3.2μm。

②左端面的表面粗糙度 Ra 的上限值为 1.6μm。

③直径为 ϕ50mm 的圆柱右端面的表面粗糙度 Rz 的最大值为 1.6μm。

④内孔表面粗糙度 Ra 的上限值为 0.4μm。

⑤螺纹工作面的表面粗糙度 Ra 的上限值为 1.6μm。

⑥其余各加工面的表面粗糙度 Ra 的上限值为 12.5μm。

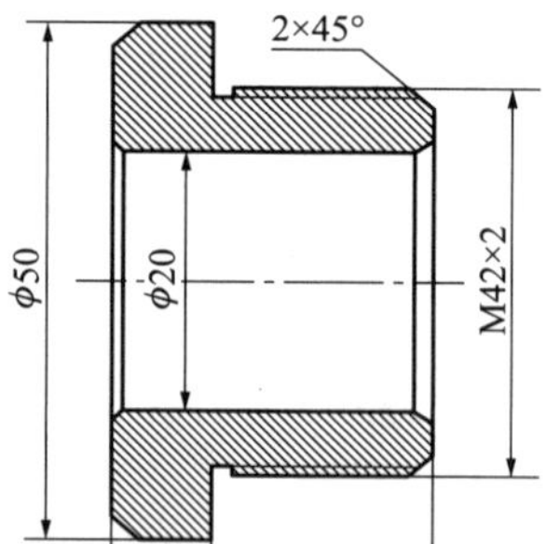

图 5－24　题 5－2 图

第 6 章　键联接的公差配合与检测

本章主要介绍了键联接的基础知识及应用场合、平键联接的互换性与检测的基础知识、花键联接的互换性与检测的基础知识等内容，并设置了部分课后练习。

6.1　键的概述

6.1.1　键的功用

键是一种标准件，常与其他零件结合在一起形成键联接结构，应用于机械设备中起到传递扭矩、运动和导向的作用。图 6－1 所示分别为变速箱中齿轮与轴之间的键联接结构，以及电动机皮带轮轮毂和轴之间的键联接结构。本章主要讨论普通平键和矩形花键的互换性与检测。

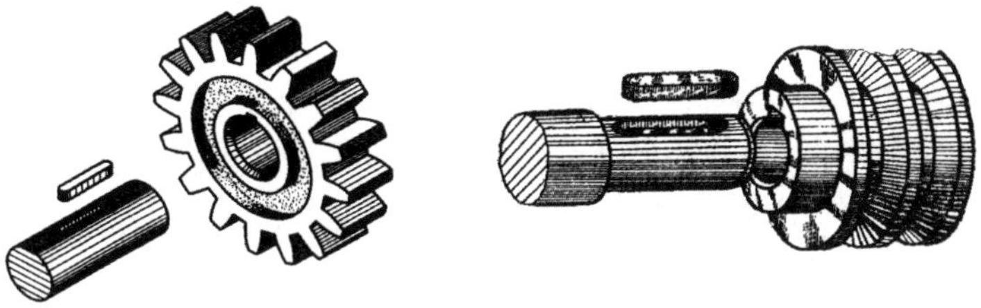

(a)齿轮与轴之间的键联接结构　(b)皮带轮轮毂与轴之间的键联接结构

图 6－1　键联接结构

6.1.2　键的分类

6.1.2.1　单键的分类

单键通常称为键，按其形状不同分为：平键、半圆键、楔键、切向键等。图 6－2 所示为常见的几种单键。其中，平键按其功能可以分为普通型平键和导向型平键，普通型平键根据其两端的形状不同又可进一步分为 A 型普通平键、B 型普通平键、C 型普通平键，如图 6－3 所示。

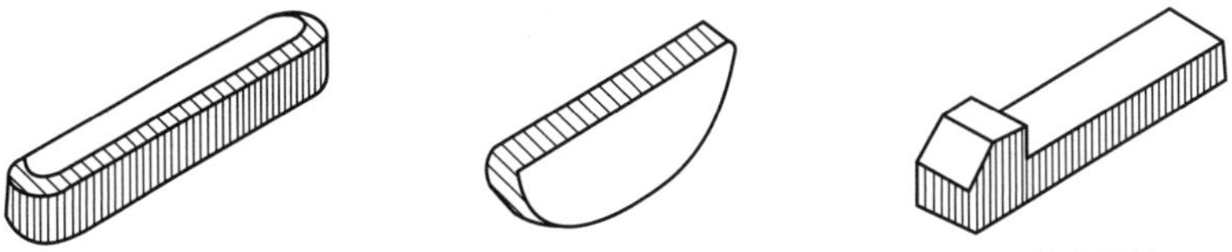

(a)平键　(b)半圆键　(c)钩头楔键

图 6－2　单键

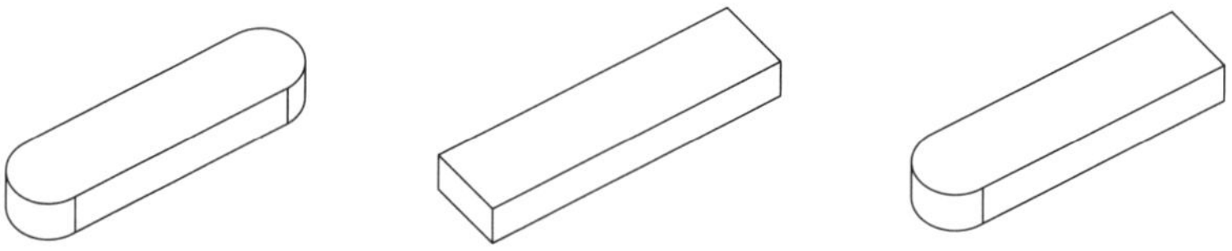

(a)A型普通平键　(b)B型普通平键　(c)C型普通平键

图 6－3　普通型平键

普通平键对中性好，制造和装配均比较方便，一般用于固定联接；导向型平键一般用于移动联接。

6.1.2.2　花键的分类

花键分为内花键(即花键孔)和外花键(即花键轴)，按照花键截面形状不同，也可分为矩形花键、渐开线花键、梯形花键、三角形花键等。图 6－4 所示为不同截面形状的花键联接，其中以矩形花键应用最广。

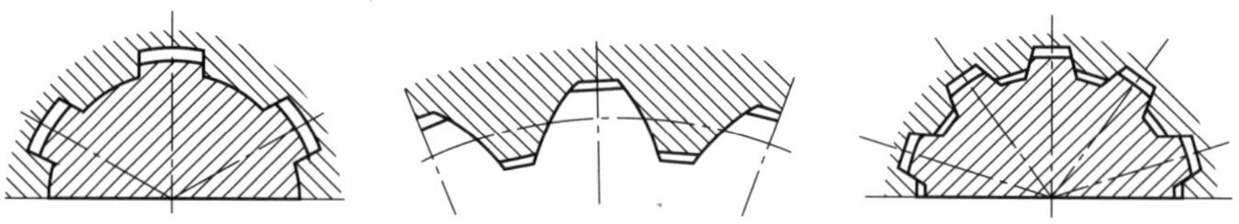

(a)矩形花键联接　(b)渐开线花键联接　(c)三角形花键联接

图 6－4　不同截面形状的花键联接

矩形花键是把多个平键与轴或孔制成一个整体的机械零件，与单键联接相比较，花键联接具有定心精度高、导向性好、承载能力强等优点。故若需要传递较大扭矩时，单键联接已经不能满足要求，进而就需要使用花键联接，例如在机床、汽车等机械行业中的广泛应用。

6.1.3　键的结构与几何参数

6.1.3.1　普通平键联接的结构与几何参数

(1)普通平键联接的结构

如图 6－5 所示，普通平键联接由键、轴键槽、轮毂键槽三部分组成，并通过键的侧面分别与轴键槽和轮毂键槽的侧面接触来传递运动和扭矩。

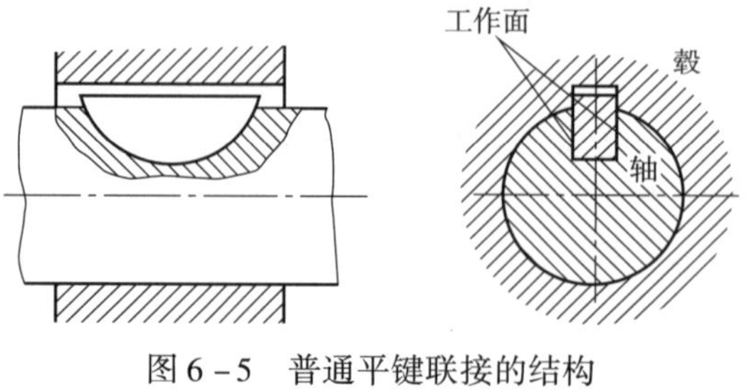

图 6－5　普通平键联接的结构

(2)普通平键联接的几何参数

普通平键联接的几何参数主要包括：键宽 b、键高 h、键长 l、轴槽深 t_1、毂槽深 t_2、轴和轮毂直径 d，通常为了方便进行测量，在图样上将轴槽深 t_1 和毂槽深 t_2 分别标注为$d - t_1$和 $d + t_2$，如图 6－6 和图 6－7 所示。

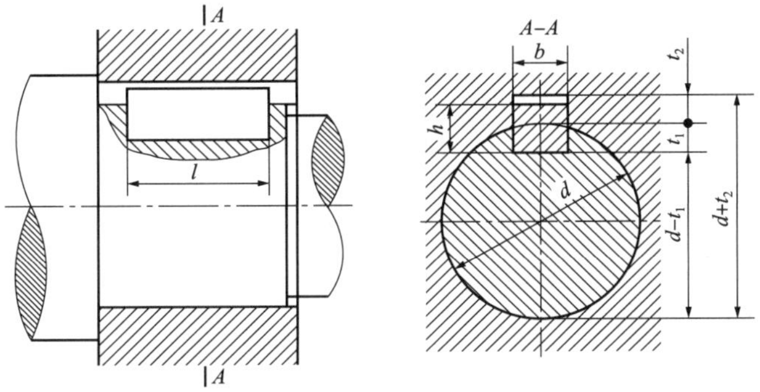

图 6－6　平键联接的几何参数

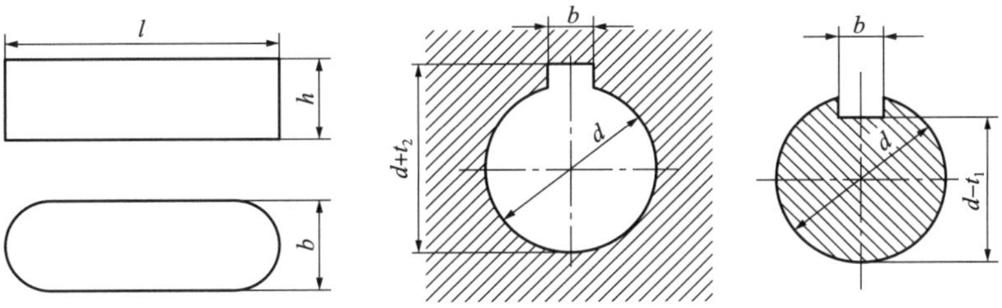

(a)平键的几何参数　(b)轮毂槽的几何参数　(c)轴槽断面的几何参数

图 6－7　平键和键槽的几何参数

6.1.3.2　矩形花键联接的结构与几何参数

(1)矩形花键联接的结构

如图 6－8 所示，花键联接一共有 3 个结合面，分别为：大径结合面、小径结合面、键侧结合面。为了保证花键的使用性能，一般选择其中一个结合面作为主要配合面，即定心表面，定心表面一般制造精度较高，它能确保花键联接的配合性质和定心精度。

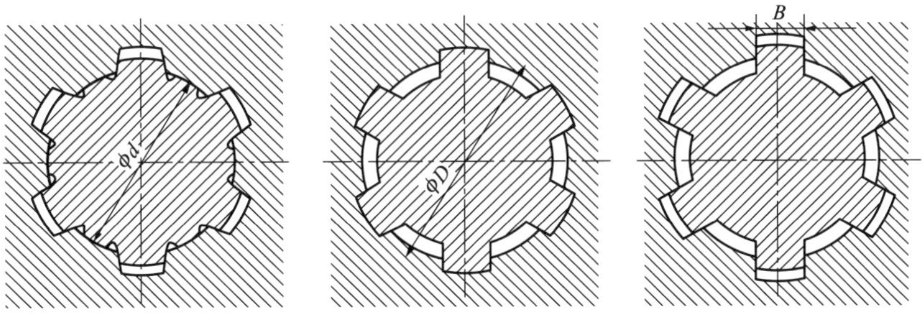

(a)小径定心（小径结合面为主要结合面）　(b)大径定心（大径结合面为主要结合面）　(c)键宽定心（键侧结合面为主要结合面）

图 6－8　矩形花键的定心方式

(2)定心方式

根据花键结合面的不同，可以将花键联接的定心方式分为 3 种，分别为：小径定心、大径定心、键宽定心，如图 6－8 所示，其中大径定心和小径定心比键宽定心的精度高。对于非定心的直径表面之间应保留足够的间隙，而对于键侧结合面，由于要使其接触并传递扭矩和导向，故键宽尺寸 B 应具有足够的精度。

GB/T 1144—2001《矩形花键尺寸、公差和检验》规定，矩形花键接连采用小径定心。原因是：内、外花键在制造过程中，一般需要进行热处理工艺(即淬火)来提高其表面的硬度和耐磨性，但热处理后容易引起花键变形。此时，若采用小径定心，使用磨削工艺加工内花键小径表面和外花键小径表面都比较容易，可以更好消除热处理变形，以提高定心精度；而若采用大径定心时，内花键大径表面很难进行磨削，故难以消除热处理变形，不能确保定心精度。

(3)矩形花键联接的几何参数

矩形花键有 4 个主要参数，分别为小径 d、大径 D、键宽(或键槽宽)B、键数 N，如图 6－9 所示。为了便于加工与测量，矩形花键的键数 N 为偶数，一般有 6、8、10 三种，键数随小径增大而增多。按承载能力大小，矩形花键还可分为中、轻两个系列，合计 35 种尺寸规格，如表 6－1 所示。

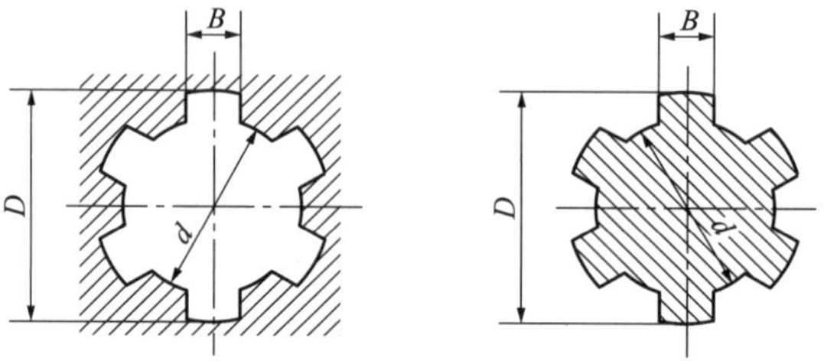

图 6－9　矩形花键的几何参数

表 6－1　矩形花键公称尺寸系列

小径	轻系列				中系列			
	规格 $N\times d\times D\times B$	键数 N	大径 D	键宽 B	规格 $N\times d\times D\times B$	键数 N	大径 D	键宽 B
11					6×11×14×3		14	3
13					6×13×16×3.5		16	3.5
16					6×16×20×4		20	4
18					6×18×22×5		22	5
21		6			6×21×25×5	6	25	5
23	6×23×26×6		26	6	6×23×28×6		28	6
26	6×26×30×6		30	6	6×26×32×6		32	6
28	6×28×32×7		32	7	6×28×34×7		34	7
32	8×32×36×6		36	6	8×32×38×6		38	6
36	8×36×40×7		40	7	8×36×42×7		42	7
42	8×42×46×8		46	8	8×42×48×8		48	8
46	8×46×50×9	8	50	9	8×46×54×9	8	54	9
52	8×52×58×10		58	10	8×52×60×10		60	10
56	8×56×62×10		62	10	8×56×65×10		65	10
62	8×62×68×12		68	12	8×62×72×12		72	12

续表

小径	轻系列				中系列			
	规格 $N \times d \times D \times B$	键数 N	大径 D	键宽 B	规格 $N \times d \times D \times B$	键数 N	大径 D	键宽 B
72	10×72×78×12		78	12	10×72×82×12		82	12
82	10×82×88×12		88	12	10×82×92×12		92	12
92	10×92×98×14	10	98	14	10×92×102×14	10	102	14
102	10×102×108×16		108	16	10×102×112×16		112	16
112	10×112×120×18		120	18	10×112×125×18		125	18

6.1.4 键的标记

6.1.4.1 普通平键的标记

由于普通平键是标准件，故其标记由“名称”“尺寸代号”“国标代号”三部分组成，其中，B 和 C 型键还需要在尺寸代号前加上字母 B 和 C 予以区分，而 A 型键一般省略不标注字母 A。举例如下

A 型平键，其尺寸为：键宽 $b=16$mm，键高 $h=10$mm，键长 $l=80$mm，遵守 GB/T 1096—2003《普通型　平键》。则该 A 型平键标记为：键 16×10×80 GB/T 1096—2003。

B 型平键，其尺寸为：键宽 $b=18$mm，键高 $h=15$mm，键长 $l=100$mm，遵守 GB/T 1096—2003《普通型　平键》。则该 B 型平键标记为：键 B18×15×100 GB/T 1096—2003。

C 型平键，其尺寸为：键宽 $b=20$mm，键高 $h=25$mm，键长 $l=100$mm，遵守 GB/T 1096—2003《普通型　平键》。则该 C 型平键标记为：键 C20×25×100 GB/T 1096—2003。

6.1.4.2 矩形花键的标记

矩形花键在图样上的标记按照下列几何参数顺序表示：键数 N×小径 d×大径 D×键宽(或键槽宽)B，其各自的公差带代号(包括基本偏差代号和标准公差等级代号)可以根据需要标注在各自的公称尺寸之后，并注明矩形花键遵守的标准号 GB/T 1144—2001，举例如下。

若矩形花键联接的几何参数分别为：

键数 $N=6$；

小径 d 的配合代号为 $23\ \frac{H7}{f7}$；

大径 D 的配合代号为 $28\ \frac{H10}{a11}$；

键宽 B 的配合代号为 $6\ \frac{H11}{d10}$。

则花键、花键副、内花键、外花键的标记分别如下：

花键公称尺寸规格：$N \times d \times D \times B$，即 $6 \times 23 \times 28 \times 6$；

花键副：$6 \times 23\frac{H7}{f7} \times 28\frac{H10}{a11} \times 6\frac{H11}{d10}$　GB/T 1144—2001；

内花键：6×23H7×28H10×6H11　GB/T 1144—2001；

外花键：6×23f7×28a11×6d10　GB/T 1144—2001。

6.2　平键联接的互换性与检测

普通平键联接的公差

6.2.1　平键联接的互换性

6.2.1.1　平键联接的配合与尺寸公差

平键联接的配合就是键宽和键槽宽(包括轴槽宽和毂槽宽)的配合，在此配合中，键宽为轴，槽宽为孔，键又是标准件，故该配合采用了基轴制配合。

GB/T 1096—2003《普通型　平键》中对键宽只规定了一种公差带，即h9；对轴槽宽规定了三种公差带，即H9、N9、P9；对轮毂槽宽也规定了三种公差带，即D9、JS9、P9。键宽和轴槽宽形成了三种配合，即$\frac{H9}{h9}$、$\frac{N9}{h9}$、$\frac{P9}{h9}$；键宽和毂槽宽也形成了三种配合，即$\frac{D9}{h9}$、$\frac{JS9}{h9}$、$\frac{P9}{h9}$。在这些配合中，$\frac{H9}{h9}$和$\frac{D9}{h9}$成对使用，为较松联接；$\frac{N9}{h9}$和$\frac{JS9}{h9}$成对使用，为一般联接；$\frac{P9}{h9}$和$\frac{P9}{h9}$成对使用，为较紧联接。平键联接三种配合的性质及其应用如表6-2所示，三种配合的公差带图如图6-10所示，三种配合的主要几何参数及其基本偏差数值如表6-3和表6-4所示。

表6-2　普通平键联接三种配合的性质及其应用

配合种类	尺寸 b 的公差			配合性质及应用
	键	轴槽	轮毂槽	
较松联接	h9	H9	D9	主要用于导向平键，轮毂可在轴上作轴向移动
一般联接		N9	JS9	键在轴上及轮毂中均固定，用于载荷不大的场合
较紧联接		P9	P9	键在轴上及轮毂中均固定，而比上一种配合更紧。主要用于载荷较大，或载荷具有冲击性及双向传递扭矩的场合

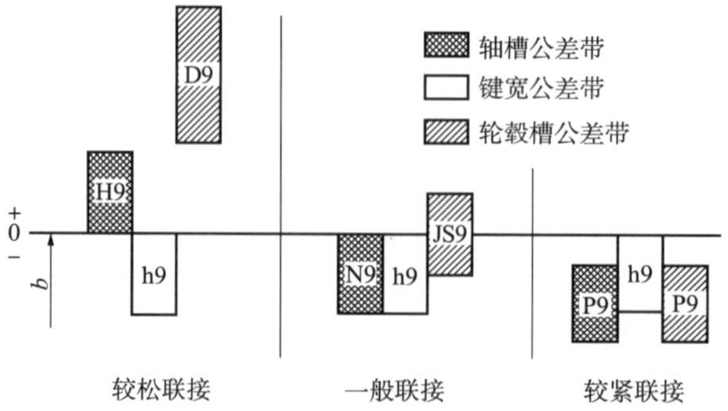

图6-10　平键联接三种配合的公差带图

表 6－3 平键联接中三种配合的主要几何参数及其基本偏差数值 mm

轴	键	键槽									
		宽度 b						深度			
			极限偏差								
公称直径 d	公称尺寸 $b \times h$	公称尺寸 b	较松联接		一般联接		较紧联接	轴槽深 t_1		毂槽深 t_2	
			轴 H9	毂 D9	轴 N9	毂 JS9	轴和毂 P9	公称尺寸	极限偏差	公称尺寸	极限偏差
>22～30	8×7	8	+0.036 0	+0.098 +0.040	0 −0.036	±0.018	−0.015 −0.051	4.0	+0.20 0	3.3	+0.2 0
>30～38	10×8	10						5.0		3.3	
>38～44	12×8	12	+0.043 0	+0.120 +0.050	0 −0.043	±0.021	−0.018 −0.061	5.0		3.3	
>44～50	14×9	14						5.5		3.8	
>50～58	16×10	16						6.0		4.3	
>58～65	18×11	18						7.0		4.4	
>65～75	20×12	20	+0.052 0	+0.149 +0.065	0 −0.052	±0.026	−0.022 −0.074	7.5		4.9	
>75～85	22×14	22						9.0		5.4	
>85～95	25×14	25						9.0		5.4	
>95～110	28×16	28						10.0		6.4	

注：①$(d-t_1)$和$(d+t_2)$两组组合尺寸的偏差按相应的 t_1 和 t_2 的极限偏差选取，但$(d-t_1)$极限偏差值应取负号(－)。

②键的长度系列：6，8，10，12，14，16，18，20，22，25，28，32，36，40，45，50，56，63，70，80，90，100，110，125，140，160，180，200，220，250，280，320，360。

表 6－4 平键联接中键宽和键高的基本偏差数值表 mm

b	公称尺寸	8	10	12	14	16	18	20	22	25	28
	偏差 h9	0 −0.036		0 −0.043				0 −0.052			
h	公称尺寸	7	8	8	9	10	11	12	14	14	16
	偏差 h11	0 −0.090					0 −0.110				

6.2.1.2 平键联接的几何公差要求

图 6－11 所示为键槽表面几何公差要求的标注示例。

(1)平键联接的对称度公差

为保证键与键槽在宽度方向上有足够的接触面积和装配质量，应规定键与键槽的对称度公差，其对称度公差值应按 GB/T 1184—1996《形状和位置公差 未注公差值》确定，一般取 7～9 级。

(2)平键联接的平行度公差

当键长 L 与键宽 b 之比≥8 时，表示键长较长，较易发生弯曲变形，此时，应对键的两侧工作面在长度方向上规定其平行度公差，其平行度公差值应按 GB/T 1184—1996 选取。选取时，当 $b \leqslant 6$mm 时，平行度公差值选 7 级；当 $6 < b \leqslant 36$mm 时，平行度公差值选 6 级；当 $b \geqslant 37$mm 时，平行度公差值选 5 级。

6.2.1.3 平键联接的表面粗糙度要求

键和键槽两侧配合面的表面粗糙度参数 Ra 值一般取 1.6 ~ 3.2μm；非配合面的表面粗糙度参数 Ra 值一般取 6.3 ~ 12.5μm。图 6 – 11 所示为键槽表面粗糙度的标注示例。

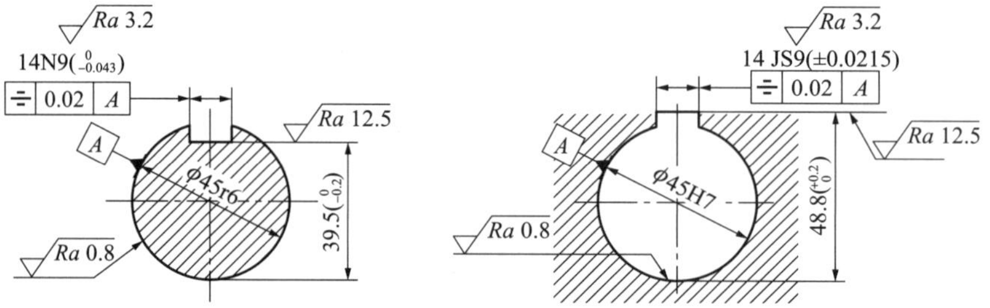

图 6 – 11 键槽几何公差和表面粗糙度的标注示例

6.2.2 平键的检测

平键联接需要检测的项目主要有：键宽、键槽宽、键槽深、键槽的对称度、平行度、表面粗糙度等。

6.2.2.1 键宽、键槽宽和键槽深的检测

单件或小批量生产时，对于键宽、键槽宽、键槽深一般采用游标卡尺、千分尺等通用量具测量；大批量生产时，一般采用专用量规检测，如图 6 – 12 所示。

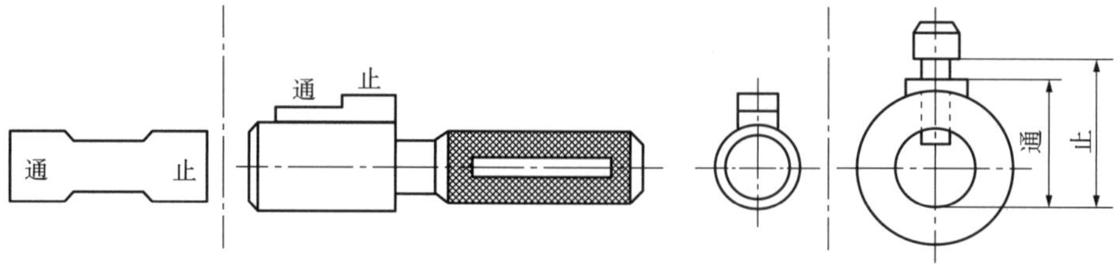

(a)槽宽极限量规 (b)轮毂槽深度量规 (c)轴槽深度量规

图 6 – 12 键槽尺寸专用量规

6.2.2.2 键槽对称度误差的检测

单件或小批量生产时，对于键槽对称度一般可用定位块、V 形架、指示表等进行测量，图 4 – 58 所示为用指示表测量对称度误差；大批量生产时，一般采用综合量规检验，只要量规通过即为合格。图 6 – 13(a) 和(b) 所示分别为轮毂槽对称度量规和轴槽对称度量规。

平键联接的形位公差与粗糙度及检测

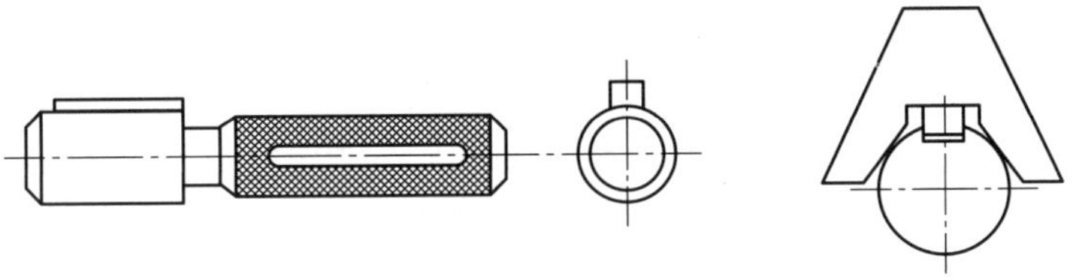

(a)轮毂槽对称度量规　　(b)轴槽对称度量规

图 6－13　键槽对称度量规

6.3　矩形花键联接的互换性与检测

6.3.1　矩形花键联接的互换性

6.3.1.1　矩形花键联接的配合与尺寸公差

(1)矩形花键联接的配合精度类型

矩形花键的配合精度类型一般分为两种：一种是一般用途矩形花键；另一种是精密传动矩形花键。其内、外花键尺寸公差带如表 6－5 所示。表中的公差带及其极限偏差数值与 GB/T 1800.1—2020《产品几何技术规范(GPS)　线性尺寸公差 ISO 代号体系　第 1 部分：公差、偏差和配合的基础》的规定一致。

表 6－5　矩形内、外花键的尺寸公差带及其装配形式(摘自 GB/T 1144—2001)

内花键				外花键			装配形式
d	*D*	*B* 拉削后不热处理	*B* 拉削后热处理	*d*	*D*	*B*	
一般用							
H7	H10	H9	H11	f7	a11	d10	滑动
				g7		f9	紧滑动
				h7		h10	固定
精密传动用							
H5	H10	H7，H9		f5	a11	d8	滑动
				g5		f7	紧滑动
				h5		h8	固定
H6				f6		d8	滑动
				g6		f7	紧滑动
				h6		h8	固定

注：①精密传动用的内花键，当需要控制键侧配合间隙时，槽宽可选 H7，一般情况下可选 H9。

②*d* 为 H6 和 H7 的内花键，允许与高一级的外花键配合。

(2) 矩形花键联接的基准制要求

由表 6－5 可知，矩形花键联接采用基孔制配合，其主要是为了减少用于加工和检验内花键的拉刀和量规的规格和数量。对于一般用内花键，由于拉削并进行热处理后，其键宽和键槽宽的变形不易修正，故公差要求应降低，即由 H9 降为 H11。对于精密传动用内花键，当要求键与键槽的侧面配合间隙较小、精度较高时，槽宽公差带应选用 H7；当键侧配合间隙较大，精度要求较低时，槽宽公差带可选用 H9。

(3)矩形花键联接的配合公差等级要求

①内、外花键取相同的公差等级配合

一般情况下，由于矩形花键采用小径定心，使得加工难度由内花键转移到外花键上，故矩形花键联接的配合不同于普通光滑孔、轴的配合时采用的工艺等价原则，即所配合的孔公差等级比轴公差等级低一级，如 $\phi 50\frac{H7}{f6}$，而应使得内、外花键取相同的公差等级。

②内花键与高一级的外花键配合

若考虑矩形内花键作为齿轮的基准孔时，内花键允许与高一级的外花键配合，如公差带为 H7 的内花键可以与公差带为 f6、g6、h6 的外花键配合，公差带为 H6 的内花键可以与公差带为 f5、g5、h5 的外花键配合，但花键的大径只有一种配合，即$\frac{H10}{a11}$。

(4)矩形花键联接类型的选用

矩形花键联接类型的选用主要包括装配精度选用和装配形式选用等方面。

①装配精度选用

对于定心精度高、传递扭矩大的工作环境，应选用精密传动用花键联接，其他一般要求下选用一般用花键联接。

②装配形式选用

矩形花键的装配形式分为固定、紧滑动、滑动三种形式。固定联接方式用于内、外花键之间无轴向相对移动的情况；紧滑动联接和滑动联接用于内、外花键之间工作时要求相对移动的情况。一般情况下，由于几何误差的影响，矩形花键各结合面的配合程度均比预期的要紧。

装配形式在选用时，首先应根据内、外花键之间是否存在轴向移动，确定花键的装配形式。内、外花键之间要求相对移动，并且移动距离长、移动频率高的情况，应选用配合间隙较大的滑动联接，以保证配合面间具备足够的润滑油膜和运动灵活性，比如变速箱中的齿轮与轴之间的花键联接。内、外花键之间要求定心精度高、传递扭矩大或有反向转动的情况，应选用配合间隙较小的紧滑动联接。内、外花键间无须轴向移动，仅用于传递扭矩的情况，应选用固定联接。

6.3.1.2 矩形花键联接的几何公差要求

由于矩形花键配合时，接触表面较多，键的长宽比较大，因此必须对其几何误差进行控制，以确保花键联接的装配性能以及工作的可靠性。我国国家标准对矩形花键的几何公差作了以下规定：

(1)为了保证定心表面的配合性质，其定心直径(即内、外花键的小径 d)的尺寸公差与几何公差应符合包容要求。

(2)大批量生产时，由于键和键槽的位置度误差包括其对称度误差、等分度误差(花键或花键槽在圆周上均匀分布的实际位置相对于理想位置的偏离量，称为等分度误差)、平行度误差，故可规定位置度公差进行综合控制，并遵守最大实体原则，使用花键综合量规检验，位置度公差如表 6－6 所示，花键位置度公差标注如图 6－14 所示。

表 6－6　矩形花键位置度公差数值表(摘自 GB/T 1144—2001)　mm

<table>
<tr><td colspan="3">键槽宽或键宽 B</td><td>3</td><td>3.5～6</td><td>7～10</td><td>12～18</td></tr>
<tr><td rowspan="3">t_1</td><td colspan="2">键槽宽</td><td>0.010</td><td>0.015</td><td>0.020</td><td>0.025</td></tr>
<tr><td rowspan="2">键宽</td><td>滑动、固定</td><td>0.010</td><td>0.015</td><td>0.020</td><td>0.025</td></tr>
<tr><td>紧滑动</td><td>0.006</td><td>0.010</td><td>0.013</td><td>0.016</td></tr>
</table>

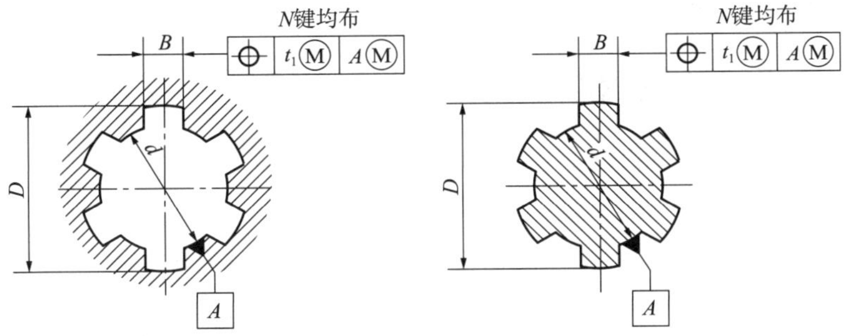

(a)外花键　(b)内花键

图 6－14　矩形花键位置度公差标注示例

(3)在单件或小批量生产时，采用单项测量，对其键宽或键槽宽应规定对称度公差和等分度公差，且两种公差值相等，遵守独立原则，花键对称度公差值如表 6－7 所示，花键对称度公差标注如图 6－15 所示。

表 6－7　矩形花键对称度公差数值(摘自 GB/T 1144—2001)　mm

键槽宽或键宽 *B*	3	3.5～6	7～10	12～18
一般用	0.010	0.012	0.015	0.018
精密传动用	0.006	0.008	0.009	0.011

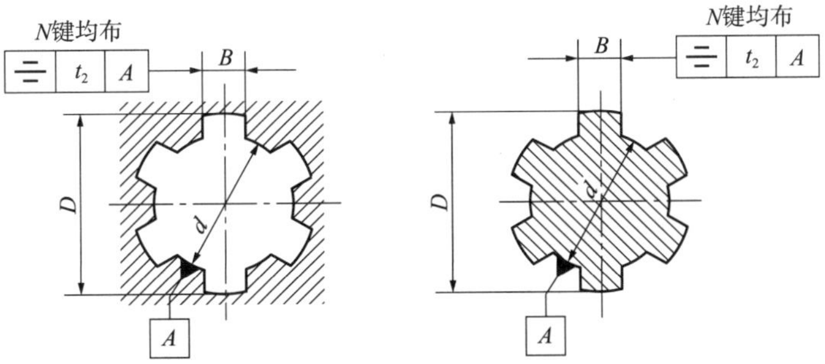

图 6－15　矩形花键对称度公差标注示例

(4)对于较长的花键，应根据产品性能自行确定键侧面或键槽侧面对定心表面轴线（即小径 d 轴线）的平行度公差值。

6.3.1.3 矩形花键联接的表面粗糙度要求

矩形花键表面粗糙度数值的选取如表6－8所示。

表6－8 矩形花键表面粗糙度推荐值 μm

加工表面	内花键	外花键
	Ra 不大于	
大径	6.3	3.2
小径	1.6	0.8
键侧	3.2	1.6

6.3.2 矩形花键的检测

单件或小批量生产时，可用通用量具对花键的小径 d、键槽宽和键宽 B、大径 D、几何误差 f、表面粗糙度 Ra 等进行单项检测。

大批量生产的内、外花键可采用综合量规进行检测，如图6－16所示。

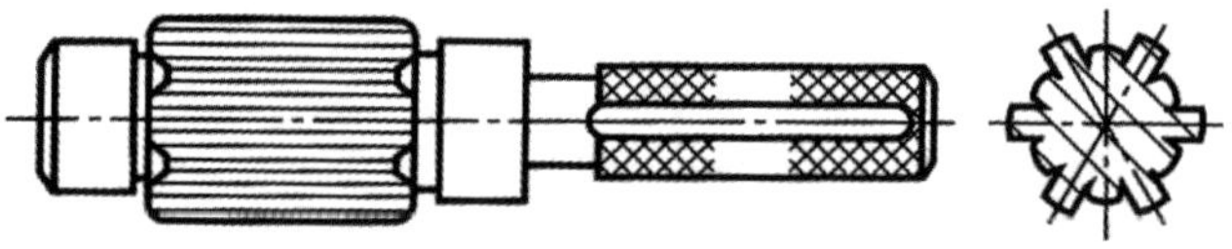

(a)花键塞规

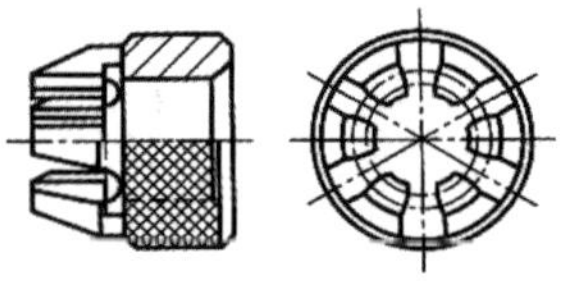

(b)花键环规

图6－16 花键综合量规

课后练习

1. 判断题

(1)在平键联接中，键宽和键槽宽的配合采用基孔制。 （ ）

(2)键是标准件，相当于极限配合中的轴。 （ ）

(3)矩形花键的键数为奇数。 （ ）

(4)平键的工作面分别是上、下两个平面。 （ ）

(5)矩形花键联接采用基孔制配合。 （ ）

2. 简答题

(1)在平键联接中，键宽与键槽宽的配合采用哪种基准制，为什么？

(2)平键联接的配合种类有哪几种？请说明其配合代号和应用场合。

(3)某齿轮与轴的配合代号为 $\phi50H6/n7$，采用平键联接传递扭矩，载荷中等，试查表确定轴、孔的极限偏差，轴键槽和轮毂键槽的断面尺寸和极限偏差，并进一步确定轴键槽、轮毂键槽的对称度和表面粗糙度。

(4)矩形花键有几种定心方式？国标为什么规定只采用小径定心？

(5)某矩形花键联接的标记代号为：$6\times18\frac{H7}{g7}\times22\frac{H10}{a11}\times5\frac{H11}{f9}$，试确定内、外花键的极限尺寸，并将其尺寸公差分别标注在内、外花键的图样上(图6－17)。

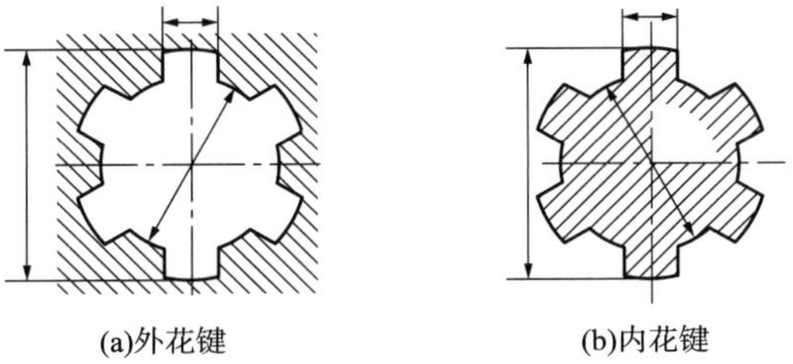

图6－17　花键图样

(6)某机床变速箱中有一个6级精度齿轮的花键孔与花键轴联接，花键的规格为6×26×30×6，花键孔长30mm，花键轴长75mm，齿轮花键孔经常需要相对花键轴做轴向移动，要求定心精度较高，试确定：①齿轮花键孔和花键轴的公差带代号，并分别写出在装配图上和零件图上的标记代号；②计算小径d、大径D、键槽宽或键宽B的极限尺寸。

第 7 章　普通螺纹联接的公差配合与检测

7.1　螺纹的种类和使用要求

螺纹联结是利用螺纹零件构成的可拆联结，在机械制造中应用十分广泛。螺纹的互换程度很高，螺纹主要用于紧固联结、密封、传递动力和运动等。按其结构特点和用途螺纹联结可分为 3 类。

7.1.1　普通螺纹

普通螺纹通常也称为紧固螺纹，用于联结和紧固各种机械零部件，主要使用要求是良好的可旋合性和可靠的联结强度。其螺距分为粗牙和细牙，粗牙螺纹的直径和螺距的比例适中、强度好；细牙螺纹用于薄壁零件和轴向尺寸受限制的场合或用于轴向微调机构，亦称一般用途的螺纹，是螺纹件数量最多的一种。

7.1.2　密封螺纹

密封螺纹又称为紧密螺纹，螺纹牙型均为三角形，牙型角分为 55°和 60°两种。主要用于机械设备中气体或液体的密封联结，其主要使用要求是保证具有良好的密封性，使螺纹联结后在一定的压力下，管道内的液体(或气体)不会从螺牙间流出，即起到不泄漏的作用。

7.1.3　传动螺纹

传动螺纹用于传递精确位移或动力。传递位移的螺纹主要要求传动比恒定，而传递动力的螺纹则要求具有足够的强度。各种传动螺纹都要求具有一定的间隙，以便储存润滑油。

7.2　普通螺纹的基本牙型和主要几何参数

螺纹的概述

螺纹的几何参数较多，国家标准对螺纹的牙型、参数、公差与配合等都作了规定，以保证其几何精度。

普通螺纹的基本牙型是将原始三角形(两个底边连接着且平行于螺纹轴线的等边三角形，其高用 H 表示)的顶部截去 $H/8$、底部截去 $H/4$ 所形成的理论牙型，如图 7－1 所示。其直径参数中大写字母表示内螺纹参数，小写字母表示外螺纹参数。

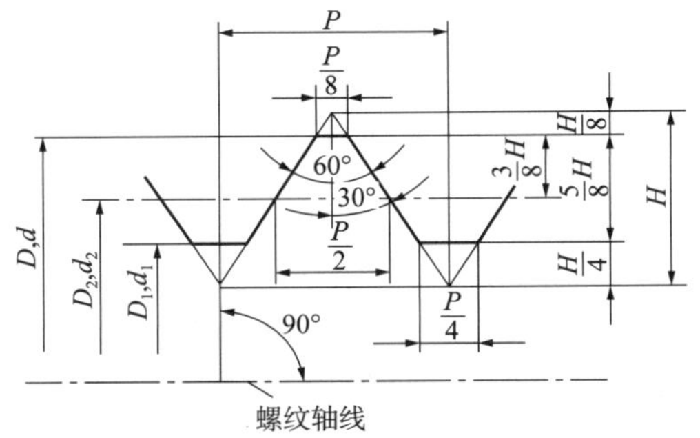

图 7-1　普通螺纹的基本牙型

(1)大径 D 或 d

大径是与外螺纹牙顶或与内螺纹牙底相重合的假想圆柱面的直径。螺纹的公称直径是螺纹大径的公称尺寸，普通管螺纹的公称尺寸应按规定的直径系列选用，见表 7-1。相结合的普通内、外螺纹的公称直径应相等，即 $D=d$。

表 7-1　普通螺纹公称尺寸　　mm

公称直径 D、d	螺距 P	中径 D_2 或 d_2	小径 D_1 或 d_1	公称直径 D、d	螺距 P	中径 D_2 或 d_2	小径 D_1 或 d_1
20	2.5	18.376	17.294	30	3.5	27.727	26.211
	2	18.701	17.835		2	28.701	27.835
	1.5	19.026	18.376		1.5	29.026	28.376
	1	19.350	18.917		1	29.350	28.917
24	3	22.051	20.752	36	4	33.402	31.670
	2	22.701	21.835		3	34.051	32.752
	1.5	23.026	22.376		2	34.701	33.835
	1	23.350	22.917		1.5	35.026	34.376

(2)小径 D_1 或 d_1

小径是与外螺纹牙底或与内螺纹牙顶相重合的假想圆柱的直径。

(3)中径 D_2 或 d_2

中径指通过螺纹牙型上沟槽宽度与凸起宽度相等的一个假想圆柱的直径，该圆柱面的母线位于牙体和牙槽宽度相等处，即 $H/2$ 处。实际螺纹的中径称为实际中径，用 D_2(或 d_2)表示。

(4)单一中径 D_{2a}或 d_{2a}

单一中径是指螺纹牙型上沟槽宽度等于 1/2 基本螺距的假想圆柱面的直径，如图 7-2 所示。为了测量方便，实际工作中常用单一中径 D_{2a}或 d_{2a}作为实际中径。

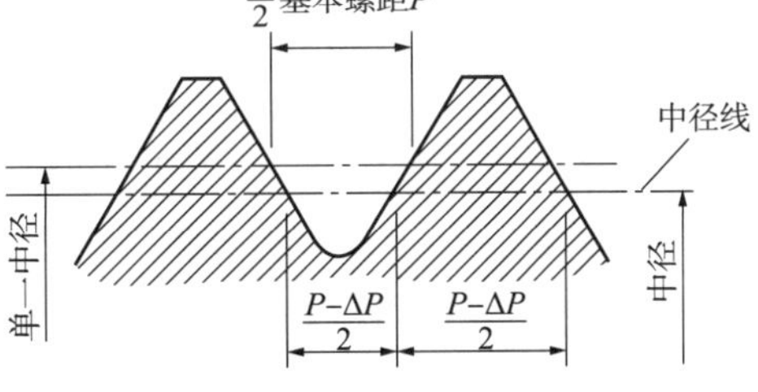

图 7-2　单一中径

(5)作用中径 D_{2m}或 d_{2m}

螺纹的作用中径是指在规定的旋合长度内，与实际外(内)螺纹外(内)接的最小(最大)的理想内(外)螺纹的中径，如图 7－3 所示。

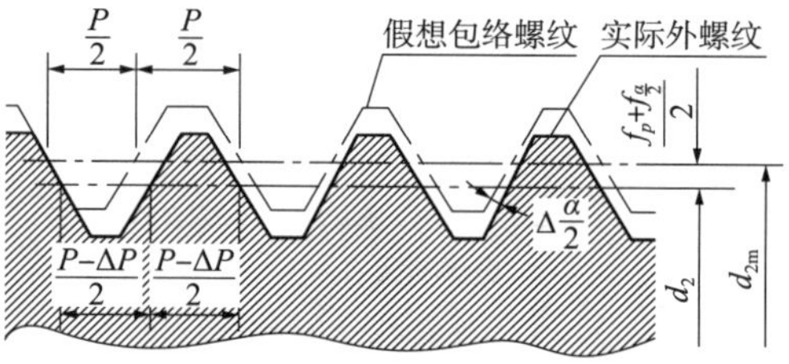

图 7－3　外螺纹的作用中径

(6)螺距 P

螺距为相邻两牙在中径线上对应两点间的轴向距离。

(7)导程 L

导程是同一螺纹线上相邻两牙在中径线上对应两点间的轴向距离。对于单线螺纹，导程等于螺距；对于多线螺纹，导程等于螺距与线数 n 的乘积，即 $L = n \times P$。

(8)牙型角 a 和牙型半角 $\alpha/2$

牙型角是指在通过螺纹轴线剖面内的螺纹牙型上相邻两牙侧间的夹角。普通螺纹的牙型角 $a = 60°$。在螺纹牙型上，牙侧与螺纹轴线的垂线的夹角称为牙型半角，普通螺纹牙型半角的公称值等于 30°。

(9)螺纹旋合长度

螺纹旋合长度是指两个相互结合的螺纹沿螺纹轴线方向相互旋合部分的长度。

7.3　普通螺纹几何参数误差对互换性的影响

螺纹误差

普通螺纹互换性的要求是保证具有良好的旋合性和可靠的联结强度，其配合为间隙配合。大径、小径处均留有间隙。故 D、d 和 D_1、d_1 的变动一般不会影响其配合性质，只要将它们限制在公差范围内即可，而内、外螺纹联结主要是依靠旋合后牙侧接触的均匀性，因此，影响螺纹互换性的主要几何参数是中径、螺距和牙型半角误差。

7.3.1　中径误差的影响

中径误差是指实际中径 D_{2a}或 d_{2a}(即单一中径)与中径公称尺寸的差值，即

$$D_{2a} = D_{2a} - D_2,\ d_{2a} = d_{2a} - d_2,$$

假如除了中径外，其他参数均为理想状态，此时若外螺纹的中径偏差小于内螺纹的中径偏差，则内、外螺纹可自由旋合；若外螺纹的中径偏差大于内螺纹的中径偏差，将会产生干涉，难以旋合。但若外螺纹过小、内螺纹过大，则会削弱其联结强度而影响联结的可靠性。因此，中径偏差的大小直径影响螺纹的互换性。

7.3.2 螺距误差的影响

螺距误差包括单个螺距偏差 ΔP 和螺距累积偏差 ΔP_{Σ}。ΔP 是指在螺纹全长上任意单个实际螺距与基本螺距的代数差，它与旋合长度无关；ΔP_{Σ}是指在旋合长度内，任意一个实际螺距与任意一个基本螺距之差，即 $\Delta P_{\Sigma}=n\Delta P$。螺距偏差是螺纹牙型相对于螺纹轴线的位置误差，主要由刀具(如丝锥、板牙等)本身的螺距偏差和机床转运链的运动误差造成的。螺距累积偏差是主要影响因素。

如图7-4所示，设相互结合的螺纹具有理想牙型，外螺纹仅存在螺距偏差 ΔP；在旋合长度内有 n 个螺距，故螺距累积偏差为 ΔP_{Σ}。ΔP_{Σ}的存在使内、外螺纹牙侧产生干涉而不能旋合。为了保证旋合性，可将外螺纹的中径减小至图7-4(a)中粗实线位置(或使内螺纹的中径增大)。由图7-4(b)中 ABC 可得出中径的减小量(或内螺纹中径的增大量)f_p 值，f_p 称为螺纹累积偏差的中径当量。f_p 值与 ΔP_{Σ}的关系由△ABC 得出，即

$$f_p=|\Delta P_{\Sigma}|\cot\frac{\alpha}{2}$$

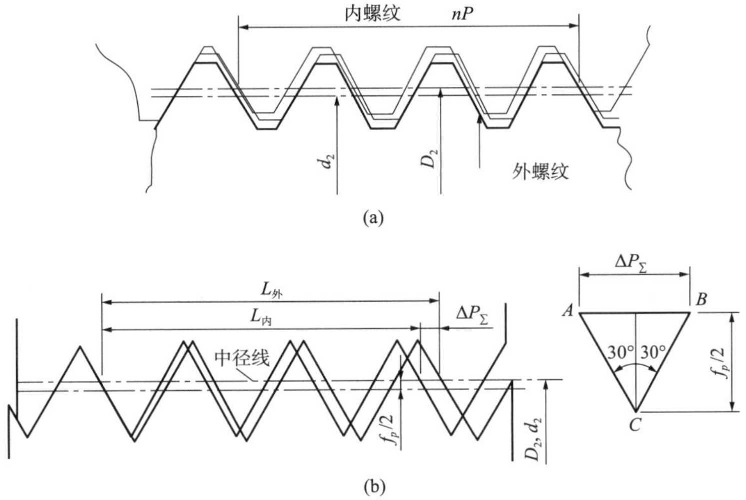

图7-4 螺距累计误差和旋合性影响

对于牙型角 $\alpha=60°$的普通螺纹，则有

$$f_p=1.732|\Delta P_{\Sigma}|$$

7.3.3 牙型半角误差的影响

牙型半角偏差是指牙型半角的实际值与公称值的差值，主要是由加工刀具的制造误差和安装误差造成的。牙型半角偏差可使内、外螺纹结合时发生干涉，影响旋合性，并使螺纹接触面积减少、加快磨损，从而降低联结的可靠性。

如图7-5所示，设内螺纹具有理想牙型，外螺纹的中径(单一中径)及螺距与内螺纹相同，但牙型半角有误差，且外螺纹左侧牙型半角偏差 $\Delta\frac{\alpha_1}{2}$为负值，右侧牙型半角偏差

$\Delta\dfrac{\alpha_2}{2}$为正值，则在螺纹中径上方的左侧和中下方的右侧产生干涉不能旋合。要使内、外螺纹顺利旋合，必须将外螺纹的中径减小一个数值(或将内螺纹中径增大)，其减小量(或内螺纹中径的增大量)用f_α表示，f_α称为牙型半角误差的中径(单一中径)当量。

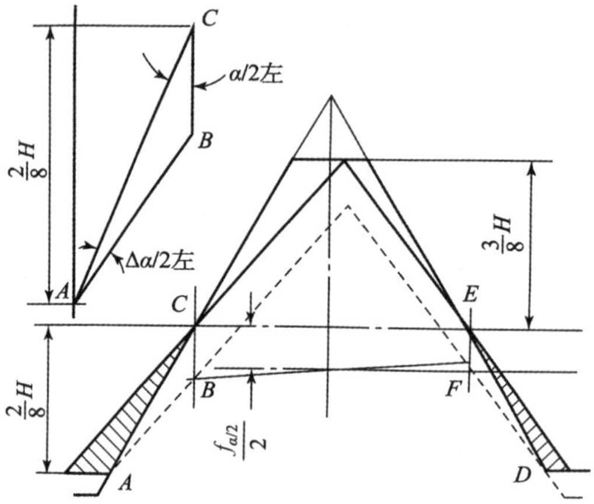

图 7-5　牙型半角偏差对旋合性的影响

1—外螺纹；2—内螺纹

由图 7-5 中的$\triangle ABC$和$\triangle DEF$可以看出，由于左、右侧牙型半角分别小于和大于牙型半角公称值，即左、右侧牙型半角偏差分别为负值和正值，则两侧干涉部位的位置不同，左侧干涉部位在牙顶处，右侧干涉部位在牙根处。通常中径当量取平均值，即

$$f_\alpha/2=(BC+EF)/2$$

根据任意三角形正弦定理，考虑到左、右牙型半角可能出现的各种情况，以及必要的单位换算，可推导出如下的通用公式，即

$$f_\alpha=0.073P\left(K_1\left|\Delta\frac{\alpha_1}{2}\right|+K_2\left|\Delta\frac{\alpha_2}{2}\right|\right)$$

式中，P为螺距(mm)；$\Delta\dfrac{\alpha_1}{2}$，$\Delta\dfrac{\alpha_2}{2}$为左、右牙型半角偏差。

当$\Delta\dfrac{\alpha_1}{2}$(或$\Delta\dfrac{\alpha_2}{2}$) >0 时，在$\dfrac{3}{8}H$处发生干涉，$K_1$(或$K_2$)取 2(对内螺纹取 3)；

当$\Delta\dfrac{\alpha_1}{2}$(或$\Delta\dfrac{\alpha_2}{2}$) <0 时，在$\dfrac{3}{8}H$处发生干涉，$K_1$(或$K_2$)取 3(对内螺纹取 2)。

7.3.4　中径总公差与作用中径

7.3.4.1　中径总公差

在螺纹加工时，影响螺纹互换性的 3 个主要参数——中径、螺距、牙型半角的误差同时存在，如前所述，由于螺距误差和牙型半角误差来自加工刀具和机床传动链，不易直接消除，故折算为中径当量，通过减小或增大中径弥补。因此，标准中规定的螺纹中径公差，实际上包含了上述 3 项误差所需要的中径总公差。

7.3.4.2　作用中径

由于加工后的实际螺纹存在中径偏差、螺距偏差和牙型半角偏差，因此在分析螺纹的旋合性时，不仅需要考虑螺纹实际中径大小，还要计算螺距偏差和牙型半角偏差的影响，三者综合影响所形成的中径称为作用中径。

当实际外螺纹存在螺距偏差和牙型半角偏差时，可以与其相结合的具有理想牙型的内螺纹的中径一定比该外螺纹中径要大。在规定的旋合长度范围内，包容的中径称为外螺纹的作用中径 d_{2m}，它等于单一中径 d_{2a} 和螺纹累积偏差的中径当量 f_p、牙型半角偏差中径当量 f_α 之和，即

$$d_{2m} = d_{2a} + (f_p + f_\alpha)$$

同理，内螺纹的作用中径 D_{2m} 等于内螺纹的单一中径 D_{2a} 与螺纹累积偏差中径当量 f_p、牙型半角偏差中径当量 f_α 之差，即

$$D_{2m} = D_{2a} - (f_p + f_\alpha)$$

泰勒原则是判断螺纹合格性的一种原则，泰勒原则要求：实际螺纹的作用中径不允许超出其最大实体中径，螺纹任何部位上的单一中径不允许超出其最小实体中径。因此，螺纹中径的合格条件为：

外螺纹：$d_{2m} \leqslant D_{2MMC}(d_{max})$，且 $d_{2s} \leqslant D_{2LMC}(d_{2min})$

内螺纹：$D_{2m} \leqslant D_{2MMC}(D_{min})$，且 $D_{2s} \leqslant D_{2LMC}(d_{2max})$

当用某些测量方法(如在工具显微镜上)测得的是螺纹的实际中径(D_{2a}或 d_{2a})时，可用实际中径近似代替单一中径(D_2 或 d_2)。

7.4　普通螺纹的公差与配合

GB/T 197—2018《普通螺纹　公差》对普通螺纹的公差等级和基本偏差作了规定。

7.4.1　螺纹的公差带

螺纹公差带是指沿基本的牙侧、牙顶和牙底分布的牙型公差带，按垂直于轴线的方向计量。同尺寸公差带一样，按螺纹公差的大小等级确定，其位置由基本偏差确定。

7.4.1.1　公差等级

在普通螺纹国家标准中，按内、外螺纹的中径和顶径公差的大小，分成各种不同的公差等级，其中6级为基本级，9级为最低等级，见表7－2、表7－3。

表7－2　螺纹公差等级

螺纹中经	公差等级
外螺纹中经 d_2	3，4，5，6，7，8，9
外螺纹大径 d	4，5，6
内螺纹中径 D_2	4，5，6，7，8
内螺纹小径 D_1	4，5，6，7，8

表 7－3　普通螺纹中径公差

公称直径 $D(d)$/mm		螺距	内螺纹中径公差 T_{D_2}					外螺纹中径公差 T_{d_2}						
>	≤	P/mm	公差等级					公差等级						
			4	5	6	7	8	3	4	5	6	7	8	9
5.6	11.2	0.75	85	106	132	170	—	50	63	80	100	120	—	—
		1	95	118	150	190	236	56	71	95	112	140	180	224
		1.25	100	125	160	200	250	60	75	95	118	150	190	236
		1.5	112	140	180	224	280	67	85	106	132	170	212	295
11.2	22.4	1	100	125	160	200	250	60	75	95	118	150	190	236
		1.25	112	140	180	224	280	67	85	106	132	170	212	265
		1.5	118	150	190	236	300	71	90	112	140	180	224	280
		1.75	125	160	200	250	315	75	95	118	150	190	236	300
		2	132	170	212	—	63	80	100	125	160	200	250	315
		2.5	140	180	224	280	355	85	106	132	170	212	265	335
22.4	45	1	106	132	170	212	—	63	80	100	125	160	200	250
		1.5	125	160	200	250	315	75	95	118	150	190	236	300
		2	140	180	224	280	355	85	106	132	170	212	265	335
		3	170	212	265	335	425	100	125	160	200	250	315	400
		3.5	180	224	280	355	450	106	132	170	212	265	335	425
		4	190	236	300	375	415	112	140	180	224	280	355	450
		4.5	200	250	315	400	500	118	150	190	236	300	375	475

7.4.1.2　基本偏差

螺纹的基本牙型是确定螺纹偏差的基准。由基本偏差来确定内、外螺纹的公差相对于基本牙型的位置，并规定内螺纹的下偏差（EI）和外螺纹的上偏差（es）为基本偏差。

对内螺纹，规定了 G 和 H 两种基本偏差代号，如图 7－6 所示。对外螺纹规定了 e、f、g、h 四种基本偏差代号，如图 7－7 所示。

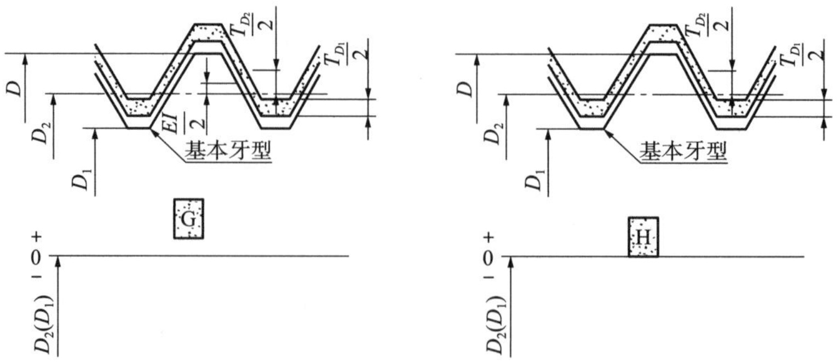

图 7－6　内螺纹的基本偏差

T_{D_1}—内螺纹小径公差；T_{D_2}—内螺纹中径公差

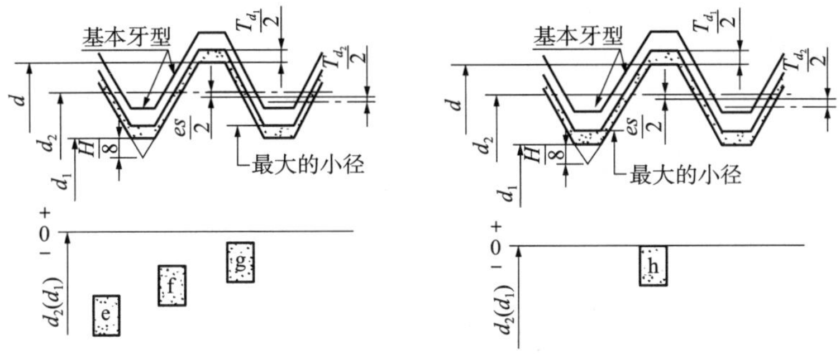

图 7-7 外螺纹的基本偏差

T_{d_1}—外螺纹小径公差；T_{d_2}—外螺纹中径公差

各基本偏差按表 7-4 所列公式计算，从而获得基本偏差数值，见表 7-5。

表 7-4 基本偏差计算公式

内螺纹		外螺纹	
基本偏差代号	下极限偏差(EI)	基本偏差代号	上极限偏差(ES)
G	$+(15+11P)$	e f	$-(50+11P)$ $-(30+11P)$
H	0	G h	$-(15+11P)$ 0

表 7-5 普通螺纹基本偏差数值

螺距 P/mm	内螺纹的基本偏差 EI		外螺纹的基本偏差 es				内螺纹小径公差 T_{D_1} 公差等级					外螺纹大径公差 T_4 公差等级		
	G	H	e	f	g	h	4	5	6	7	8	4	6	8
0.75	+22		-56	-38	-22		118	150	190	236	—	90	140	—
0.8	+24	0	-60	-38	-24	0	125	160	200	250	315	95	150	236
1	+26		-60	-40	-26		150	190	236	300	375	112	180	280
1.25	+28		-63	-42	-28		170	212	265	335	425	132	212	335
1.5	+32		-67	-45	-32		190	236	300	375	475	150	236	375
1.75	+34		-71	-48	-34		212	265	335	425	530	170	265	425
2	+38		-71	-52	-38		236	300	375	475	600	180	280	450
2.5	+42	0	-80	-58	-42	0	280	355	450	560	710	212	335	530
3	+48		-85	-63	-48		315	400	500	630	800	236	375	600
3.5	+53		-90	-70	-53		355	450	560	710	900	265	425	670
4	+60		-95	-75	-60		375	475	600	750	950	300	475	750

外螺纹大径、中径的下偏差为 $ei=es-T$。内螺纹小径、小径的上偏差为 $ES=EI+T$。

标准未对螺纹的底径(D 和 d)规定公差值，只规定内、外螺纹牙底实际轮廓上的任何点均不得超出按基本偏差所确定的最大实体牙型(即螺纹量规通端的牙型)。对于内螺纹的大径 D 只规定了下极限尺寸 D_{min}；对于外螺纹的小径 d_1 只规定了上极限尺寸 d_{1max}。这样就保证了 $D_{min}>d_{max}$，$D_{1min}>d_{1max}$，从而将公差等级和基本偏差相结合，就可以组成各种不同的螺纹公差带，供各种用途选用，如 7H、6G、7h、7g 等。

7.4.2 旋合长度及螺纹精度

螺纹旋合长度对螺纹配合性质有极大影响。因为旋合长度越长，螺距累积误差和螺纹轴线直线度误差就会越大，对螺纹配合的影响也会越大，导致内、外螺纹不能自由旋合。

标准将螺纹的旋合长度分为 3 组，分别称为短旋合(S)、中等旋合(N)和长旋合(L)。一般情况下，采用中等旋合长度完全能够满足使用要求，而 L 和 S 只在必要和特殊情况下才采用。粗牙普通螺纹的中等旋合长度值为$(0.5\sim1.52)d$，具体长度值见表 7－6。螺纹的旋合长度与螺纹精度密切相关。即螺纹的精度不仅取决于螺纹的公差等级，而且与螺纹的旋合长度有关。一方面，在一定的旋合长度上，公差等级数越小，加工的难度就越大，则螺纹的精度越高；另一方面，螺纹精度还与旋合长度有关，在相同公差等级条件下，旋合长度越长，则螺纹的加工难度越大。

表 7－6　螺纹旋合长度　　mm

公称直径(D，d)		螺距(P)	旋合长度			
			S	N		L
	≤		≤	>	≤	>
5.6	11.2	0.75 1 1.25 1.5	2.4 3 4 5	2.4 3 4 5	7.1 9 12 15	7.1 9 12 15
11.2	1.25 1.5 22.4	1 4.5 5.6 1.75 2 2.5	3.8 4.5 5.6 6 8 10	3.8 13 16 6 8 10	11 13 16 18 24 30	11 18 24 30

7.4.3 螺纹公差配合的选用

各种内、外螺纹的公差带可以组合成各种不同的配合，在生产中，为了减少加工刀具和量具的规格及数量，标准规定了内、外螺纹的选用公差带，见表 7－7。

表 7－7　普通螺纹的选用公差带

精度等级	内螺纹公差带			外螺纹公差带		
	S	N	L	S	N	L
精密	4H	4H5H	5H6H	(3h4h)	4h*	5h4h
中等	5H (5G)	6H$^{*}_{**}$ (6G)	7H* (7G)	(5h6h) (5g6g)	6h*6f* 6g$^{*}_{**}$6e*	(7h6h) (7g6g)
粗糙	—	7H (7G)	—	—	(8h) 8g	—

注：①带＊的公差应优先使用，不带＊的公差次之，加( )的公差带尽可能不用。
②大量生产的精制固件螺纹，推荐采用＊＊的公差带。

标准中将螺纹精度等级分为精密、中等和粗糙 3 级。精密级一般用于精密螺纹和要求配合性质稳定以及保证定位精度的螺纹，如飞机和宇航器的螺纹联结常用 4h、4H 和 5H 等；中等级广泛用于一般用途的螺纹，如普通机床和汽车上的螺纹联结常用 6H、6h 和 6g 等；粗糙级用于要求不高或制造较困难的螺纹，如热轧棒料加工中的螺纹或较深的不通孔螺纹。

表 7－7 中列出了内螺纹公差带和外螺纹公差带，它们可以任意组合成各种配合。国标推荐优先采用 H/g、H/h、G/h 的配合。对于大批量生产的螺纹，为了拆装方便，应采用 H/g 或 G/h 的配合；对于单件小批量生产的螺纹，为了适应手工业装配及装配速度低的特点，一般应采用 H/h 的配合。

7.4.4　螺纹表面粗糙度

除了尺寸精度之外，标准还对螺纹牙侧的表面粗糙度作了规定，其表面粗糙度主要根据螺纹中径的公差等级来确定，见表 7－8。

表 7－8　螺纹牙侧表面粗糙度 *Ra* 的推荐值　μm

工件	螺纹中径公差等级		
	4，5	6，7	7，8，9
	Ra 不大于		
螺栓、螺钉、螺母	1.6	3.2	3.2～6.3
轴及套上的螺纹	0.8～1.6	1.6	3.2

7.4.5　螺纹标记

完整的螺纹标记由螺纹代号、公差代号和旋合长度代号所组成，各代号间用“－”分开。螺纹代号用“M”和公称直径×细牙螺距(粗牙不注)及螺纹旋向(右旋不注)表示；螺纹公差带代号包括中径公差带和顶径公差带代号；螺纹旋合长度用 S 或 L 表示(中等旋合长度不注，特殊长度直接注)。例如，M18×1－6H7H－L，M25－6g7g－30。

7.5　普通螺纹的测量

螺纹的检测方法

普通螺纹的测量可分为单项测量与综合测量两类。

7.5.1　单项测量

单项测量，就是每次只检测螺纹的某一个参数。在生产中，有时为了对螺纹的加工工艺进行分析，找出影响产品质量的原因，对普通螺纹各参数也分别进行检测。螺纹的单项测量方法和手段很多，目前应用较多的是用螺纹千分尺测量外螺纹中径，利用三针法测量螺纹中径，在工具显微镜上测量螺纹各参数。

7.5.1.1　螺纹千分尺测量外螺纹中径

螺纹千分尺的构造和外径千分尺相似，差别仅在于两个测量头的形状。螺纹千分尺的测量头做成和螺纹牙型相吻合的形状，如图 7－8 所示。即一个为 V 形测量头，与牙型凸起部分相吻合。另一个为圆锥形测量头，与牙型沟槽相吻合。由于测量头是根据标准牙型角和标准螺距制造的，当被测工件存在牙型半角和螺距误差时，测量头与工件不能很好接触，因此测量误差较大，故螺纹千分尺只能用于精度较低的外螺纹测量。

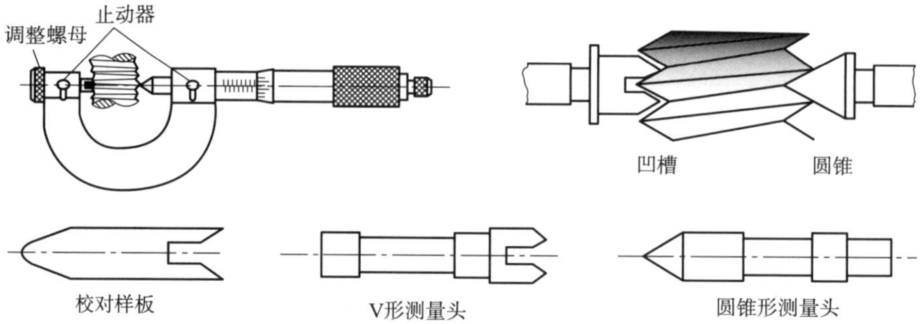

图 7－8　螺纹千分尺

7.5.1.2　三针法测量螺纹单一中径

三针法是一种间接测量法。如图 7－9 所示，将 3 根直径相等的精密量针放在被测螺纹槽中，用接触试量仪或测微量具测出尺寸 M，根据已知的螺距 P、牙型半角 $\alpha/2$ 和直径 d_0，可计算出螺纹单一中径 d_{2a}，即

$$d_{2a}=M-2AC=M-2(AD-CD)$$

其中，$AD=AB+BD=\dfrac{d_0}{2}+\dfrac{d_0}{2\sin\dfrac{\alpha}{2}}=\dfrac{d_0}{2}\left[1+\dfrac{1}{\sin\dfrac{\alpha}{2}}\right]$，$CD=\dfrac{P}{4}\cot\dfrac{\alpha}{2}$

代入得　$$d_{2a}=M-d_0\left[1+\dfrac{1}{\sin\dfrac{\alpha}{2}}\right]+\dfrac{P}{2}\cot\dfrac{\alpha}{2}$$

对于公制螺纹：　$\alpha=60°$，$d_2=M-3d_0+0.866P$

对于梯形螺纹：　　　$\alpha = 30°$，$d_{2a} = M - 4.863d_0 + 1.866P$

式中，d_0 为三针直径；d_{2a}为螺纹单一中径。

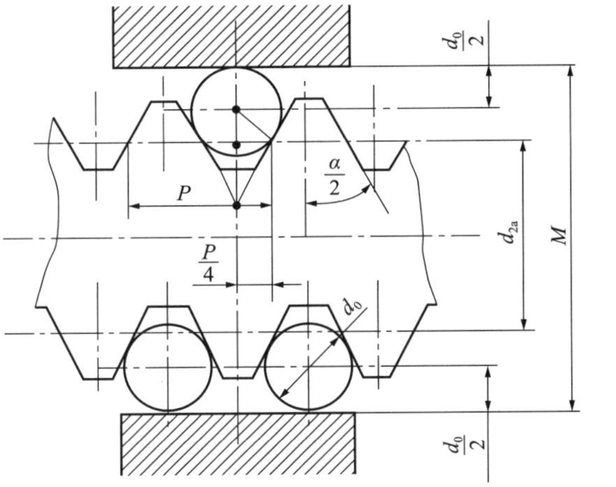

图7－9　三针法测螺纹中径

三针法最大优点就是测量精度高，应用方便。三针精度有0、1两级。

7.5.2　综合测量

综合测量的实质是用螺纹的公差带(极限轮廓)控制螺纹各参数误差、综合形成的实际轮廓，综合测量一次能同时检测螺纹几个参数。

综合测量的主要量具是螺纹极限量规。用螺纹极限量规进行检验，只能判断螺纹是否合格，而不能给出各参数的具体数值，但由于此种检验方法具有效率高、操作简便等特点，故广泛用于大批量生产中。图7－10所示为检验外螺纹的螺纹环规及光滑环规(或卡规)示意图，图7－11所示为检验内螺纹的螺纹塞规及光滑塞规示意图，图中内、外螺纹的阴影部分为螺纹的公差带。

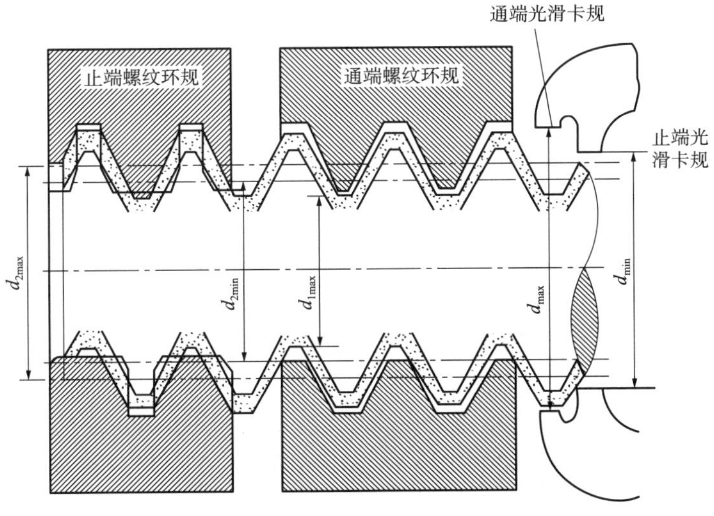

图7－10　螺纹环规和光滑环规示意图

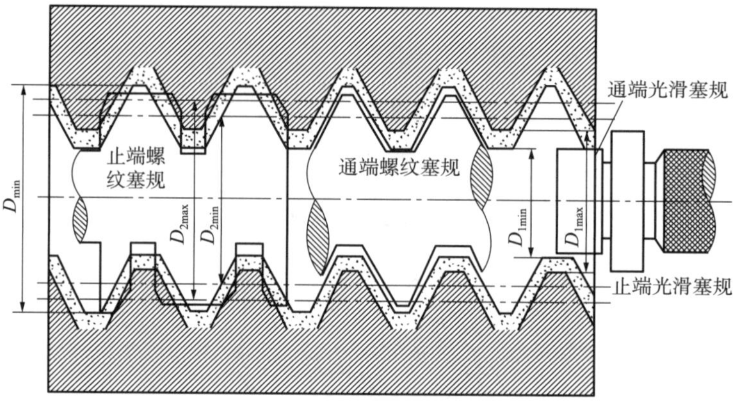

图 7-11　螺纹塞规和光滑塞规示意图

课后练习

1. 填空题

(1)螺纹种类按用途可分为______、______和______三种。

(2)螺纹大径用代号______或______表示，螺纹小径用______或______表示，螺纹中径用______或______表示，其中大写代号代表______，小写代号代表______。

(3)国标规定，普通螺纹的公称直径是指______的公称尺寸。

(4)螺纹螺距 P 与导程 L 的关系是：导程等于______和______的乘积。

(5)国标规定，对内、外螺纹公差带有______、______和______三种精度。

(6)对螺纹旋合长度的规定有三种。短旋合长度用______表示；中等旋合长度用代号______表示；长旋合长度用代号______表示。

(7)螺纹公差带代号包括______和______。

(8)螺纹中径、顶径公差带代号由表示其大小的______和表示其位置的______所组成。

2. 试说明下列螺纹标注中各代号的含义

(1)M18-6H；

(2)M35×2-6g7g-S；

(3)M28×2-6H/6g7g-L。

3. 简答题

(1)为什么称中径公差为综合公差？

(2)内、外螺纹中径是否合格的判断原则是什么？

4. 计算题

(1)查表写出 M20×2-6H/5g6g 的大、中、小径尺寸，中径和顶径的上、下偏差和公差。

(2)有一内螺纹 M20-7H，测得其实际中径 $d_{2a}=18.61$mm，螺距累积误差 $\Delta P_{\Sigma}=40\mu m$，实际牙型半角 $\alpha/2$(左)$=30°30'$，$\alpha/2$(右)$=29°10'$，问此内螺纹的中径是否合格？

第 8 章　圆锥的公差配合与检测

本章主要介绍圆锥配合基础知识，圆锥公差基本术语、项目分类及其选取方法，圆锥配合定义、基本参数、分类及形成等内容，并设置了部分课后练习。

8.1　圆锥的概述

圆锥配合在机械配合当中是一种常见的配合，其特点是具有较高的配合精度，不仅能够传递运动和动力，而且运动副简单、方便拆装等。圆锥的主要参数如图 8－1 所示。

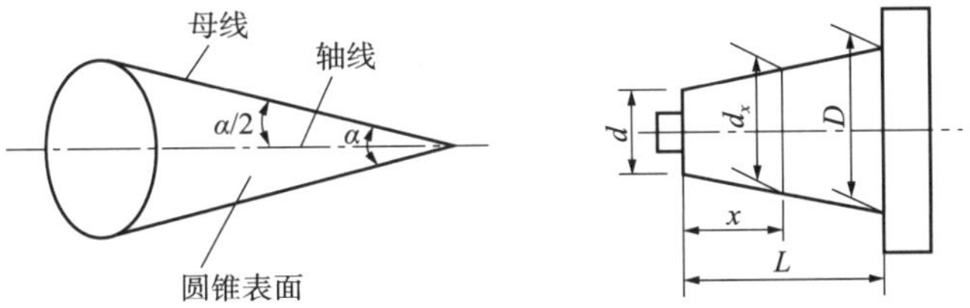

图 8－1　圆锥的主要参数

8.1.1　圆锥体

圆锥体是一个三维立体的空间几何体，其形成过程为：以直角三角形其中一条直角边作为轴线，其余两条边围绕轴线旋转 360°而成。

8.1.2　圆锥的基本术语及定义

8.1.2.1　圆锥表面

圆锥表面是与轴线成某一固定角度，一端与轴线(母线)相交，并且围绕该轴线旋转 360°形成的外表面或内表面。

8.1.2.2　圆锥

圆锥是由圆锥表面与一定尺寸所限定的三维几何体。外圆锥是外表面为圆锥表面的三维几何体；内圆锥是内表面为圆锥表面的三维几何体。

8.1.2.3　圆锥角 α

圆锥轴线的截面内，两条素线之间的夹角称为圆锥角。圆锥角的代号为 α，斜角(圆锥角之半)的代号为 $\alpha/2$。

8.1.2.4　圆锥直径

圆锥直径为圆锥截面圆在垂直于轴线截面上的直径。常用圆锥直径有：最大圆锥直径

D、最小圆锥直径 d 和给定截面圆锥直径 d_x。

8.1.2.5 圆锥长度 *L*

圆锥长度是介于最大圆锥直径 D 与最小圆锥直径 d 之间的轴向距离。

8.1.2.6 锥度 *C*

两个垂直圆锥轴线截面的圆锥直径差与该两截面间的轴向距离之比称为锥度。常用比例或分式表示，比如 $C=1:5$ 或 $C=1/5$。

$$C=\frac{(D-d)}{L}=2\tan\frac{\alpha}{2}=1:\frac{1}{2}\cot\frac{\alpha}{2} \tag{8-1}$$

GB/T 157—2001《产品几何量技术规范(GPS)　圆锥的锥度与锥角系列》规定了一般用途的锥度与圆锥角系列，见表 8-1，应优先选用系列 1，其次选用系列 2。特殊用途的锥度与圆锥角系列见表 8-2。

表 8-1　一般用途的锥度与圆锥角系列(GB/T 157—2001)

基本值		推算值			
		圆锥角 α			锥度 C
系列 1	系列 2			rad	
120°				2.09439510	1 : 0.2886751
90°				1.57079633	1 : 0.5000000
	75°			1.30899694	1 : 0.6516127
60°				1.04719755	1 : 0.8660254
45°				0.78539816	1 : 1.2071068
30°				0.52359878	1 : 1.8660254
1 : 3		18°55′28.7199″	18.92464442°	0.33029735	—
	1 : 4	14°15′0.1177″	14.25003270°	0.24870999	—
1 : 5		11°25′16.2706″	11.42118627°	0.19933730	—
	1 : 6	9°31′38.2202″	9.52728338°	0.16628246	—
	1 : 7	8°10′16.4408″	8.17123356°	0.14261493	—
	1 : 8	7°9′9.6075″	7.15266875°		—
1 : 10		5°43′29.3176″	5.72481045°	0.09991679	—
	1 : 12	4°46′18.7970″	4.77188806°	0.08328516	—
	1 : 15	3°49′5.8975″	3.81830487°		—
1 : 20		2°51′51.0925″	2.86419237°	0.04998959	—
1 : 30		1°54′34.8570″	1.90968251°	0.03333025	—
1 : 50		1°8′45.1586″	1.14587740°	0.01999933	—
1 : 100		34′22.6309″	0.57295302°	0.00999992	—
1 : 200		17′11.3219″	0.28647830°	0.00499999	—
1 : 500		6′52.5295″	0.11459152°	0.00200000	—

注：系列 1 中 120°~1 : 3 的数值近似按 R10/2 优先数系列，1 : 5~1 : 500 按 R10/3 优先数系列(见 GB/T 321)。

表8－2　特殊用途的锥度与圆锥角系列(GB/T 157—2001)

基本值	推算值				标准号 GB/T (ISO)	用途
	圆锥角			锥度 C		
			rad			
11°54′			0.20769418	1∶4.7974511	(5237) (8489－5)	纺织机械和附件
8°40′			0.15126187	1∶6.5984415	(8489－3) (8489－4) (324.575)	
7°			0.12217305	1∶8.174927	(8489－2)	
1∶38	1°30′22.7080″	1.50769667°	0.02631427		(368)	
1∶64	0°53′42.8220″	0.89522834°	0.01562468		(368)	
7∶24	16°35′39.4443″	16.59429008°	0.28962500	1∶3.4285714	3837.3 (297)	机床主轴 工具配合
1∶12.262	4°40′12.1514″	4.67004205°	0.08150761		(239)	贾各锥度 No.2
1∶12.972	4°24′52.9039″	4.41469552°	0.07705097		(239)	贾各锥度 No.1
1∶15.748	3°38′13.4429″	3.63706747°	0.06347880		(239)	贾各锥度 No.33
6∶100	3°26′72.1776″	3.43671600°	0.05998201	1∶16.6666667	1962 (594－1) (595－1) (595－2)	医疗设备
1∶18.779	3°3′1.2070″	3.05033527°	0.05323839		(239)	贾各锥度 No.3
1∶19.002	3°0′52.3956″	3.01455434°	0.05261390		1443(296)	莫氏锥度 No.5
1∶19.180	2°59′11.7258″	2.98659050°	0.05212584		1443(296)	莫氏锥度 No.6
1∶19.212	2°58′53.8255″	2.98161820°	0.05203905		1443(296)	莫氏锥度 No.0
1∶19.254	2°58′30.4217″	2.97511713°	0.05192559		1443(296)	莫氏锥度 No.4
1∶19.264	2°58′24.8644″	2.97357343°	0.05189865		(239)	贾各锥度 No.6
1∶19.922	2°52′31.4463″	2.87540176°	0.05018523		1443(296)	莫氏锥度 No.3
1∶20.020	2°51′40.7960″	2.86133223°	0.04993967		1443(296)	莫氏锥度 No.2
1∶20.047	2°51′26.9283″	2.85748008°	0.04987244		1443(296)	莫氏锥度 No.1
1∶20.288	2°49′24.7802″	2.82355006°	0.04928025		(239)	贾各锥度 No.0
1∶23.904	2°23′47.6244″	2.39656232°	0.04182790		1443(296)	布朗夏普锥度 No.1 至 No.3
1∶28	2°2′45.8174″	2.04606038°	0.03571049		(8382)	复苏器(医用)
1∶36	1°35′29.2096″	1.59144711°	0.02777599		(5356－1)	麻醉器具
1∶40	1°25′56.3516″	1.43231989°	0.02499870			

在零件图样上，锥度用特定的图形符号和比例(或分数)来标注，在图样上标注了锥度，就不必标注圆锥角，两者不应重复标注，如表 8－3 所示。

表 8－3　锥度的标注示例

标注方法	图例	标注方法	图例
由锥度 C、最大端圆锥直径 D 及圆锥长度 L 组成	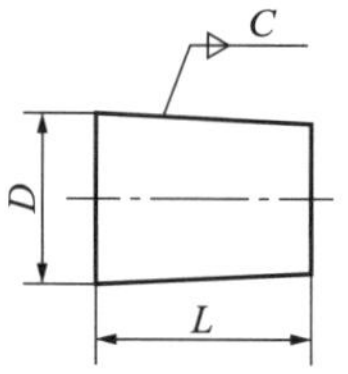	由锥度 C、给定截面处直径 d_x、给定截面长度 L_x 及圆锥总长度 L' 组成	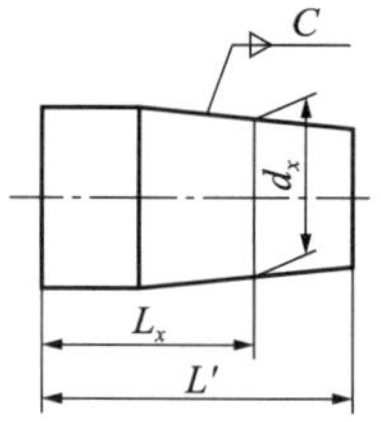
由锥度 C、最小端圆锥直径 d 及圆锥长度 L 组成	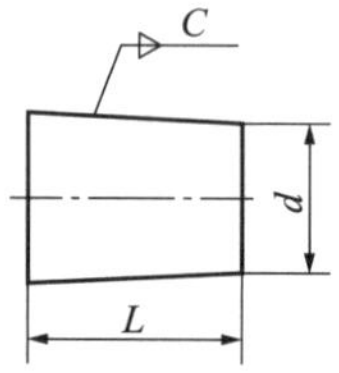	采用莫氏锥度时，用相应标准中规定的标记表示	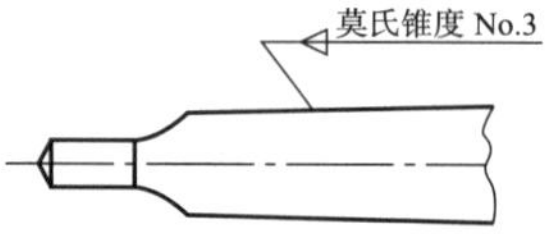

在零件图样上，对圆锥只要标注一个圆锥直径(D、d 或 d_x)、圆锥角仪和圆锥长度(L 或 L_x)，或者标注最大与最小圆锥直径 D、d 和圆锥长度 L，见表 8－4，则该圆锥就被完全确定了。

表 8－4　圆锥的标注示例

标注方法	图例	标注方法	图例
由最大端圆锥直径 D、圆锥角 α 和圆锥长度 L 组成	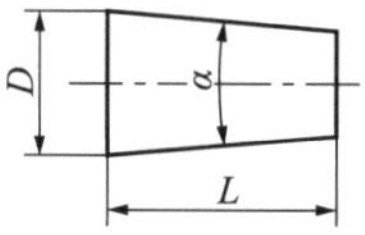	由最小端圆锥直径 d、圆锥角 α 和圆锥长度 L 组成	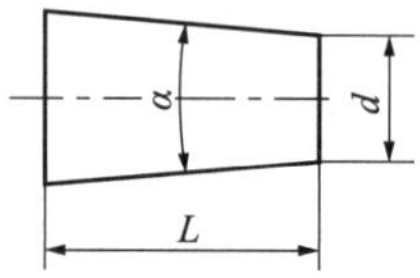
由给定截面处直径 d_x、锥角 α、给定截面的长度 L_x 和圆锥总长度 L' 组成	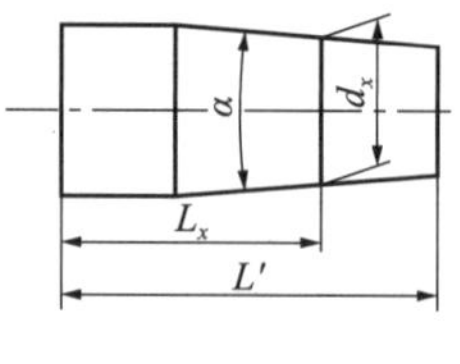	增加附加尺寸 $\alpha/2$，此时 $\alpha/2$ 应加括号作为参考尺寸	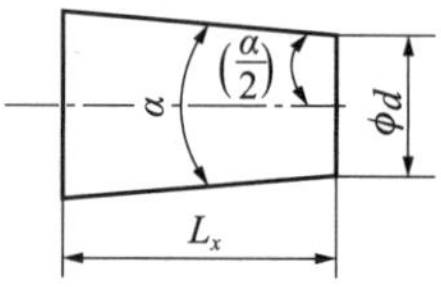
由最大端圆锥直径 D、最小端圆锥直径 d 及圆锥长度 L 组成	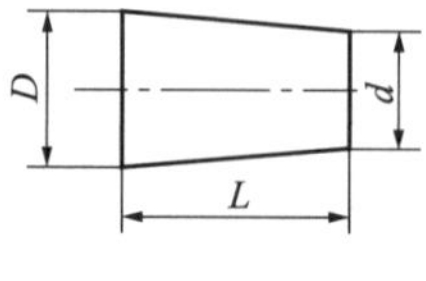		

8.2 圆锥的公差

8.2.1 圆锥公差的术语及定义

8.2.1.1 公称圆锥

公称圆锥是设计给定的理想形状的圆锥。公称圆锥可以用两种方式确定：给定一个公称圆锥直径（D、d、d_x）、公称圆锥长度 L、公称圆锥角 α（或公称锥度 C）；给定两个公称圆锥直径和一个公称圆锥长度（D、d、L）。圆锥的几何参数如图 8－2 所示。

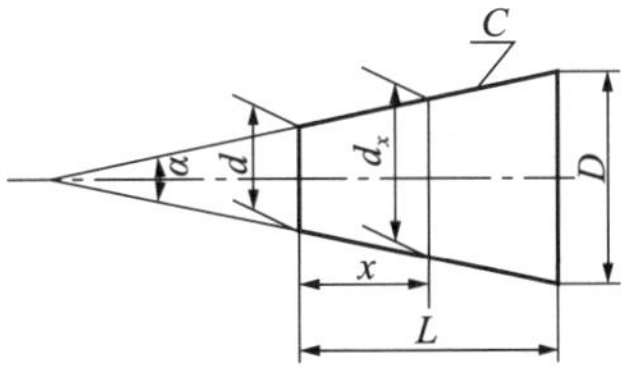

图 8－2 圆锥的几何参数

8.2.1.2 极限圆锥

极限圆锥是实际圆锥允许变动的界限，分为最大、最小极限圆锥。极限圆锥是与公称圆锥共轴且圆锥角相等、直径分别为上极限直径和下极限直径的两个圆锥。在垂直圆锥轴线的任一截面上，这两个圆锥的直径差都相等。合格的实际圆锥必须在两个极限圆锥限定的空间区域内。

8.2.1.3 圆锥直径公差 T_D

圆锥直径公差是圆锥直径的允许变动量。其数值等于允许的上极限圆锥直径与下极限圆锥直径之差：

$$T_D = D_{max} - D_{min} = d_{max} - d_{min} \tag{8-2}$$

8.2.1.4 圆锥直径公差区（带）

圆锥直径公差区（带）是两个极限圆锥所限定的区域（图 8－3）。

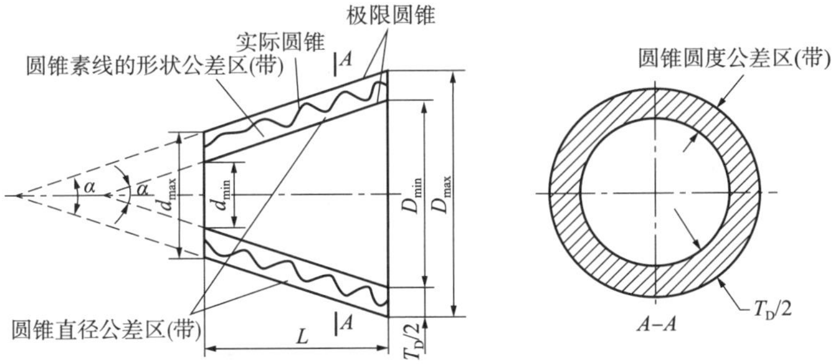

图 8－3 极限圆锥和直径公差区（带）

8.2.1.5 给定截面圆锥直径公差 T_{DS}

给定截面圆锥直径公差是在垂直于圆锥轴线的给定截面内，圆锥直径允许的变动量。

8.2.1.6 给定截面圆锥直径公差区

给定截面圆锥直径公差区是在给定的圆锥截面内，由两个同心圆所限定的区域（图 8－4）。

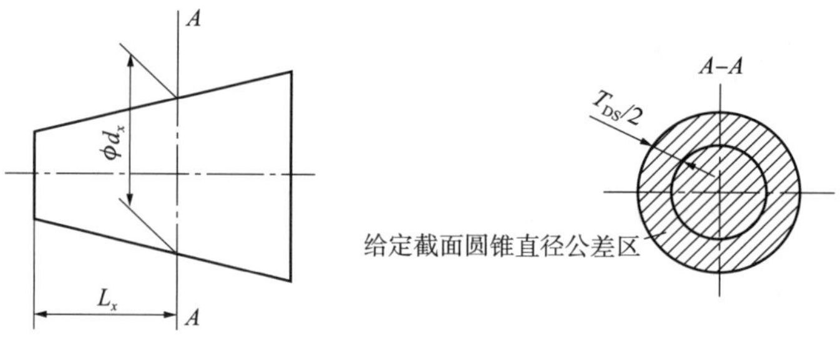

图 8 – 4　给定截面圆锥直径公差区

8.2.1.7　极限圆锥角

极限圆锥角是指允许的上极限或下极限圆锥角，它们分别用符号 α_{max} 和 α_{min} 表示。

8.2.1.8　圆锥角公差 AT(AT_α 或 AT_D)

圆锥角公差是圆锥角的允许变动量。

$$AT_\alpha = \alpha_{max} - \alpha_{min} \tag{8-3}$$

8.2.1.9　圆锥角公差区(带)

圆锥角公差区(带)是由两个极限圆锥角所限定的区域(图 8 – 5)。

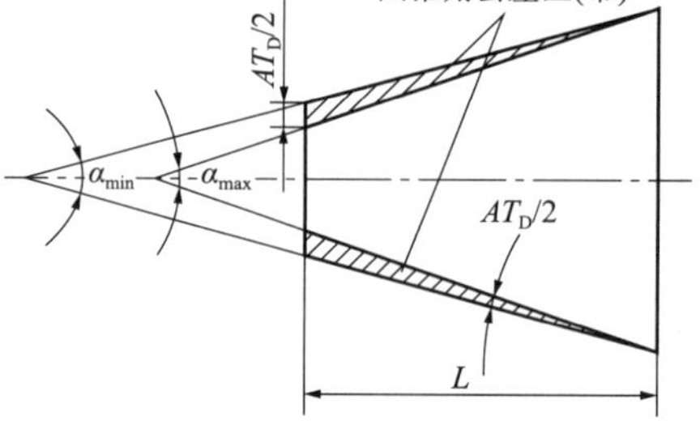

图 8 – 5　圆锥角公差区(带)

圆锥角公差 AT 按加工精度的高低分为 12 个等级，其中 AT1 级精度最高，AT12 级精度最低。圆锥角公差数值见表 8 – 5。

表 8 – 5　圆锥角公差数值表(摘自 GB/T 11334—2005)

公称圆锥长度 L/mm		圆锥角公差等级								
		AT1			AT2			AT3		
		AT_α		AT_D	AT_α		AT_D	AT_α		AT_D
大于	至	urad	(″)	μm	prad	(″)	μm	urad	(″)	μm
自 6	10	50	10	>0.3 ~ 0.5	80	16	>0.5 ~ 0.8	125	26	>0.8 ~ 1.3
10	16	40	8	>0.4 ~ 0.6	63	13	>0.6 ~ 1.0	100	21	>1.0 ~ 1.6
16	25	31.5	6	>0.5 ~ 0.8	50	10	>0.8 ~ 1.3	80	16	>1.3 ~ 2.0
25	40	25	5	>0.6 ~ 1.0	40	8	>1.0 ~ 1.6	63	13	>1.6 ~ 2.5
40	63	20	4	>0.8 ~ 1.3	31.5	6	>1.3 ~ 2.0	50	10	>2.0 ~ 3.2

续表

公称圆锥长度 L/mm		圆锥角公差等级								
		AT1			AT2			AT3		
		AT_{α}		AT_{D}	AT_{α}		AT_{D}	AT_{α}		AT_{D}
大于	至	urad	(″)	μm	prad	(″)	μm	urad	(″)	μm
63	100	16	3	>1.0~1.6	25	5	>1.6~2.5	40	8	>2.5~4.0
100	160	12.5	2.5	>1.3~2.0	20	4	>2.0~3.2	31.5	6	>3.2~5.0
160	250	10	2	>1.6~2.5	16	3	>2.5~4.0	25	5	>4.0~6.3
250	400	8	1.5	>2.0~3.2	12.5	2.5	>3.2~5.0	20	4	>5.0~8.0
400	630	6.3	1	>2.5~4.0	10	2	>4.0~6.3	16	3	>6.3~10.0

公称圆锥长度 L/mm		圆锥角公差等级								
		AT4			AT5			AT6		
		AT_{α}		AT_{D}	AT_{α}		AT_{D}	AT_{α}		AT_{D}
大于	至	prad		μm	prad		μm	prad		μm
自 6	10	200	41″	>1.3~2.0	315	1′05″	>2.0~3.2	500	1′43″	>3.2~5.0
10	16	160	33″	>1.6~2.5	250	52″	>2.5~4.0	400	1′22″	>4.0~6.3
16	25	125	26″	>2.0~3.2	200	41″	>3.2~5.0	315	1′05″	>5.0~8.0
25	40	100	21″	>2.5~4.0	160	33″	>4.0~6.3	250	52″	>6.3~10.0
40	63	80	16″	>3.2~5.0	125	26″	>5.0~8.0	200	41″	>8.0~12.5
63	100	63	13″	>4.0~6.3	100	21″	>6.3~10.0	160	33″	>10.0~16.0
100	160	50	10″	>5.0~8.0	80	16″	>8.0~12.5	125	26″	>12.5~20.0
160	250	40	8″	>6.3~10.0	63	13″	>10.0~16.0	100	21″	>16.0~25.0
250	400	31.5	6″	>8.0~12.5	50	10″	>12.5~20.0	80	16″	>20.0~32.0
400	630	25	5″	>10.0~16.0	40	8″	>16.0~25.0	63	13″	>25.0~40.0

公称圆锥长度 L/mm		圆锥角公差等级								
		AT7			AT8			AT9		
		AT_{α}		AT_{D}	AT_{α}		AT_{D}	AT_{α}		AT_{D}
大于	至	prad		μm	prad		μm	prad		μm
自 6	10	800	2′45″	>5.0~8.0	1250	4′18″	>8.0~12.5	2000	6′52″	>12.5~20
10	16	630	2′10″	>6.3~10.0	1000	3′26″	>10.0~16.0	1600	5′30″	>16~25
16	25	500	1′43″	>8.0~12.5	800	2′45″	>12.5~20.0	1250	4′18″	>20~32
25	40	400	1′22″	>10.0~16.0	630	2′10″	>16.0~20.5	1000	3′26″	>25~40
40	63	315	1′05″	>12.5~20.0	500	1′43″	>20.0~32.0	800	2′45″	>32~50
63	100	250	52″	>16.0~25.0	400	1′22″	>25.0~40.0	630	2′10″	>40~63
100	160	200	41″	>20.0~32.0	315	1′05″	>32.0~50.0	500	1′43″	>50~80
160	250	160	33″	>25.0~40.0	250	52″	>40.0~63.0	400	1′22″	>63~100
250	400	125	26″	>32.0~50.0	200	41″	>50.0~80.0	315	1′05″	>80~125
400	630	100	21″	>40.0~63.0	160	33″	>63.0~100.0	250	52″	>100~160

续表

公称圆锥长度 L/mm		圆锥角公差等级								
		AT10			AT11			AT12		
		AT_{α}		AT_{D}	AT_{α}		AT_{D}	AT_{α}		AT_{D}
大于	至	μrad		μm	μrad		μm	μrad		μm
自 6	10	3150	10′49″	>20~32	5000	17′10″	>32~50	8000	27′28″	>50~80
10	16	2500	8′35″	>25~40	4000	13′44″	>40~63	6300	21′38″	>63~100
16	25	2000	6′52″	>32~50	3150	10′49″	>50~80	5000	17′10″	>80~125
25	40	1600	5′30″	>40~63	2500	8′35″	>63~100	4000	13′44″	>100~160
40	63	1250	4′18″	>50~80	2000	6′52″	>80~125	3150	10′49″	>125~200
63	100	1000	3′26″	>63~100	1600	5′30″	>100~160	2500	8′35″	>160~250
100	160	800	2′45″	>80~125	1250	4′18″	>125~200	2000	6′52″	>200~320
160	250	630	2′10″	>100~160	1000	3′26″	>160~250	1600	5′30″	>250~400
250	400	500	1′43″	>125~200	800	2′45″	>200~320	1250	4′18″	>320~500
400	630	400	1′22″	>160~250	630	2′10″	>250~400	1000	3′26″	>400~630

注：1μrad 等于半径为 1m、弧长为 1μm 所对应的圆心角。5μrad≈1″(秒)；300μrad = 1′(分)。

圆锥角公差 AT，可用角度值 AT_{α} 或线性值 AT_{D} 给定。AT_{α} 与 AT_{D} 的换算关系为：

$$AT_{D} = AT_{\alpha} \times L \times 10 \quad (8-4)$$

式中，AT_{D} 的单位为 μm；AT_{α} 的单位为微弧度(μrad)；L 的单位为 mm。

8.2.1.10 圆锥形状公差 T_{F}

圆锥形状公差包括圆锥素线直线度公差和截面圆度公差。一般情况下，由对应的两极限圆锥公差带限制；当对形状精度有更高要求时，应单独给出相应的形状公差。其数值可从 GB/T 1184—1996《形状和位置公差　未注公差》中选取，但应不大于圆锥直径公差值的一半。

8.2.1.11 给定截面圆锥直径公差 T_{DS}

给定截面圆锥直径公差是指在垂直圆锥轴线的给定截面内，圆锥直径的允许变动量；给定截面圆锥直径公差区是在给定圆锥截面内，由直径等于两极限圆锥直径的同心圆所限定的区域(图 8-6)。

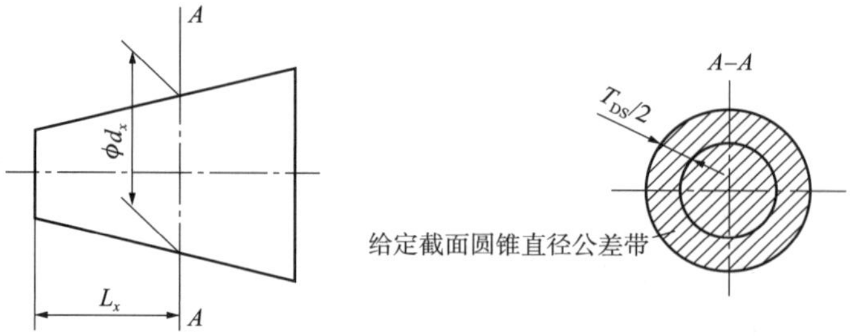

图 8-6　给定截面圆锥直径公差 T_{DS}

要注意 T_{DS} 与圆锥直径公差 T_D 的区别，T_D 对整个圆锥上任意截面的直径都起作用，其公差区限定的是空间区域，而 T_{DS} 只对给定的截面起作用，其公差区限定的是平面区域。

8.2.2　圆锥公差的标注

圆锥公差的标注，应根据圆锥的功能要求和工艺特点选择公差项目。在图样上标注互相配合的内、外圆锥尺寸和公差时，内、外圆锥必须具有相同的公称圆锥角(或公称锥度)，标注直径公差的圆锥直径必须具有相同的公称尺寸。圆锥公差通常可以采用面轮廓度法，有配合要求的结构型内、外圆锥也可采用公称维度法。圆锥公差标注实例见表 8-6。

表 8-6　圆锥公差标注实例

序号	面轮廓度标注法	序号	公称锥度标注法
1	给定圆锥角 α 与最大端圆锥直径 D 给出面轮廓度公差 t 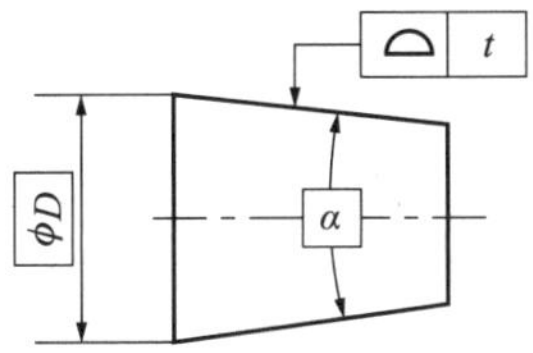	1	给定圆锥角 α 与最大圆锥直径与公差 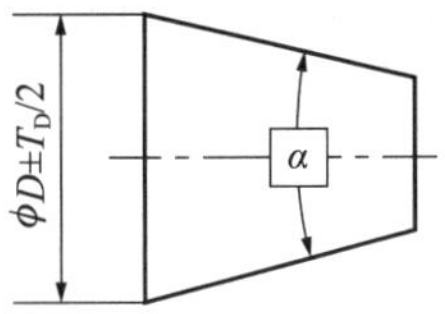
2	给定锥度 C 与最大端圆锥直径 D 给出面轮廓度公差 t 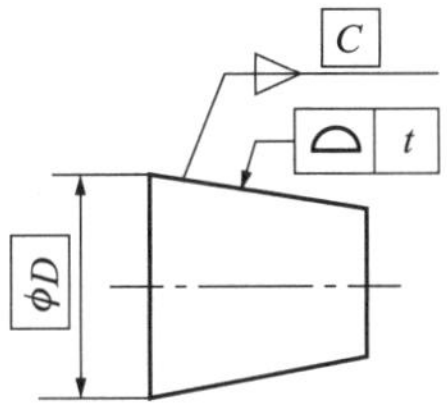	2	给定锥度与给定截面的圆锥直径与公差 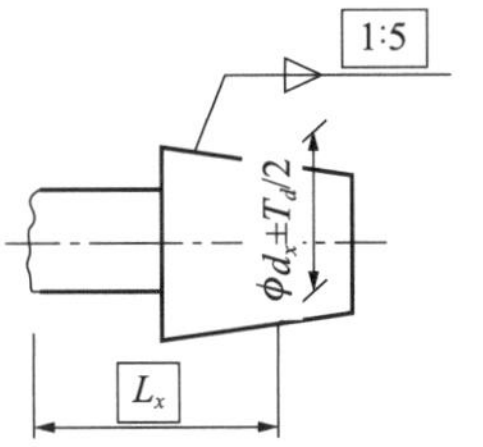
3	给定锥度 C 与轴向位置尺寸 L_x 和 d_x 以理论正确的 C 和 L_x、d_x 给出面轮廓度公差 t 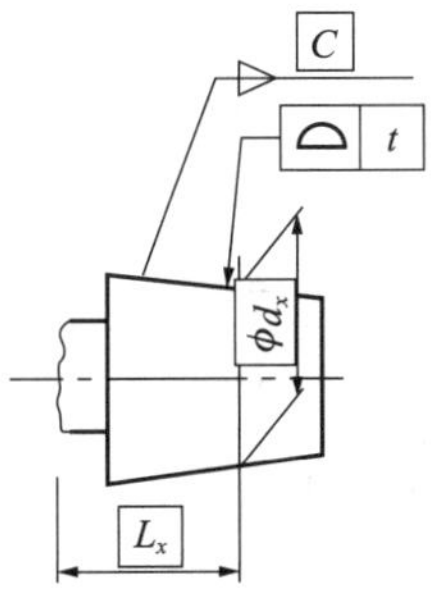	3	给定锥度 C 及最大圆锥直径及公差，同时又给出相对基准 A 的倾斜度公差 t，以限制实际圆锥面相对于基准 A 的倾斜 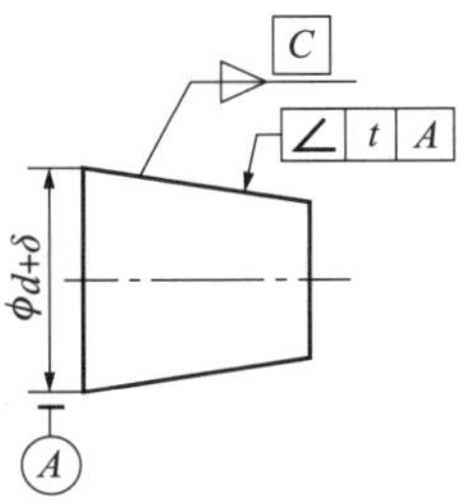

8.3 圆锥的配合

8.3.1 圆锥配合的定义

圆锥配合是指基本圆锥相同的内、外圆锥直径之间，由于连接不同所形成的相互关系。

8.3.2 圆锥配合的种类及形成

圆锥配合的配合性质是通过规定相结合的内、外圆锥的轴向相对位置形成的。GB/T 12360—2005《产品几何量技术规范(GPS) 圆锥配合》适用于锥度从1∶3到1∶500、圆锥长度L 6～630mm的光滑圆锥。

圆锥配合有以下三种类型。

8.3.2.1 间隙配合

间隙配合具有间隙，而且在装配和使用过程中间隙大小可以调整，常用于有相对运动的机构中，如某些车床主轴的圆锥轴颈与圆锥滑动轴承衬套的配合。

8.3.2.2 过盈配合

过盈配合具有过盈，能借助于相互配合的圆锥面间的自锁，产生较大的摩擦力来传递转矩，例如钻头(或铰刀)的圆锥柄与机床主轴圆锥孔的配合、圆锥形摩擦离合器中的配合等。

8.3.2.3 过渡配合

过渡配合很紧密，间隙为零或略小于零，主要用于定心或密封场合，如锥形旋塞、发动机中的气阀与阀座的配合等。通常要将内、外圆锥成对研磨，故这类配合一般没有互换性。

8.3.2.4 圆锥配合的形成方式

按内、外圆锥相对位置的确定方法，圆锥配合的形成有以下两种方式。

(1)结构型圆锥配合

用适当的结构，使内、外圆锥保持固定的相对轴向位置，以圆锥直径公差区相对位置形成不同配合。结构型圆锥配合可以是间隙配合、过盈配合或过渡配合(图8-7)。

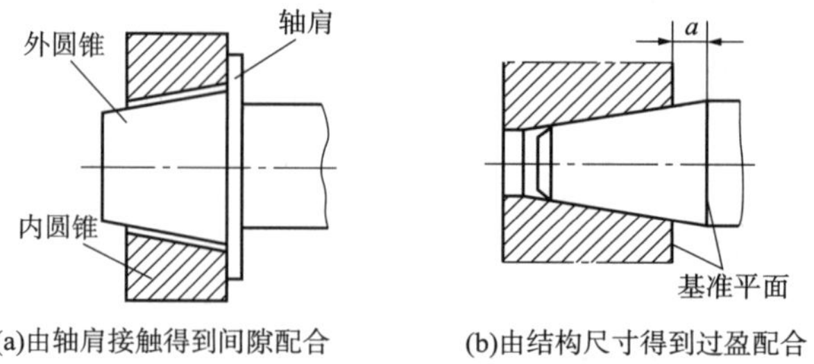

图8-7 结构型圆锥配合

(2)位移型圆锥配合

位移型圆锥配合是指由规定内、外圆锥在装配时作一定相对轴向位移(E_a)确定的相互关系。位移型圆锥配合可获得间隙配合或过盈配合(图8－8)。

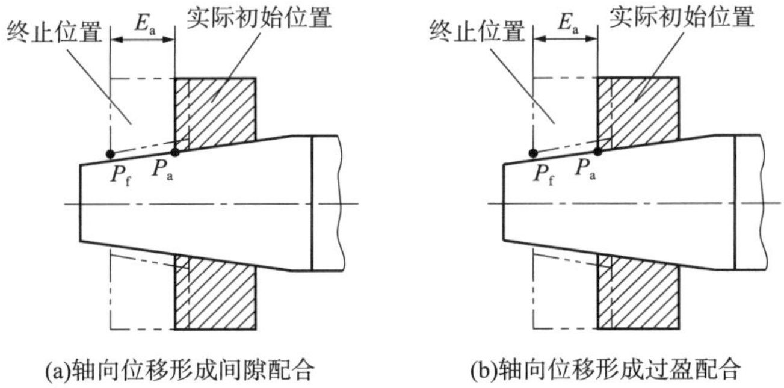

图8－8　位移型圆锥配合

结构型圆锥配合的圆锥直径公差带的代号和数值及公差等级，采用GB/T 12360—2005《产品几何量技术规范(GPS)　圆锥配合》规定的标准公差系列与基本偏差系列。为了减少定值刀具的数目，推荐优先采用基孔制配合，即内圆锥直径基本偏差为H。

位移型圆锥配合的圆锥直径公差带可根据对终止位置基面距的要求和对接触精度的要求来选取。如对基面距有要求，公差等级一般在IT8～IT12之间选取，必要时，应通过计算来选取和校核内、外圆锥的公差带；若对基面距无严格要求，可选较低的直径公差等级，以便使加工更经济。

8.4　角度公差

在常见的机械结构中，常用到含角度的构件，如常见的燕尾槽、V形架、楔块等。这些构件的主要几何参数是角度。角度的精度高低决定其工作精度。故对角度这一几何参数也应提出公差要求。角度公差分两种：一种是角度注出公差；另一种是未注公差角度的极限偏差。

8.4.1　角度注出公差

角度注出公差值可以从圆锥角公差表8－5中查取。查取时，以形成角度的两个边的短边长度值为表中的L值。

8.4.2　未注公差角度的极限偏差

国家对金属切削加工件的未注公差角度规定了极限偏差，即GB/T 1804—2000《一般公差　未注公差的线性和角度尺寸的公差》，将未注公差角度的极限偏差分为f、m、c、v共4个等级，即精密级、中等级、粗糙级和最粗级。每个等级列有不同的极限偏差值，见表8－7。以角度的短边长度查取。用于圆锥时，以圆锥素线长度查取。

表 8－7　未注公差角度的极限偏差(GB/T 1804—2000)　mm

公差等级	长度分段				
	~10	>10~50	>50~120	>120~400	>400
精密 f 中等 m	±1°	±30′	±20′	±10′	±5′
粗糙 c	±1°30′	±1°	±30′	±15′	±10′
最粗 v	±3°	±2°	±1°	±30′	±20′

8.4.3　圆锥角和锥度的测量

8.4.3.1　直接测量法

直接测量圆锥角是指用万能角度尺(图 8－9)、光学测角仪等计量器具测量实际圆锥角的数值。图 8－10 所示为用光学分度头和自准直仪检定角度块。

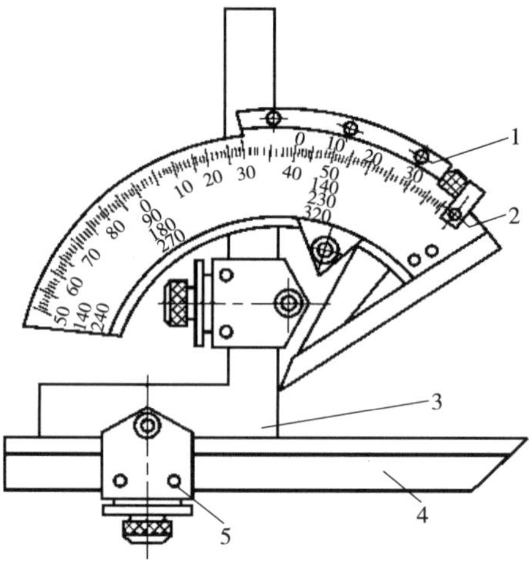

图 8－9　万能角度尺

1—游标尺；2—尺身；3—90°角尺架；4—直尺；5—夹子

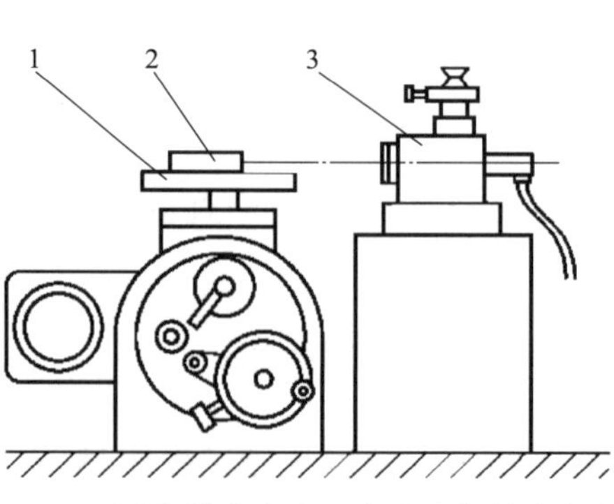

图 8－10　用光学分度头和自准直仪检定角度块

1—专用检具；2—被检角度块；3—自准直仪

8.4.3.2 间接测量法

正弦规是锥度测量中常用的计量器具，适用于测量圆锥角小于30°的锥度。测量前，首先按公式 $h = L\sin\alpha$ 计算量块组的高度 h（式中，α 为公称圆锥角；L 为正弦规两圆柱中心距，分为100mm和200mm两种），按图8－11所示进行测量。

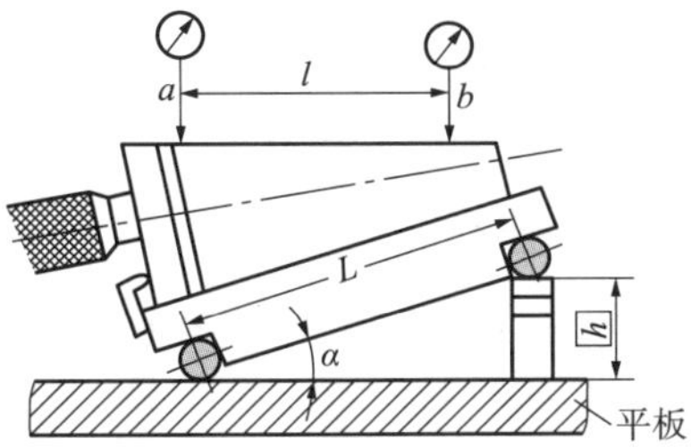

图8－11 用正弦尺测量圆锥量规

8.4.3.3 比较测量法

在大批量生产条件下，圆锥的检验多用圆锥量规（图8－12）。用圆锥量规检验工件时，首先用涂色法检验工件的锥度。即在量规上沿母线方向薄薄地涂上2～3条显示剂（红丹粉或蓝油，然后轻轻地和工件相对转动 t，转动角不大于180°），根据着色接触情况判断锥角偏差，若均匀地被擦去，说明锥角偏差小。然后，再用圆锥量规检验基面距偏差，基面距处于圆锥量规上相距 m 的两条刻线之间为合格，m 为允许的轴向位移量，单位为mm。

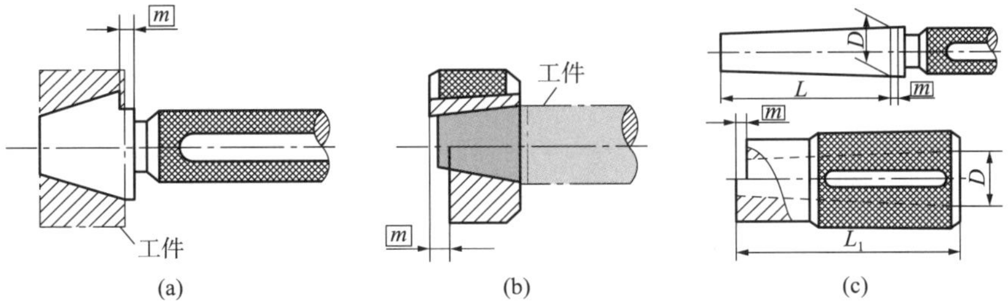

图8－12 圆锥量规

课后练习

1. 填空题

(1) 两个垂直圆锥轴线截面的圆锥直径差与该两截面间的轴向距离之比称为____。常用____表示，比如 $C=1:5$ 或 $C=1/5$。

(2) 圆锥角公差 A_T 按加工精度的高低分为12个等级，其中____级精度最高，____级精度最低。

(3) 按内、外圆锥相对位置的确定方法，圆锥配合的形成有________和________，圆锥角和锥度的测量可以采用______和______。

(4) 大批量生产条件下，圆锥的检验多用________。用圆锥量规检验工件时，首先用

________检验工件的锥度。

(5)______是锥度测量中常用的计量器具，适用于测量圆锥角小于30°的锥度。

2. 判断题

(1)在零件图样上，锥度用特定的图形符号和比例(或分数)来标注，在图样上标注了锥度，也可以标注圆锥角。 (　　)

(2)国家对金属切削加工件的未注公差角度规定了极限偏差，将未注公差角度的极限偏差分为m、c、v共3个等级，其中m为中等级。 (　　)

(3)在大批量生产条件下，圆锥的检验多用圆锥量规。用圆锥量规检验工件时，首先用涂色法检验工件的锥度，再用圆锥量规检验基面距偏差。 (　　)

(4)圆锥直径公差 T_D 为两个极限圆锥所限定的区域。 (　　)

第 9 章　滚动轴承的公差配合与检测

本章主要介绍了滚动轴承的基础知识，滚动轴承的精度等级、公差带及其选用等内容，并设置了部分课后练习。

滚动轴承概述

9.1　滚动轴承概述

滚动轴承是机械制造业中应用的一种标准部件，具有减摩，承受径向载荷、轴向载荷或径向与轴向联合载荷的功能，并起对机械零部件间相对位置进行定位的作用，它既可以用于支承旋转的轴，又可以减少轴与支承部件之间的摩擦力，广泛地用于机械传动中。

滚动轴承一般由内圈、外圈、滚动体及保持架等四部分组成(图 9－1)。通常内圈用过盈配合与轴颈装配在一起，外圈则以较小的间隙配合装在轴承座孔内，内、外圈的一侧均有滚道，工作时，内、外圈作相对转动，滚动体可在滚道内滚动。为防止滚动体相互接触而增加摩擦，常用保持架将滚动体均匀地分开。

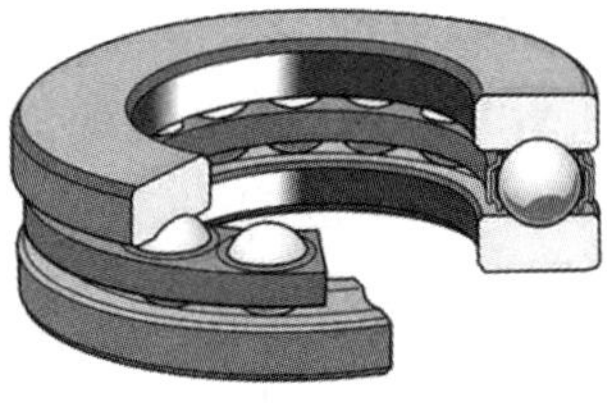

图 9－1　滚动轴承

9.1.1　滚动轴承的分类

按滚动体结构：球轴承、滚子轴承、滚针轴承。

按承受载荷形式：向心轴承、推力轴承、向心推力轴承。

向心轴承：主要承受径向力[图 9－2(a)]。

推力轴承：主要承受轴向力[图 9－2(b)]。

向心推力轴承：同时承受径向力和轴向力[图 9－2(c)]。

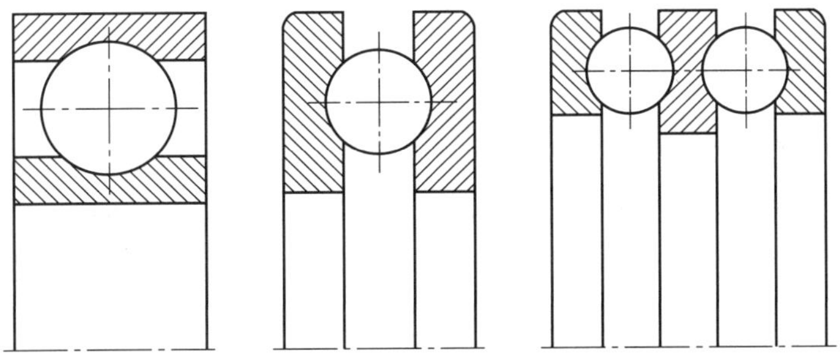

(a)深沟球轴承　(b)单向推力球轴承　(c)双向推力球轴承

图 9－2　滚动轴承的分类

滚动轴承的安装如图9－3所示。外圈与箱体上的轴承座配合，内圈与旋转的轴颈配合。通常外圈固定不动，因而外圈与轴承座为过盈配合；内圈随轴一起旋转，内圈与轴也为过盈配合。考虑到运动过程中轴会受热变形延伸，一端轴承应能够作轴向调节，调节好后应轴向锁紧。

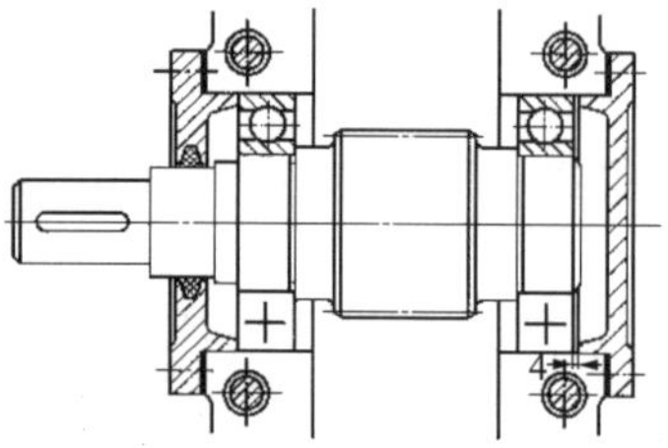

图9－3　滚动轴承的安装

9.1.2　滚动轴承的工作方式

9.1.3　滚动轴承的类型选择

选择轴承类型应考虑以下因素。

9.1.3.1　轴承工作载荷的大小、方向和性质

(1)载荷大且有冲击振动时，宜选用滚子轴承；载荷小且平稳时，可选用球轴承。

(2)承受纯径向载荷：深沟球轴承和圆柱滚子轴承。

(3)承受纯轴向载荷：单向推力球轴承和双向推力球轴承。

(4)同时承受径向和轴向载荷：圆锥滚子轴承、角接触球轴承和深沟球轴承。

9.1.3.2　轴承转速的高低

(1)轴承的工作转速应低于其极限转速。

(2)球轴承的极限转速高于滚子轴承，当转速较高时，宜选用球轴承。

(3)同类轴承中，直径系列小的(外径小)轴承宜用于高速，反之用于低速。

9.1.3.3　轴颈和安装空间允许的尺寸范围

(1)对需要经常装拆或支承长轴的轴承，为便于装拆，应选用内、外圈可分离的轴承，比如圆锥滚子轴承、圆柱滚子轴承。

(2)当径向尺寸受到限制时，可选用滚针轴承，如：曲柄销及万向联轴器中的轴承。

9.1.3.4　对轴承提出的特殊要求

(1)特殊结构轴承较一般结构轴承的价格高。

(2)公差等级不同，价格相差悬殊。在满足使用要求的前提下，应尽量选用0级公差轴承。

(3)当径向载荷与轴向载荷均较大时可将径向轴承和推力轴承组合使用。

9.1.4　滚动轴承的主要失效形式

(1)疲劳点蚀。由于滚动体和内、外圈滚道之间产生的脉动循环应力，导致接触疲劳破坏——疲劳点蚀，使轴承运转时产生振动、噪声，并加速磨损使其失去工作能力，疲劳点蚀是轴承正常工作条件下的主要失效形式，应进行疲劳寿命计算。

(2)塑性变形。在很大的静载荷或冲击载荷作用下，滚道和滚动体会出现不均匀的永久塑性变形凹坑，使轴承工作时产生剧烈振动。为防止塑性变形，需对低速、重载以及大冲击条件下工作的轴承进行静强度设计计算。

(3)磨损。在润滑不良和多粉尘条件下，轴承的滚道和滚动体会产生磨损，速度较高时还可能产生胶合。为防止和减轻磨损，应限制轴承的工作转速，并加强润滑和密封。

9.2 滚动轴承精度等级及选用

滚动轴承用来支承轴，是应用极为广泛的一种标准部件，由深沟球轴承结构可知，内圈与传动轴的轴颈配合，外圈与轴承座孔配合，属于典型的光滑圆柱配合。滚动轴承的工作性能和使用寿命，取决于本身的制造精度，也与其配合件即轴承座孔、传动轴的配合性质，以及轴承座孔、传动轴轴颈的尺寸精度、几何公差和表面粗糙度等因素有关。

9.2.1 滚动轴承的精度等级

9.2.1.1 滚动轴承的公差等级

滚动轴承按其内、外圈基本尺寸的公差和旋转精度分为五级：其名称和代号由低到高分别为普通级 P0、中级 P6(P6x)、较高级 P5、高级 P4 及精密级 P2(GB/T 307.1—2017《滚动轴承　向心轴承　产品几何技术规范(GPS)和公差值》)，其中 P0 级最低，P2 级最高。滚动轴承精度等级应用情况见表 9－1。

表 9－1　滚动轴承精度等级应用

精度等级	应用	示例
普通级 P0	主要用于低、中速及旋转精度要求不高的一般机构	普通机床变速箱及进给箱的轴承，汽车、拖拉机变速器的轴承；普通电动机、水泵、压缩机等
P6 级	用于转速较高、旋转精度要求较高的机构	普通机床的主轴后轴承
P5 级、P4 级	用于高速以及旋转精度要求高的机构	精密机床的主轴轴承，精密仪器仪表的主要轴承等
P2 级	用于转速很高、旋转精度要求也很高的机构	齿轮磨床、精密坐标镗床的主轴轴承，高精度仪器仪表的主要轴承等

9.2.1.2 滚动轴承的尺寸精度

滚动轴承的尺寸精度主要指成套轴承的内径和外径的公差。滚动轴承的内圈和外圈都是薄壁零件，在制造和保管过程中容易变形，但当轴承内圈与轴和外圈与外壳孔装配后，这种微量变形又能得到矫正，在一般的情况下，也不影响工作性能。国家标准对轴承内径和外径尺寸公差作了两种规定。

一是规定了内、外径尺寸的最大值和最小值所允许的极限偏差(即单一内、外径偏差)，其主要目的是限制变形量。

二是规定内、外径实际量得尺寸的最大值和最小值的平均值极限偏差(即单一平面平均内、外径偏差 Δd_{mp} 和 ΔD_{mp}，如图 9－4 所示，其数值可查阅 GB/T 307.1—2017)，目的是用于轴承的配合，在内、外径公差带内，就认为合格。

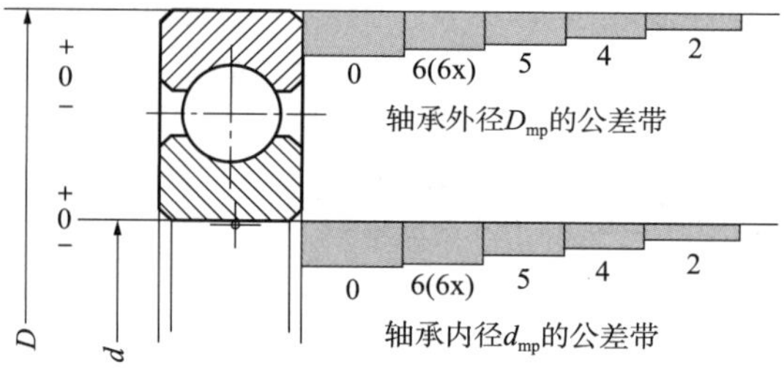

图 9－4　滚动轴承内、外径公差带的特点

轴承内、外径尺寸公差带具有以下特点：

(1) 所有公差带都单向偏置在零线下方，即上偏差为 0，下偏差为负值；

(2) 轴承内圈与轴配合为基孔制，外圈与外壳孔配合为基轴制；

(3) 当轴承内圈的公差带在零线以下，与轴相配时，使配合效果变紧，原先的过渡配合变成了小过盈配合，间隙配合变成了过渡配合；

(4) 轴承外圈与外壳孔的配合基本与原配合性质相符。

9.2.1.3　滚动轴承的旋转精度

用于滚动轴承旋转精度的评定参数有：成套轴承内、外圈的径向跳动 K_{ia} 和 K_{ea}，成套轴承内、外圈的轴向跳动 S_{ia} 和 S_{ea}，内圈端面对内孔的垂直度 S_d，外圈外表面对端面的垂直度 S_D，成套轴承外圈凸缘背面轴向跳动 S_{ea_1}，外圈外表面对凸缘背面的垂直度 S_{D_1}。

9.2.2　滚动轴承与轴和外壳孔的配合及选用

滚动轴承与轴和外壳孔的配合及选择

9.2.2.1　滚动轴承与轴和外壳孔的配合

GB/T 275—2015《滚动轴承　配合》中的 P0、P6 级公差的轴承常用配合及轴、轴承座孔的公差带位置，如图 9－5 所示。该标准适用于：公称内径 $d\leqslant500$mm，公称外径 $D\leqslant500$mm；轴承公差符合 P0 和 P6(P6x)；轴承游隙符合 0 组；轴为实心或厚壁钢制轴、外壳为铸钢或铸铁制件。

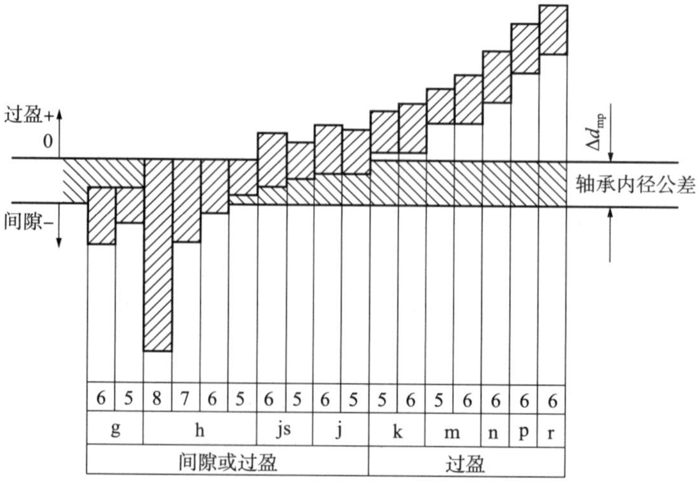

图 9－5　滚动轴承与轴和外壳孔配合的选择

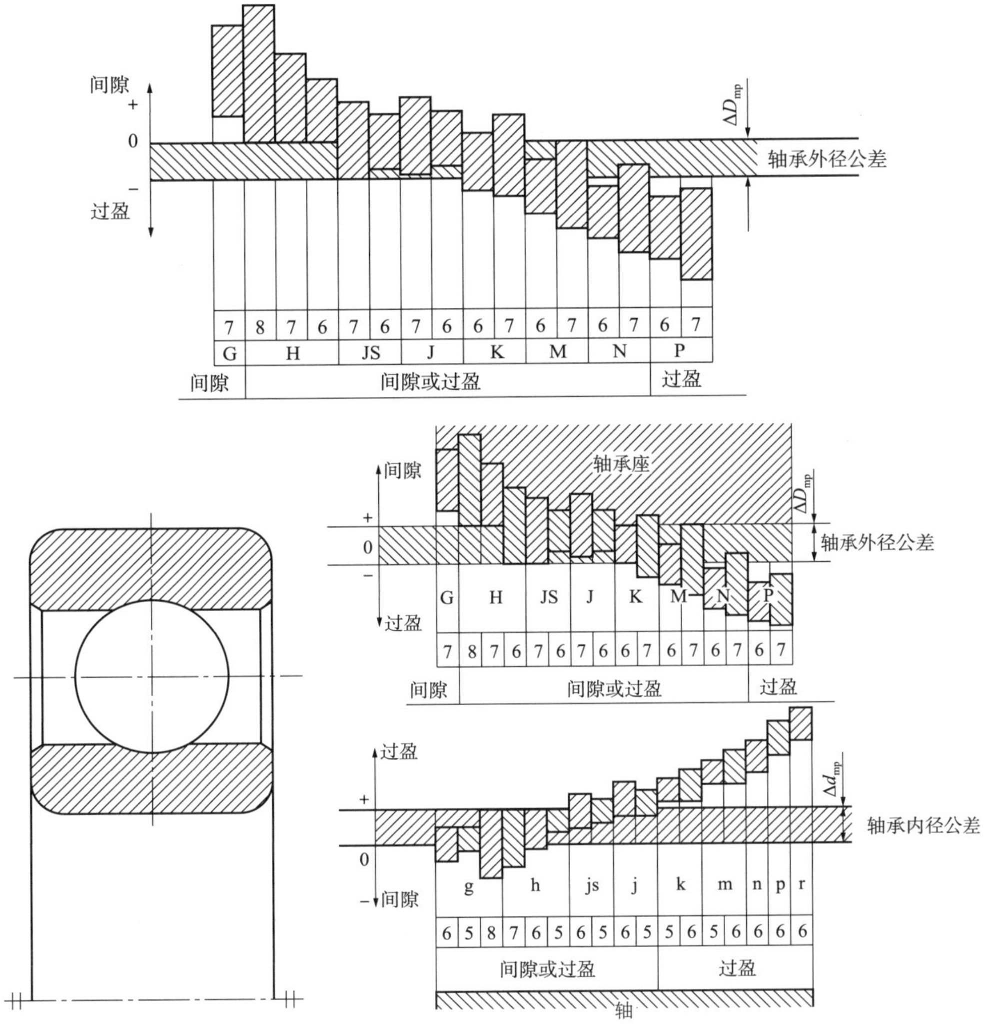

图 9－5　滚动轴承与轴和外壳孔配合的选择(续)

轴承配合的选择与负荷的种类、轴承的类型和尺寸大小、轴和轴承座孔的公差等级、应采用包容要求、材料强度、轴承游隙、轴承承受工作负荷的状况、工作环境以及拆卸的要求等，对轴承的配合都有直接的影响。

(1)负荷的类型

负荷的类型包含局部负荷、循环负荷、摆动负荷等，如图 9－6 所示。

①局部负荷：作用于轴承上的合成径向负载与套圈相对静止，即负载方向始终不变地作用在套圈滚道的局部区域上。通常采用小间隙配合或过渡配合。

②循环负荷：作用于轴承上的合成径向负载与套圈相对旋转，即合成径向负载顺次作用在套圈的整个圆周上。通常采用过盈或较紧的过渡配合。

③摆动负荷：作用于轴承上的合成径向负载与所承载的套圈在一定区域内相对摆动，即合成径向负载经常变动地作用在套圈滚道的小于 180°的部分圆周上。

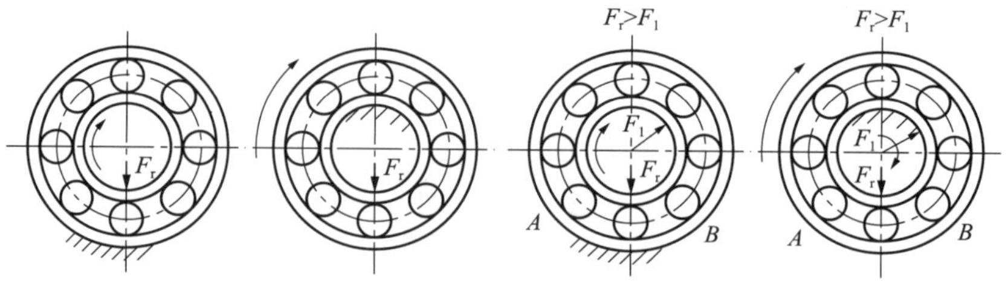

图 9－6　轴承承受的负荷类型

当套圈相对于负荷方向固定时，其配合应选得稍松些，一般选用过渡配合或具有极小间隙的间隙配合，让套圈在振动或冲击下被滚道间的摩擦力矩带动，偶尔产生少许转位，从而改变滚道的受力状态使滚道磨损较均匀，延长轴承的使用寿命。

当套圈相对于负荷方向旋转或摆动时，其配合应选得紧些，一般选用过盈量较小的过盈配合或较紧的过渡配合，为防止套圈在轴颈上或外壳孔的配合表面打滑，引起配合表面发热、磨损。

当载荷方向难以确定时，宜选择过盈配合。

(2)负荷的大小

根据当量径向动载荷 P_r 与额定动载荷 C_r 的比值，将当量径向动载荷 P_r 分为轻载荷、正常载荷和重载荷三种类型，见表 9－2。轴承在重载荷和冲击载荷的作用下，套圈容易产生变形，使配合面受力不均匀，引起配合松动。因此，载荷越大，选择的配合过盈量应越大。当承受冲击载荷或重载荷时，一般应选择比正常、轻载荷时更紧的配合。

表 9－2　向心轴承载荷大小

载荷大小	P_r/C_r
轻载荷	≤0.06
正常载荷	>0.06～0.12
重载荷	>0.12

(3)滚动轴承游隙

游隙大小对承载能力有重大影响，其径向游隙又分为原始游隙、安装游隙和工作游隙。原始游隙是未安装前的游隙。应优先选用基本组(0 组)游隙。当对游隙有特殊要求时，可选用辅助组游隙(数值可参见 GB/T 4604.1—2012)。

当游隙过大时，不仅会使转轴发生径向跳动和轴向窜动，还会使轴承工作时产生较大的振动和噪声；当游隙过小时，会使轴承滚动体与套圈产生较大的接触应力，轴承摩擦发热，进而降低轴承的使用寿命。

(4)公差带的选择

径向当量动负荷 P_r 的大小和性质根据 GB/T 275—2015《滚动轴承　配合》的规定进行选择。

向心轴承与轴的配合，轴公差带如表9－3所示；与外壳孔的配合，孔公差带如表9－4所示。

表9－3 向心轴承和轴的配合——轴公差带(摘自GB/T 275—2015)

载荷情况		举例	深沟球轴承、调心球轴承和角接触球轴承	圆柱滚子轴承和圆锥滚子轴承	调心滚子轴承	公差带
圆柱孔轴承						
			轴承公称内径/mm			
内圈承受旋转载荷或方向不定载荷	轻载荷	输送机、轻载齿轮箱	≤18 >18～100 >100～200	≤40 >40～140 >140～200	≤40 >40～100 >100～200	h5 j6[a] k6[a] m6[a]
	正常载荷	一般通用机械、电动机、泵、内燃机、正齿轮传动装置	≤18 >18～100 >100～140 >140～200 >200～280	≤40 >40～100 >100～140 >140～200 >200～400	≤40 >40～65 >65～100 >100～140 >140～280 >280～500	j5js5 k5[b] m5[b] m6 n6 p6 r6
	重载荷	铁路机车车辆轴箱、牵引电机、破碎机等		>50～140 >140～200 >200	>50～100 >100～140 >140～200 >200	n6[c] p6[c] r6[c] r7[c]
内圈承受固定载荷	所有载荷	内圈需在轴向易移动	非旋转轴上的各种轮子		所有尺寸	f6 g6
		内圈不需在轴向易移动	张紧轮、绳轮			h6 j6
仅有轴向载荷			所有尺寸			j6、js6
圆锥孔轴承						
所有载荷		铁路机车车辆轴箱	装在退卸套上		所有尺寸	h8(IT6)[d,e]
		一般机械传动	装在紧定套上		所有尺寸	h9(IT7)[d,e]

[a] 凡精度要求较高的场合，应用j5、k5、m5代替j6、k6、m6。

[b] 圆锥滚子轴承、角接触球轴承配合对游隙影响不大，可用k6、m6代替k5、m5。

[c] 重载荷下轴承游隙应选大于N组。

[d] 凡精度要求较高或转速要求较高的场合，应选用h7(IT5)代替h8(IT6)等。

[e] IT6、IT7表示圆柱度公差数值。

表 9-4　向心轴承和轴承座孔的配合——孔公差带(摘自 GB/T 275—2015)

<table>
<tr><th colspan="2" rowspan="2">载荷情况</th><th rowspan="2">举例</th><th rowspan="2">其他状况</th><th colspan="2">公差带[a]</th></tr>
<tr><th>球轴承</th><th>滚子轴承</th></tr>
<tr><td rowspan="2">外圈承受固定载荷</td><td>轻、正常、重</td><td rowspan="2">一般机械、铁路机车车辆轴箱</td><td>轴向易移动，可采用部分式轴承座</td><td colspan="2">H7、G7[b]</td></tr>
<tr><td>冲击</td><td rowspan="2">轴向能移动，可采用整体或部分式轴承座</td><td colspan="2" rowspan="2">J7、JS7</td></tr>
<tr><td rowspan="3">方向不定载荷</td><td>轻、正常</td><td rowspan="2">电机、泵、曲轴主轴承</td></tr>
<tr><td>正常、重</td><td></td><td colspan="2">K7</td></tr>
<tr><td>重、冲击</td><td>牵引电机</td><td></td><td colspan="2">M7</td></tr>
<tr><td rowspan="3">外圈承受旋转载荷</td><td>轻</td><td>皮带张紧轮</td><td rowspan="2">轴向不移动，采用整体式轴承座</td><td>J7</td><td>K7</td></tr>
<tr><td>正常</td><td></td><td>M7</td><td>N7</td></tr>
<tr><td>重</td><td></td><td></td><td></td><td>N7、P7</td></tr>
</table>

[a]并列公差带随尺寸的增大从左至右选择。对旋转精度有较高要求时，可相应提高一个公差等级。

[b]不适用于剖分式轴承座。

推力轴承与轴的配合，轴公差带如表 9-5 所示；与外壳孔的配合，孔公差带如表 9-6 所示。

表 9-5　推力轴承和轴的配合——轴公差带(摘自 GB/T 275—2015)

<table>
<tr><th colspan="2">载荷情况</th><th>轴承类型</th><th>轴承公称内径/mm</th><th>公差带</th></tr>
<tr><td colspan="2">仅有轴向载荷</td><td>推力球和推力圆柱滚子轴承</td><td>所有尺寸</td><td>j6、js6</td></tr>
<tr><td rowspan="2">径向和轴向联合载荷</td><td>轴圈承受固定载荷</td><td rowspan="2">推力调心滚子轴承、推力角接触球轴承、推力圆锥滚子轴承</td><td>≤250
>250</td><td>j6
js6</td></tr>
<tr><td>轴圈承受旋转载荷或方向不定载荷</td><td>200
>200～400
>400</td><td>k6[a]
m6
n6</td></tr>
</table>

[a]要求较小过盈时，可分别用 j6、k6、m6 代替 k6、m6、n6。

表 9-6　推力轴承和轴承座孔的配合——孔公差带(摘自 GB/T 275—2015)

<table>
<tr><th colspan="2">载荷情况</th><th>轴承类型</th><th>公差带</th></tr>
<tr><td colspan="2" rowspan="3">仅有轴向载荷</td><td>推力球轴承</td><td>H8</td></tr>
<tr><td>推力圆柱、圆锥滚子轴承</td><td>H7</td></tr>
<tr><td>推力调心滚子轴承</td><td>—[a]</td></tr>
<tr><td rowspan="3">径向和轴向联合载荷</td><td>座圈承受固定载荷</td><td rowspan="3">推力角接触球轴承、推力调心滚子轴承、推力圆锥滚子轴承</td><td>H7</td></tr>
<tr><td rowspan="2">座圈承受旋转载荷或方向不定载荷</td><td>K7[b]</td></tr>
<tr><td>M7[c]</td></tr>
</table>

[a]轴承座孔与座圈间间隙为 $0.001D$(D 为轴承公称外径)。

[b]一般工作条件。

[c]有较大径向载荷时。

(5)工作温度

轴承旋转时，套圈的温度经常高于相邻零件的温度。轴承的内圈可能因热胀而使配合变松；外圈会因热胀而使配合变紧。选择配合时应考虑温度的影响。

除上述之外，还应考虑其他因素，比如壳体孔(或轴)的结构和材料、安装与拆卸方便、轴承工作时的微量轴向移动、旋转精度和旋转速度等。

9.2.2.2　配合面公差等级和表面粗糙度的选择

与轴承配合的轴或外壳孔的公差等级与轴承精度有关。对同一公差等级的轴承，轴与轴承内孔配合时，轴选用的公差等级比外壳孔与轴承外径配合时外壳孔选用的公差等级要高一级。例如，与P0、P6(P6x)级轴承配合的轴，其公差等级一般为IT6，外壳孔一般为IT7。

对旋转精度和运转平稳性有较高要求的场合，在提高轴承公差等级的同时，轴承配合部位也应按相应精度提高。轴径和外壳孔表面的圆柱度公差、轴肩及外壳孔肩的轴向圆跳动按表9－7进行选择。配合表面及端面的表面粗糙度按表9－8的规定进行选择。

表9－7　轴和外壳的几何公差(摘自GB/T 275—2015)

公称尺寸/mm		圆柱度 t/μm				轴向圆跳动 t_1/μm			
		轴颈		轴承座孔		轴肩		轴承座孔肩	
		轴承公差等级							
>	≤	0	6(6x)	0	6(6x)	0	6(6x)	0	6(6x)
—	6	2.5	1.5	4	2.5	5	3	8	5
6	10	2.5	1.5	4	2.5	6	4	10	6
10	18	3	2	5	3	8	5	12	8
18	30	4	2.5	6	4	10	6	15	10
30	50	4	2.5	7	4	12	8	20	12
50	80	5	3	8	5	15	10	25	15

表9－8　配合面的表面粗糙度数值(摘自GB/T 275—2015)

轴或轴承座孔直径/mm		轴或轴承座孔配合表面直径公差等级					
		IT7		IT6		IT5	
		表面粗糙度 Ra/μm					
>	≤	磨	车	磨	车	磨	车
—	80	1.6	3.2	0.8	1.6	0.4	0.8
80	500	1.6	3.2	1.6	3.2	0.8	1.6
500	1250	3.2	6.3	1.6	3.2	1.6	3.2
端面		3.2	6.3	6.3	6.3	6.3	3.2

课后练习

1. 滚动轴承的五个精度等级为______、______、______、______、______，其中，应用最广的是______级，精度最高的是______级。

2. 滚动轴承按滚动体结构分为______、______、______、______。

3. 滚动轴承的工作方式为：____。

4. 轴承内圈与轴的配合，采用基______制。

5. 滚动轴承游隙大小对承载能力有重大影响，其径向游隙又分为______、______、______。

第 10 章　齿轮的公差与检测

10.1　齿轮概述

齿轮具有种类繁多、结构复杂、可靠性高、承载力强等特点，其加工和检测设备专用性强、工艺成熟，被广泛应用于现代装备制造业，主要用来传递运动和动力。齿轮传动是由齿轮副、轴、轴承及箱体等零部件组成的传动机构而实现的，其传动质量不仅与轴、轴承及箱体等零件的制造及安装精度有关，而且与齿轮的制造精度、齿轮副的安装精度有关。因此，研究齿轮的评定指标、检测方法、精度标准及其传动设计要求等，对现代工业中齿轮的发展具有十分重要的意义。

10.1.1　齿轮传动的使用要求

10.1.1.1　传递运动的准确性

齿轮传动过程中，从理论上讲，传动比保持不变；但实际中，由于齿轮的制造误差、齿轮副的安装误差等因素，主动轮转过一定角度时，从动轮的实际转角与按传动比算的理论转角之间出现误差，即产生转角误差。最大转角误差反映两轮间传动比的变动量，即反映传递运动的准确性。因此，齿轮在一转范围内，要求将最大转角误差限制在一定范围内，以保证从动轮与主动轮运动相一致，即保证传递运动的准确性。

10.1.1.2　传递运动的平稳性

齿轮传动过程中，为减少传动过程中的冲击、振动及噪声，保证传动的平稳性，应限制齿轮转过一个齿距角时的最大转角误差值，即限制瞬时传动比变动量。一个齿距角范围内的转角误差是指齿轮在啮合、过渡、传递过程中，由于齿廓误差、齿距误差等因素形成的误差，它是齿轮传动平稳性的重要反映。

10.1.1.3　载荷分布的均匀性

齿轮传动过程中，在各种误差因素的影响下，工作齿面出现不均匀接触，即载荷分布不均，致使齿面加速磨损，影响齿轮使用寿命。因此，齿轮工作面应有足够的精度要求，以保证齿面接触良好，保障齿轮工作性能和使用寿命。

10.1.1.4　合理的齿轮副侧隙

齿轮啮合时，非工作齿面应留有一定的间隙，见图 10－1，主要作用是储存润滑油，补偿齿轮传动过程中受力后的弹性变形和热变形，以及补偿齿轮及其传动机构零部件的制造误差和安装误差，以避免出现卡死或烧伤现象。实际中，为了保证合理的齿轮副侧隙，

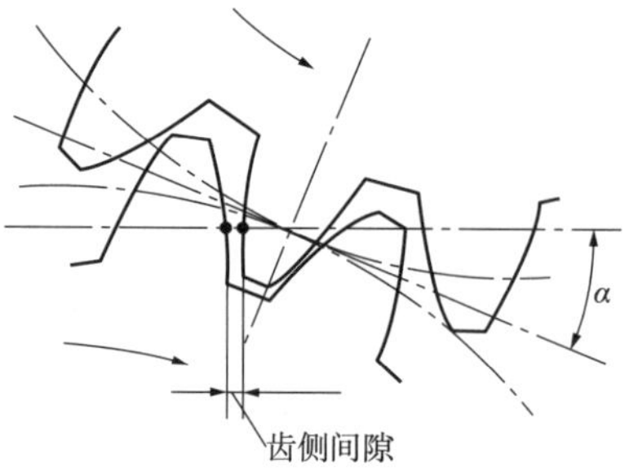

图 10－1　齿轮副侧隙

可通过调节齿厚和齿轮箱体孔中心距偏差来实现。此外，对于需要反转的齿轮传动机构，侧隙不能太大，否则会产生空程，引起较大的回程冲击。

10.1.2　齿轮加工误差

10.1.2.1　齿轮加工方法

齿轮加工方法从原理上讲，一般分为仿形法和展成法两种。

仿形法是利用成形铣刀在铣床上铣齿，铣加工时，工件安装在铣床的分度头上，采用一定模数的盘状铣刀对齿轮齿间进行铣削。当加工完一个齿间后，进行分度，再铣下一个齿间。其加工特点是设备简单、精度较低、生产率低，因此，多用于单件小批量、精度要求较低的齿轮。

展成法是利用齿轮的啮合原理来切削加工齿廓的，在加工过程中，就像是一对相互咬合的齿轮，由刀具将齿坯切削出渐开线齿廓，它是目前齿轮加工的常用方法。如插齿、滚齿、剃齿、磨齿等，其中最常用的是插齿和滚齿，剃齿和磨齿用于精度要求较高的齿轮。

10.1.2.2　齿轮加工误差来源

齿轮加工误差来源分析

齿轮加工误差主要来源于机床、刀具、夹具、齿坯等自身的误差或者在安装、调整过程中产生的误差，以滚齿机为例，见图 10－2，其加工齿轮的误差来源主要有以下几个方面。

(1) 几何偏心 e_j

在齿轮加工过程中，齿坯孔轴线 O_1 与滚齿机工作台中心线 O 不重合而存在一个偏心距，称为几何偏心 e_j。由于几何偏心的存在，使得齿坯与滚刀间的距离发生周期性变化，加工出的齿轮两边轮齿大小不同，并产生周期性的齿圈径向跳动误差，齿距和齿厚也随之发生变化。

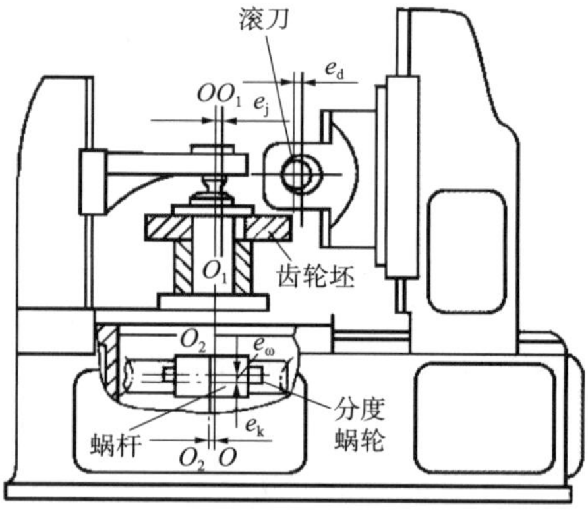

图 10－2　滚齿机加工齿轮示意

(2) 运动偏心 e_y

运动偏心是由滚齿机分度蜗轮加工误差及分度蜗轮轴线 O_2 与工作台中心线 O 间的安装偏心 e_k 引起的。运动偏心使得齿坯相对于滚刀的转速时快时慢，当转速增加，切齿提前，齿距和公法线均变长；当转速降低，切齿推后，齿距和公法线均变短，即齿轮的齿廓在切线方向上产生周期性误差。

(3) 机床传动链的高频误差

加工直齿轮时，由于分度传动链存在传动误差，这里主要指分度蜗杆的径向跳动和轴向窜动，使蜗轮在一周范围内转速发生变化，导致加工完毕后的齿轮存在齿距偏差、齿形误差。而加工斜齿轮时，除了受分度传动链的误差影响外，还受差动传动链的误差影响。

(4)滚刀的安装误差和加工误差

滚刀的安装偏心使得加工出的齿轮产生径向误差。滚刀刀架导轨相对于工作台旋转中心的倾斜及轴向窜动，使得加工出的齿面沿轴向歪斜，产生齿向误差。滚刀的加工误差主要包括滚刀的径向跳动、轴向窜动和齿形角误差，它们使得加工出的齿轮存在基节偏差和齿形误差。

10.2　齿轮精度的评定指标及其检测

10.2.1　影响齿轮传递运动准确性的评定指标及其检测

10.2.1.1　切向综合总偏差 F'_{is}

切向综合总偏差是指被测齿轮与测量齿轮单面啮合检验时，被测齿轮一转内，齿轮分度圆上实际圆周位移与理论圆周位移的最大差值，见图 10－3。

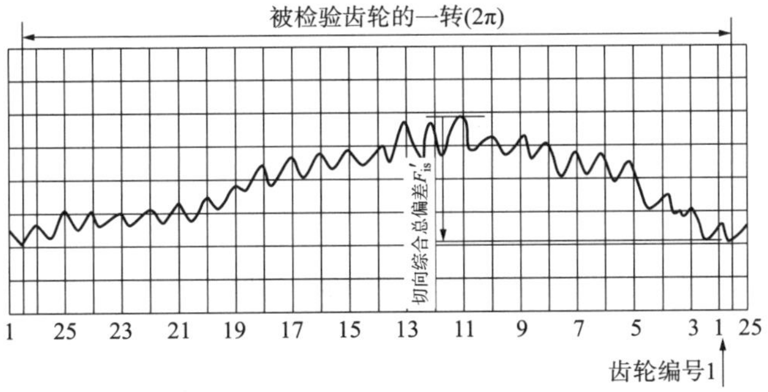

图 10－3　切向综合总偏差

切向综合总偏差曲线通常是在齿轮单面啮合综合检测仪上测得的。图 10－4 所示为单啮仪测量原理图，被测齿轮 1 与测量齿轮 2 在公称中心距 a 下形成单面啮合齿轮副，圆盘 4 和 3 分别为按这两个齿轮分度圆直径精密加工的摩擦盘，由它们提供同步的标准传动。若被测齿轮没有误差，则轴 5 和圆盘 4 的角位移相等。如果被测齿轮存在误差，则转动过程中的角位移差值由传感器 6 拾取，经放大器 7 由记录器 8 录下误差曲线。

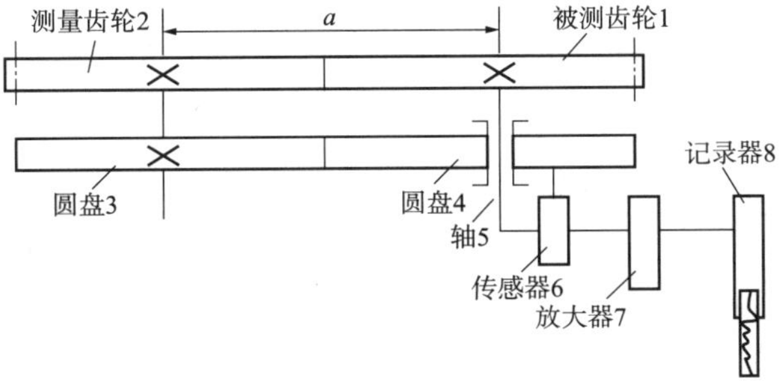

图 10－4　单啮仪测量原理图

切向综合总偏差反映了齿轮一周的转角总误差，它是几何偏心、运动偏心以及基节误差、齿形误差等的综合结果，而且是在近似于齿轮工作状态下测得的，所以切向总偏差曲线是评定齿轮传递运动准确性较为完善的综合指标。

切向综合总偏差的合格条件为：切向综合总偏差≤切向综合总公差，即表示齿轮可以满足传递运动准确性的使用要求。

10.2.1.2 齿距累积总偏差 F_p

齿距累积总偏差是指在分度圆上任意两个同侧齿面间实际弧长与公称弧长之差的最大绝对值。如图 10－5 所示，对于某些齿数较多或精度要求高的齿轮，还要求控制齿轮局部范围内的齿距累积偏差，即 K 个齿的齿距累积偏差 F_{pK}。

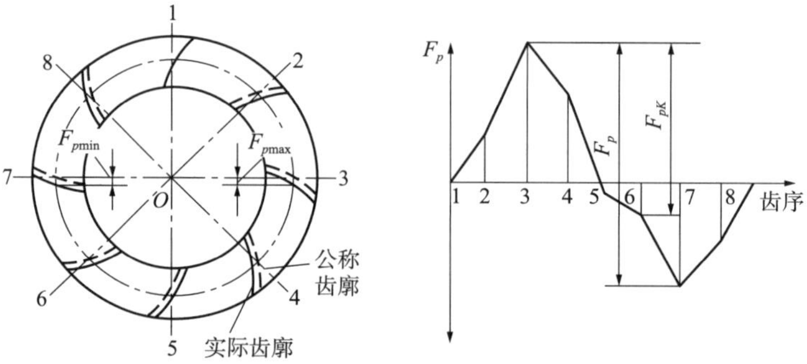

图 10－5 齿距累积总偏差

其中，K 是 2 到小于 $Z/2$ 间的整数，Z 为齿轮齿数。

齿距累积偏差可使用较为普及的齿距仪、万能测齿仪等仪器进行测量，如图 10－6 所示。齿距仪主要测量 7 级精度以下齿轮，万能测齿仪主要测量 4～6 级精度齿轮，它也是齿轮运动精度的一种评定指标。但齿距累积总偏差在反映齿轮传递运动准确性方面，没有

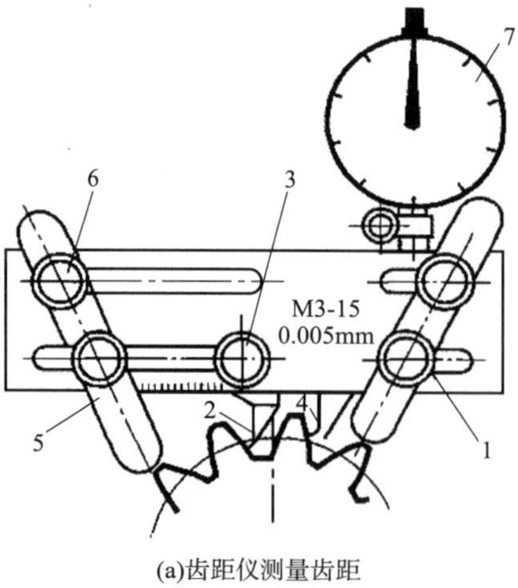

(a)齿距仪测量齿距

1—主板；2—固定量爪；3—紧固螺钉；4—活动量爪；5—支脚；6—紧固螺钉；7—指示表

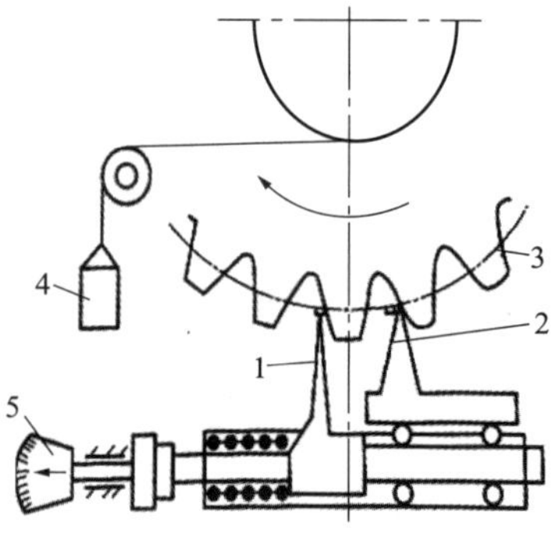

(b)万能测齿仪测量齿距

1—活动测头；2—固定测头；3—被测齿轮；4—重锤；5—测微计

图 10－6 齿距累计偏差测量

切向综合总偏差那么全面，因此，齿距累积总偏差仅作为切向综合总偏差的代用指标。

其合格条件为：齿距累积总偏差≤齿距累积总公差；齿距累积偏差≤齿距累积公差。

10.2.1.3　齿圈径向跳动 F_r

齿轮径向跳动是指齿轮在一转范围内，将测头相继置于被测齿轮的每个齿槽内时，测头相对于齿轮基准轴线的径向最大变动量。

径向跳动可用齿圈径向跳动测量仪测量，测头一般为球形或圆锥形并插入齿槽中，与齿高中部双面接触，如图 10－7 所示，被测齿轮在一转范围内，相对于齿轮轴线所测得的径向距离的最大变动量，即为齿轮的齿圈径向跳动。

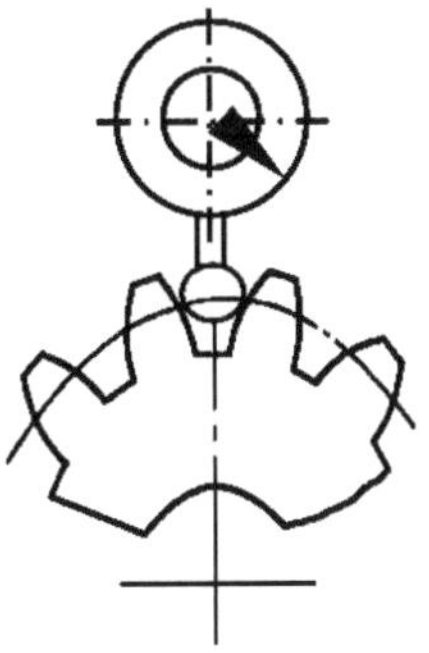
图 10－7　齿轮径向跳动测量

齿圈径向跳动是由几何偏心引起的，只反映径向误差，不能反映运动偏心引起的切向误差，只能作为齿轮检测的单项指标，不能全面评价传递运动的准确性。因此，齿圈径向跳动只有与能揭示齿轮切向误差的单项指标组合，才能全面评定齿轮传递运动的准确性。

其合格条件为：径向跳动≤径向跳动公差。

10.2.1.4　径向综合总偏差 F''_{id}

径向综合总偏差是指在径向（双面）综合检验时，被测齿轮的左、右齿面同时与测量齿轮接触，并转过一整圈时出现的中心距最大值与最小值之差。图 10－8 所示为径向综合总偏差测量曲线。

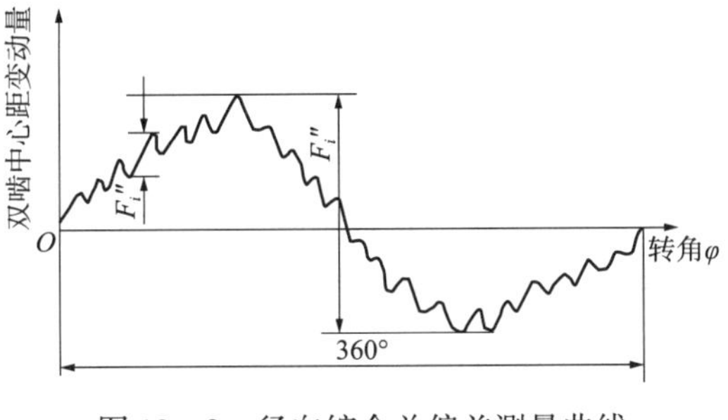

图 10－8　径向综合总偏差测量曲线

径向综合总偏差是在齿轮双面啮合检查仪上进行测量的，如图 10－9 所示。简单来说，将被测齿轮与标准齿轮分别安装在双面啮合检查仪的两平行芯轴上，即被测齿轮装在固定拖板上，标准齿轮装在浮动拖板上，在弹簧顶紧的作用下，两齿轮紧密双面啮合。啮合转动时，由于被测齿轮的径向周期误差推动标准齿轮及浮动拖板，使中心距发生变动，由指示表读出被测齿轮一转中指示表的最大读数差值即为被测齿轮的径向综合总偏差。

双面啮合检查仪结构简单、操作方便、测量效率高，多用于大批量生产中。但径向综合总偏差只能反映齿轮的径向误差，而不能反映切向误差，故用来评定齿轮传递运动的准确性是不确切和不充分的。

径向综合总偏差的合格条件为：径向综合总偏差≤径向综合总公差。

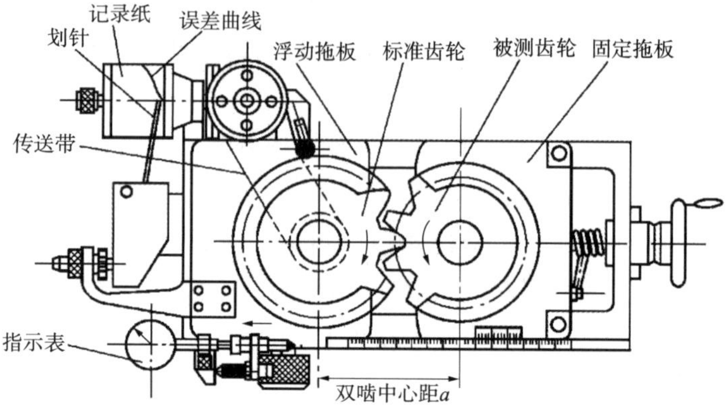

图 10－9　齿轮双面啮合检查仪测量原理图

10.2.1.5　公法线长度变动 F_W

渐开线圆柱齿轮的公法线长度 W 是指跨越 k 个齿的两异侧齿廓的平行切线间的距离，理想状态下公法线应与基圆相切。公法线长度变动是指在齿轮一周范围内，实际公法线长度最大值与最小值之差，即 $F_W = W_{max} - W_{min}$，见图 10－10。

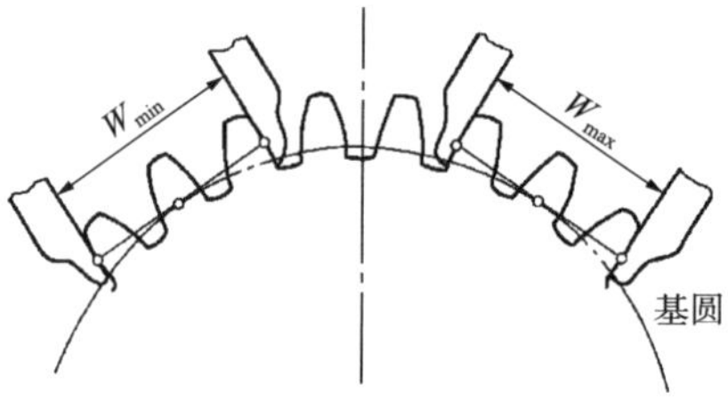

图 10－10　公法线长度变动

公法线长度变动量可用公法线千分尺或万能测齿仪进行测量。公法线千分尺是用相互平行的圆盘测头，插入齿槽中测量公法线长度变动，见图 10－11。测量时注意，测量公法线长度时应使量具的量爪测量面与轮齿的齿高中部接触，所跨的齿数 $k = \frac{z}{9} + 0.5$。公法线长度变动反映齿轮的切向误差，不能反映径向误差，是一种切向性质的单项评定指标。

公法线长度变动的合格条件为：公法线长度变动≤公法线长度变动公差。

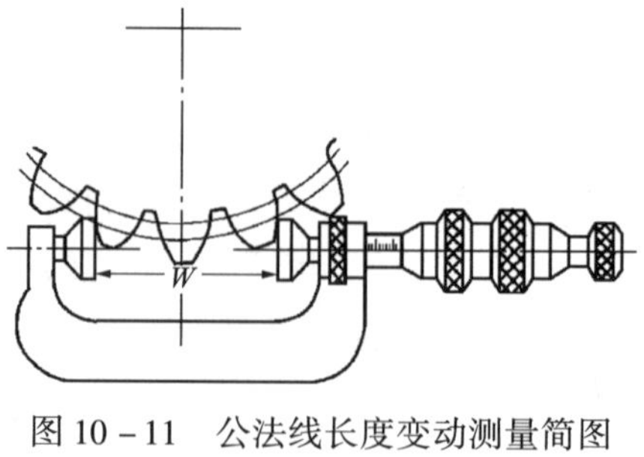

图 10－11　公法线长度变动测量简图

综上，影响传递运动准确性的误差，为齿轮一转中出现一次的长周期误差，主要包括径向误差和切向误差。在评定传递运动准确性的指标中，若同时能揭示径向误差和切向误差的是综合性指标，如切向综合总偏差、齿距累积总偏差；若只能揭示径向误差或切向误差两者之一的是单项性指标，如径向跳动、径向综合总偏差和公法线长度变动。使用时，可选用一个综合性指标，或两个单项性指标的组合（但在两个单项指标中，必须径向指标与切向指标各选一个）来评定，才能全面地反映对传递运动准确性的影响。

10.2.2　影响齿轮传动平稳性的评定指标及其检测

影响齿轮传递传动平稳性的偏差项目及检测

10.2.2.1　一齿切向综合偏差 f'_{is}

一齿切向综合偏差是指齿轮在一个齿距角内的切向综合总偏差。该偏差是在切向综合总偏差记录曲线上小波纹的最大幅度值，见图 10－3。

一齿切向综合偏差能综合反映转齿误差和换齿误差对传动平稳性的影响，也就是说，一齿切向综合偏差既反映了短周期的切向误差，又反映了短周期的径向误差，是评定齿轮传动平稳性的综合指标。

在单面啮合检查仪上测量切向综合总偏差的同时，可以测出一齿切向综合偏差。

10.2.2.2　一齿径向综合偏差 f''_{is}

一齿径向综合偏差是指当被测齿轮与测量齿轮啮合一整圈时，对应一个齿距（$360°/z$）的径向综合总偏差值。该偏差是在径向综合总偏差记录曲线上小波纹的最大幅度值。

用一齿径向综合偏差评定齿轮传动的平稳性不如用一齿切向综合偏差评定完善。但由于双啮仪结构简单、使用方便，广泛应用于批量生产中。因此，一般用一齿径向综合偏差作为评定齿轮传动平稳性的代用综合指标。

一齿径向综合偏差是在双面啮合检查仪上，测量径向综合总偏差时测量得到的。其合格条件为：一齿径向综合偏差≤一齿径向综合公差的 0.8 倍。

10.2.2.3　齿廓形状偏差 F_a

齿廓形状偏差是指在齿轮端截面上，齿形工作部分内（齿顶倒棱和齿根圆角部分除外），包容实际齿形的两条设计齿形间的法向距离。设计齿形可以是理论渐开线齿形，也可以是修正的修缘齿形、凸齿形等，见图 10－12。

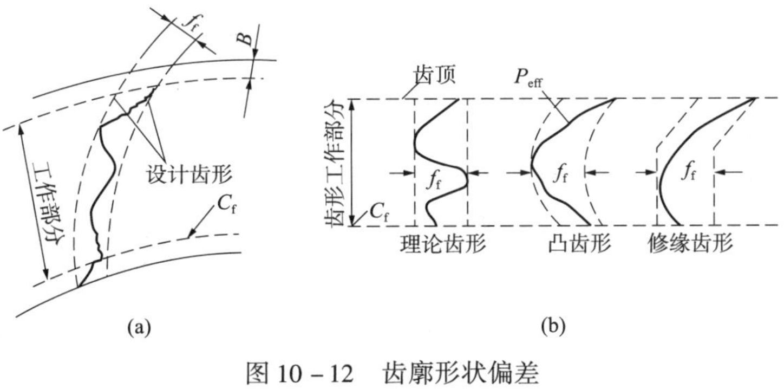

图 10－12　齿廓形状偏差

由于齿廓形状偏差的存在，齿轮在啮合时偏离了啮合线，如图 10－13 所示。即两齿

本应在啮合线的 a 点啮合，但由于齿廓形状偏差的存在，两齿在 a' 点啮合，这样会引起瞬时传动比的变化，影响传动平稳性。为了防止顶刃啮合，避免撞击现象发生，齿顶和齿根处的齿廓形状偏差只允许偏向齿体内。

齿廓形状偏差可用单圆盘渐开线检查仪进行测量，见图 10－14。被测齿轮与基圆盘同轴安装，当用手轮移动拖板时，直尺与由弹簧力紧压其上的基圆盘互作纯转动，两者之间有一定的摩擦力。位于直尺边缘上的测量头与被测齿廓接触点相对于基圆盘的运动轨迹是理想渐开线，若被测齿廓不是理想渐开线，测头摆动使杠杆推动指示表产生读数，指示表读数的最大差值即为齿廓形状偏差。

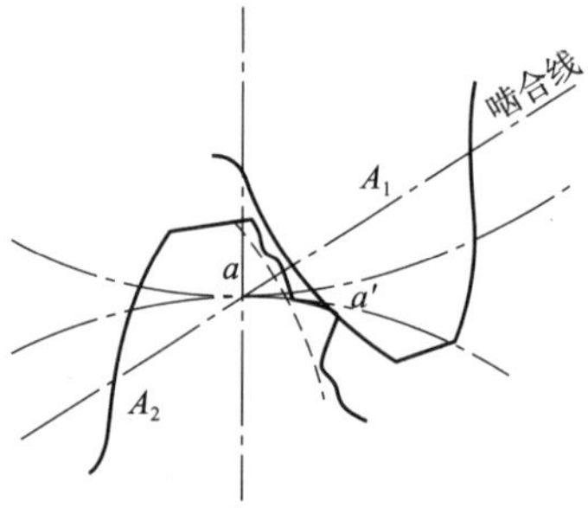

图 10－13　齿廓形状偏差

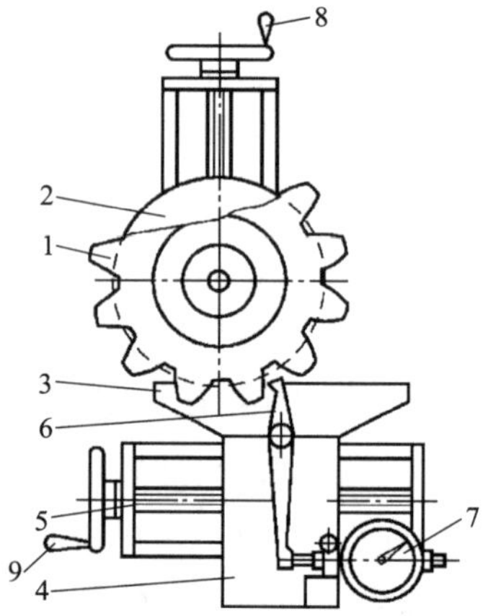

图 10－14　齿廓形状偏差

1—被测齿轮；2—基圆盘；3—直尺；4—拖板；5—丝杠；6—杠杆；7—指示表；8，9—手轮

单圆盘渐开线检查仪结构简单、测量精度较高，然而，在测量不同基圆直径的齿轮时，必须配换与其直径相等的基圆盘。因此，这种渐开线齿形检查仪适合于产品比较固定的场合。

齿廓形状偏差是影响齿轮传动平稳性中属于转齿性质的单项性指标。它必须与揭示换齿性质的单项性指标组合，才能评定齿轮传动的平稳性。其合格条件为：齿廓形状偏差≤齿形公差。

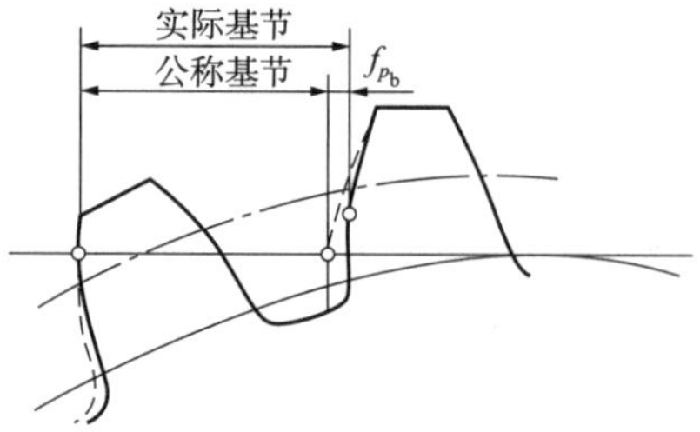

图 10－15　基圆齿距偏差示意图

10.2.2.4　基圆齿距偏差 f_{p_b}

基圆齿距偏差是指实际基节与公称基节的代数差，如图 10－15 所示。实际基节是指基圆柱切平面所截两相邻同侧齿面的交线之间的法向距离。公称基节是基圆周长与齿数之比，即：$p_b = \pi m\cos\alpha$。

两齿轮的基圆齿距相等是齿轮副正确啮合的基本条件之一。因此，基圆齿距偏差使齿轮副传动时，从上一对轮齿转换到下一对轮齿啮合的瞬间发生碰撞、冲击，影响传动平稳性，见图 10－16。

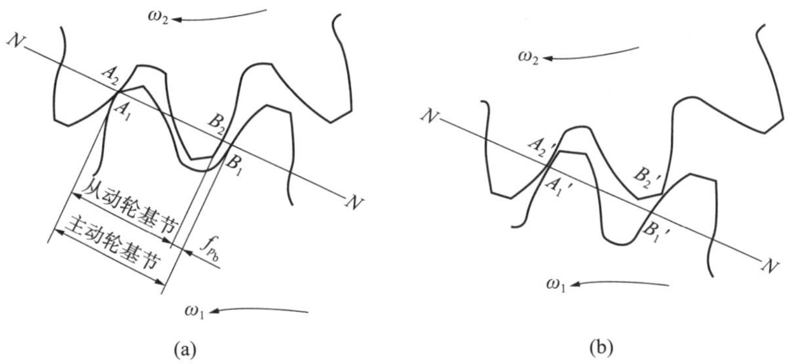

图 10－16　基圆齿距偏差对传动平稳性的影响

基圆齿距偏差通常用基节检查仪、万能齿距仪、万能工具显微镜等仪器测量。以基节仪为例，如图 10－17 所示，简单来说，用量块调整活动测头与固定测头之间距离，使其等于公称基节 p_b，并调整指示表为零，使用定位测头以保证固定测头和活动测头在垂直于基圆切平面的方向上进行测量，表中读数值即为各齿的基圆齿距偏差。

为保证齿轮传动换齿过程中的平稳性，必须用基圆齿距极限偏差 $\pm f_{p_b}$ 来限制基圆齿距偏差 f_{p_b}，即合格条件为：$-f_{p_b} < f_{p_b} < +f_{p_b}$。

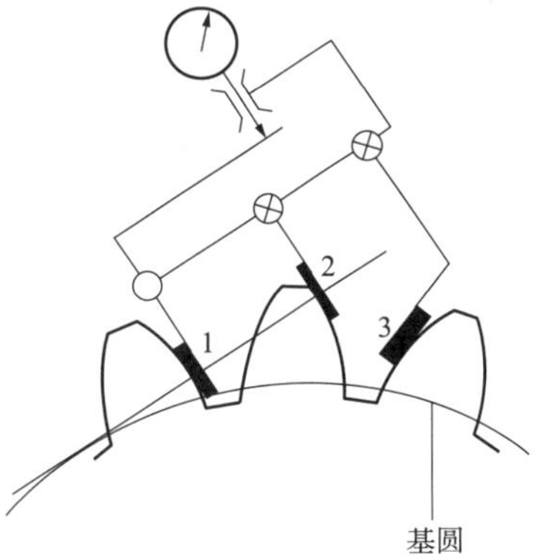

图 10－17　基节检查仪测量基圆齿距偏差示意图

10.2.2.5　单个齿距偏差 f_{p_t}

单个齿距偏差是指在端面上，在接近齿高中部的一个与齿轮轴线同心的圆上，实际齿距与理论齿距的代数差，如图 10－18 所示。

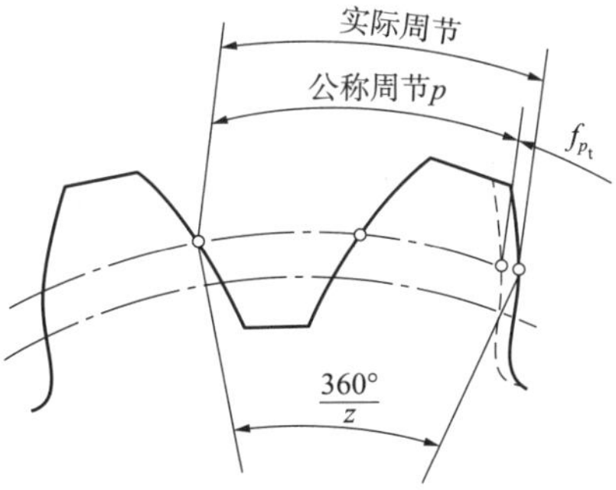

图 10－18　单个齿距偏差示意图

单个齿距偏差也用齿距检查仪测量，在测量齿距累积总偏差的同时，可得到单个齿距偏差值。测得的各个齿距偏差值中，可能出现正值或负值，以其最大数字的正值或负值作为该齿轮的单个齿距偏差值。

单个齿距偏差在某种程度上反映基圆齿距偏差或齿廓形状偏差对齿轮传动平稳性的影响。因此，在齿轮传动平稳性的评价指标中，单个齿距偏差是一个单项性指标。其合格条件为：$-f_{p_t} \leqslant f_{p_t} \leqslant +f_{p_t}$。

综上，影响齿轮传动平稳性的误差为齿轮一转中多次重复出现的短周期误差，主要包括转齿误差和换齿误差。能同时反映转齿误差和换齿误差的是综合性指标，如一齿切向综合偏差、一齿径向综合偏差；而只能反映转齿误差或换齿误差的是单项性指标，如齿廓形状偏差、基圆齿距偏差、单个齿距偏差。在具体应用中，可选用一个综合性指标，也可将两个单项性指标(两个指标中转齿指标和换齿指标必须各选一个)组合起来使用，以全面反映齿轮传动平稳性。

10.2.3 影响载荷分布均匀性的评定指标及其检测

影响齿轮载荷分布均匀性的偏差项目及检测

理论上讲，一对轮齿的啮合过程，在不考虑弹性变形的影响下，其啮合过程是由齿顶到齿根沿着全齿宽在每个瞬间都成一直线接触。也就是说，直齿轮瞬间的接触线是一根平行于齿轮轴心线的直线。而实际上，由于齿轮的制造及安装误差，接触线不可能是直线，在齿长方向上也不是沿全齿长接触，啮合过程中也不是沿全齿高接触。影响齿长接触的是齿向误差，即螺旋线总偏差（F_β）；影响齿高接触的是齿形误差，即齿廓形状偏差。而齿廓形状偏差在上述影响齿轮传递运动平稳性时已经考虑，且一般情况下，传递运动平稳性与载荷分布均匀性取相同精度等级。由此可见，影响载荷分布均匀性主要控制螺旋线总偏差即可。

螺旋线总偏差是指在计值范围内，包容实际螺旋线迹线的两条设计螺旋线迹线间的距离，见图 10－19。

如图 10－20 所示为用小圆柱测量螺旋线总偏差原理，简单来说，将被测齿轮装在芯轴上，芯轴装在两顶尖座间或等高 V 形块上，以检验平板作为基面，将小圆柱放入齿槽内，利用打表法测出小圆柱在水平方向两端的数值，并计算高度差，此高度差乘以 B/L，B 为齿宽，L 为圆柱长，即可近似算出该齿轮的螺旋线总偏差。

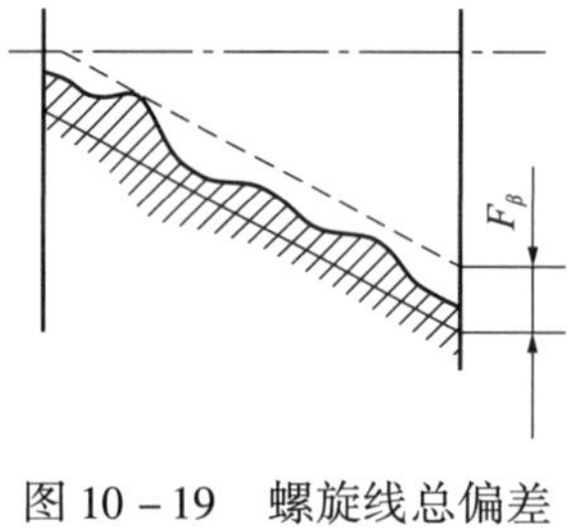

图 10－19 螺旋线总偏差

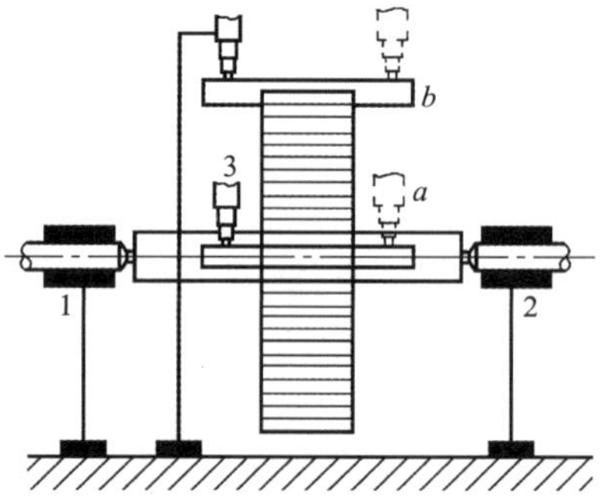

图 10－20 利用小圆柱测量螺旋线总偏差原理

1，2—顶尖座；3—指示表

螺旋线总偏差是评定载荷分布均匀性的单项性指标。其合格条件为：螺旋线总偏差≤螺旋线总公差。

10.2.4 影响侧隙合理性的评定指标及其检测

影响齿轮副侧隙合理性的评定指标和测量

10.2.4.1 齿厚偏差 f_{sn}（上偏差 E_{sns}、下偏差 E_{sni}）

齿厚偏差是指在分度圆柱面上，齿厚实际值与公称值之差，见图 10－21。齿厚偏差是反映齿轮副侧隙要求的一项单项性指标。

标准规定，齿厚是指轮齿在分度圆上的一段弧长，但在分度圆柱面上测量齿厚弧长不方便，一般用测量分度圆弦齿厚代替。测量时，以齿顶圆作为基准，通过调整纵向游标卡尺来确定分度圆的高度 h，再从横向游标卡尺上读出分度圆弦齿厚的实际值 S_a。

对于标准圆柱齿轮来说，

分度圆的高度　$h = m\left[1 + \frac{z}{2}\left(1 - \cos\frac{90°}{z}\right)\right]$

分度圆弦齿厚的公称值　$S = mz\sin\frac{90°}{z}$

则　$f_{sn} = S_a - S$

式中，m 为模数；z 为齿数。

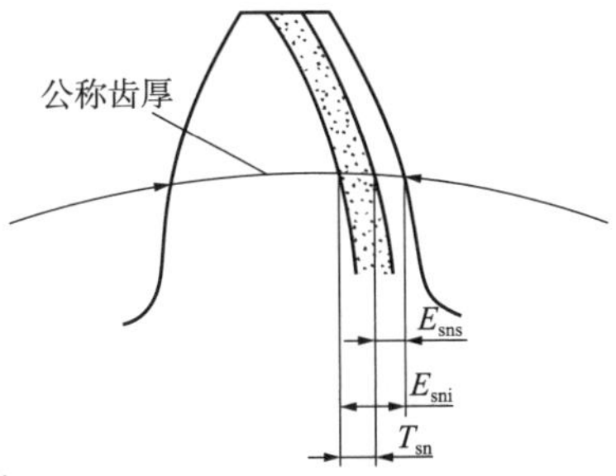

图 10－21　齿厚偏差

实际中，分度圆弦齿厚的测量结果受齿顶圆误差影响较大，因此，当测量精度要求较高时，应提高齿顶圆精度或根据齿顶圆实际直径修正分度圆高度。

齿厚偏差的合格条件为：$E_{sni} \leqslant f_{sn} \leqslant E_{sns}$。

10.2.4.2　公法线长度偏差（上偏差 E_{bns}、下偏差 E_{bni}）

公法线长度偏差是指齿轮一周内，公法线长度实际值 W_a 与公称值 W 之差。它能反映齿轮副侧隙的大小，其合格条件为：

对于外齿轮　$W + E_{bni} \leqslant W_a \leqslant W + E_{bns}$

对于内齿轮　$W - E_{bni} \leqslant W_a \leqslant W - E_{bns}$

测量公法线长度偏差需先计算被测齿轮公法线长度的公称值，即当压力角 $\alpha = 20°$ 时，$W = m[1.476(2k-1) + 0.014z]$，跨齿数 $k = \frac{z}{9} + 0.5$。然后，用公法线千分尺沿齿圈进行测量，可测量 3 次取平均值作为公法线长度的实际值，该值与公法线长度公称值之差，即为公法线长度偏差。

影响齿轮副的评定指标

10.3　齿轮副的评定指标

为了保证安装好的齿轮副的传动性能，还应控制以下几项齿轮副的安装误差。

10.3.1　轴线的平行度偏差（$f_{\Sigma\delta}$、$f_{\Sigma\beta}$）

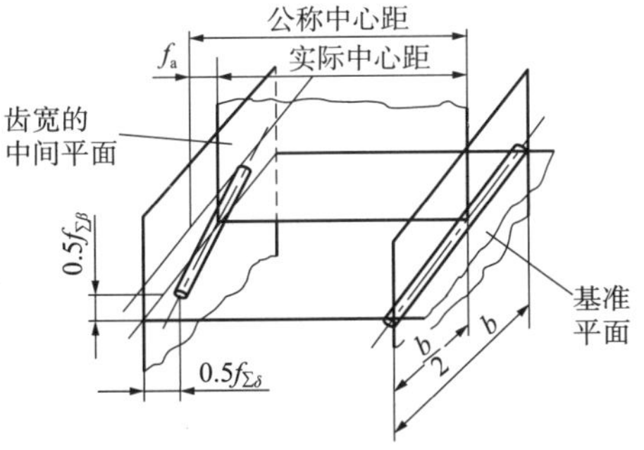

图 10－22　齿轮副的安装误差

轴线平面内的轴线的平行度偏差 $f_{\Sigma\delta}$ 是指一对齿轮的轴线，在其基准平面上投影的平行度偏差，见图 10－22。垂直平面内的轴线的平行度偏差 $f_{\Sigma\beta}$ 是指一对齿轮的轴线，在垂直于基准平面，并且平行于基准轴线的平面上投影的平行度偏差，见图 10－22。基准平面是包含基准轴线，并通过由另一轴线与齿宽中间平面相交的点所形成的平面。

$f_{\Sigma\delta}$、$f_{\Sigma\beta}$ 均在等于齿宽的长度上测量，它们主要影响侧隙及接触精度。

10. 3. 2　齿轮副的中心距偏差 f_a

齿轮副的中心距偏差是指在齿宽中间平面内，实际中心距与公称中心距之差，如图 10－22 所示。中心距偏差会影响齿轮副侧隙，标准规定，可通过中心距允许偏差控制中心距偏差。

10. 3. 2. 1　齿轮副的切向综合总偏差 F'_{ic}

齿轮副的切向综合总偏差是指按设计中心距安装好的齿轮副，在啮合转动足够多的转数内，一个齿轮相对于另一个齿轮的实际转角与公称转角之差的总幅度值，以分度圆弧长计值。它是评定齿轮副的传递运动准确性的指标。

10. 3. 2. 2　齿轮副的一齿切向综合偏差 f'_{ic}

齿轮副的一齿切向综合偏差是指安装好的齿轮副，在啮合转动足够多的转数内，一个齿轮相对于另一个齿轮，在一个齿距角内的实际转角与公称转角之差的最大幅度值，以分度圆弧长计值。它是评定齿轮副传动平稳性的直接指标。

10. 3. 2. 3　齿轮副的接触斑点

齿轮副的接触斑点是指装配好的齿轮副，在轻微的制动力作用下，运转后齿面上分布的接触摩擦或擦亮痕迹，见图 10－23。

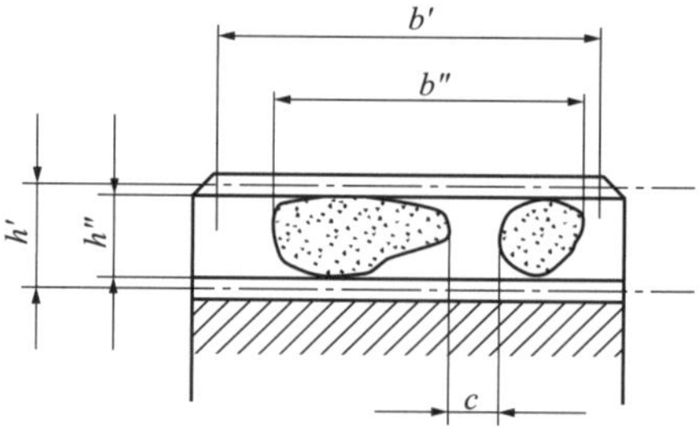

图 10－23　接触斑点

接触痕迹的大小在齿面展开图上用百分数计算。

沿齿长方向：接触痕迹的长度 b''（扣除超过模数值的断开部分 c）与工作长度 b' 之比的百分数，可表示为：

$$\frac{b''-c}{b'}\times 100\%$$

沿齿高方向：接触痕迹的平均高度 h'' 与工作高度 h' 之比的百分数，可表示为：

$$\frac{h''}{h'}\times 100\%$$

齿轮副的接触斑点综合反映了齿轮的加工误差和安装误差，是齿面接触精度的综合性评定指标。沿齿长方向的接触斑点，主要反映承载能力；沿齿高方向的接触斑点，主要反映工作平稳性。

10. 3. 2. 4　齿轮副侧隙

齿轮副的侧隙分为圆周侧隙 j_{wt} 和法向侧隙 j_{bn} 两种，见图 10－24。

齿轮辐侧隙

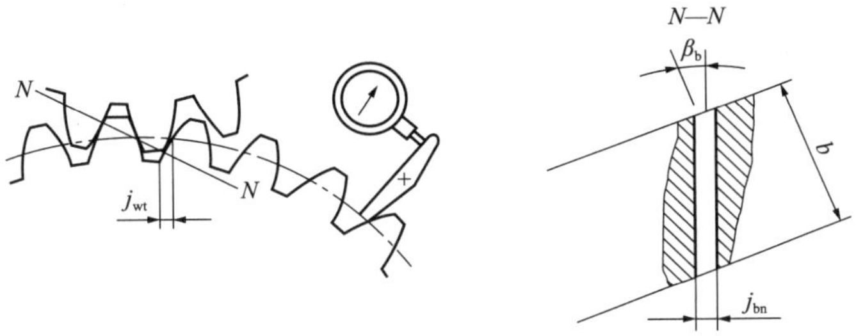

(a)圆周侧隙　　(b)法向侧隙

图 10－24　齿轮副侧隙

圆周侧隙是指装配好的齿轮副，当一个齿轮固定时，另一个齿轮的周向晃动量，以分度圆弧长计值。法向侧隙是指装配好的齿轮副，当工作齿面接触时，非工作齿面之间的最小距离。

圆周侧隙可用打表法测量，法向侧隙可用塞尺测量。实际中，多测量法向侧隙，但圆周侧隙更易测量，故也可通过测量圆周侧隙，然后计算得到法向侧隙。两者之间的关系可表示为：

$$j_{bn} = j_{wt}\cos\alpha_n\cos\beta_b$$

式中，α_n 为分度圆法向压力角；β_b 为基圆螺旋角。

若以上四项评定指标均满足要求，则此齿轮副合格。

10.4　渐开线圆柱齿轮的精度等级及应用

10.4.1　齿轮的精度等级

GB/T 10095.1—2022《圆柱齿轮 ISO 齿面公差分级制　第 1 部分：齿面偏差的定义和允许值》对单个渐开线圆柱齿轮按照公差值由小到大的顺序，定义了 11 个齿面公差等级，其中 1 级公差值最小、其精度等级最高，11 级公差值最大、其精度等级最低。具体来说，对轮齿同侧齿面偏差，如齿距、齿廓、螺旋线等的公差，规定了 11 个精度等级，适用于齿数 z 为：$5\leqslant z\leqslant 1000$，分度圆直径 d 为：$5\text{mm}\leqslant d\leqslant 1000\text{mm}$，法向模数$m_n$为：$0.5\text{mm}\leqslant m_n\leqslant 70\text{mm}$，齿宽 b 为：$4\text{mm}\leqslant b\leqslant 1200\text{mm}$，螺旋角 β 为：$\beta\leqslant 1200\text{mm}$ 的单个渐开线圆柱齿轮。

GB/T 10095.2—2023《圆柱齿轮 ISO 齿面公差与级制　第 2 部分：径向综合偏差的定义和允许值》对径向综合总偏差F_{id}和一齿径向综合偏差f_{id}规定了 21 个公差等级，即 R30 ~ R50，其中 R30 精度最高，R50 级精度最低。适用于齿数 z 为：$3\leqslant z$，分度圆直径 d 为：$d\leqslant 600\text{mm}$ 的单个渐开线圆柱齿轮及扇形齿轮。

10.4.2　齿轮精度等级的选用

齿轮精度等级的选择，主要依据是传动功用、工作条件及其他技术要求，也就是说，要综合考虑齿轮的运动精度、传递要求(功率)、圆周速度、使用寿命及工作场合所必需的振动与噪声等方面要求，此外，还应考虑加工的难易程度与经济成本。

常用的选择方法有计算法和类比法，一般多采用类比法。所谓计算法是指根据运动精度要求，按照误差传递规律，计算出齿轮一转中允许的最大转角误差，然后再根据工作条件或圆周速度等要求确定齿轮的精度等级。所谓类比法是根据以往齿轮选用所积累的成熟经验，如实践中已证实其可靠性的各级精度齿轮的技术资料与应用案例，对比所设计齿轮的功能要求、工作条件及其他技术要求后，为齿轮选择合适的精度等级。

表 10-1 为不同精度等级的齿轮应用范围。

表 10-1　不同精度等级的齿轮应用范围

应用范围	精度等级	应用范围	精度等级
测量齿轮	2~5	拖拉机	6~9
汽轮机减速器	3~6	一般用途的减速器	6~9
精密切削机床	3~7	轧钢设备	6~10
一般金属切削机床	5~8	起重机械	7~10
航空发动机	4~8	矿用绞车	8~10
轻型汽车	5~8	农用机械	8~11
重型汽车	6~9		

10.4.3　齿轮检验项目的选用

国家标准规定的齿轮的评定参数有很多，且有些参数之间有各种各样的关系，为保证齿轮的精度要求及合理应用，应选择部分合适的、对应的误差项目进行检验，而不必要检验所有的项目，且这样在实际中也是不可能实现的。

对于精度要求较高的齿轮，应选用最能确切反映齿轮精度的综合性指标进行评价；对于精度要求较低的齿轮，应选用单项性指标组合进行评价。根据生产规模及企业检测条件，对批量化生产，建议选用综合性指标检验；对单件小批生产，建议选用单项性指标组合检验。此外，设计时，在选择齿轮精度评价指标的同时，还应考虑齿轮副侧隙的评价指标。

10.4.4　齿轮副侧隙及齿厚极限偏差的选用

就齿轮工作情况来说，为了防止因工作温度升高而出现过热、卡死等现象，则应留有一定的侧隙来补偿这些影响。此外，齿轮在啮合过程中，要求留有一定的侧隙来储存润滑油，保证正常的润滑。

齿轮副的侧隙要求应按工作条件，用最小法向侧隙 $j_{bn\ min}$ 来规定。

10.4.4.1　最小法向极限侧隙的计算

最小法向极限侧隙的计算主要考虑齿轮副工作时的温度变化、润滑方式以及齿轮工作的圆周速度，而不按齿轮的精度等级选定。

(1)保证正常润滑所必需的最小法向侧隙j_{bn1}，它取决于齿轮副的润滑方式和齿轮工作时的圆周速度，具体数值见表10－2。

表10－2　j_{bn1}推荐值

润滑方式	圆周速度 v(m/s)			
	≤10	>10～25	>25～60	>60
喷油润滑	$0.01m_n$	$0.02m_n$	$0.03m_n$	$(0.03\sim0.05)m_n$
油池润滑	$(0.005\sim0.01)m_n$			

注：m_n为法向模数(mm)。

(2)补偿温度升高引起变形所需的最小的法向侧隙j_{bn2}，可表示为：

$$j_{bn2}=a(a_1\Delta t_1-a_2\Delta t_2)2\sin a_n\ (\mathrm{mm})$$

式中，a为公称中心距，mm；a_1、a_2分别为齿轮和箱体材料的线膨胀系数，1/℃；Δt_1、Δt_2分别为齿轮和箱体工作时的温度与标准温度(20℃)的差值,℃；a_n为法向压力角，(°)。

最小法向极限侧隙$j_{bn\,min}$为：$j_{bn\,min}=j_{bn1}+j_{bn2}$

10.4.4.2　齿厚极限偏差的计算

(1)齿厚上偏差

齿厚上偏差既要保证齿轮副所需要的最小法向极限侧隙$j_{bn\,min}$，又必须补偿由于齿轮副的加工和安装误差所引起的侧隙减小量J_n。J_n可表示为：

$$J_n=\sqrt{f_{pb1}^2+f_{pb2}^2+2(F_\beta\cos\alpha_n)^2+(f_{\Sigma\delta}\sin a_n)^2+(f_{\Sigma\beta}\cos\alpha_n)^2}$$

式中，f_{pb}为基节极限偏差；F_β为螺旋线总公差；$f_{\Sigma\delta}$、$f_{\Sigma\beta}$分别为轴线平面内、垂直平面上的平行度偏差；a_n为法向压力角。

将$f_{\Sigma\beta}=0.5F_\beta$、$f_{\Sigma\delta}=2f_{\Sigma\beta}$代入上式，取$a_n=20°$，可化简为：

$$J_n=\sqrt{f_{pb1}^2+f_{pb2}^2+2.104F_\beta^2}$$

由于侧隙减小量的存在，实际上，应将$j_{bn\,min}$与J_n加起来再平均分给两个相互啮合的齿轮，计算得齿厚减薄量为$\frac{J_n+j_{bn\,min}}{2\cos\alpha_n}$，此外，齿轮中心距极限偏差也是影响侧隙的一个因素，计算得齿厚减薄量为$f_a\tan a_n$。为方便设计与计算，一般情况下，两齿轮的齿厚上偏差按相等处理，因此，齿轮的齿厚上偏差可表示为：

$$E_{sns}=-\left(f_a\tan a_n+\frac{J_n+j_{bn\,min}}{2\cos\alpha_n}\right)$$

(2)齿厚下偏差

根据公式，齿厚下偏差E_{sni}可由齿厚上偏差E_{sns}与齿厚公差T_{sn}表示为：

$$E_{sni}=E_{sns}-T_{sn}$$

可见，要计算齿厚下偏差，需先计算齿厚公差，而齿厚公差的大小反映的是切齿加工的难易程度，是指在加工齿轮时，控制齿轮上全部轮齿的实际齿厚变动量。齿厚公差与切齿加工时径向进刀公差 b_r 及反映一周中各齿厚度变动的齿圈径向跳动公差 F_r 有关系，用公式表达为：

$$T_{sn} = 2\tan\alpha_n \times \sqrt{b_r^2 + F_r^2}$$

式中，b_r 的数值与齿轮的精度等级有关系，具体见表 10－3。

表 10－3　切齿径向进刀公差

切齿工艺	磨		滚插		铣	
齿轮的精度等级	4	5	6	7	8	9
b_r 值	1.26IT7	IT8	1.26IT8	IT9	1.26IT9	IT10

10.4.5　齿坯精度和齿轮表面粗糙度的选用

齿坯公差是指齿轮的设计基准面、工艺基准面和测量基准面的尺寸公差和几何公差，这些公差都应标注在齿轮图样上。由于齿坯的加工精度对齿轮加工的精度、测量准确度和安装精度影响较大，一定条件下，可通过采取控制齿轮毛坯精度的办法来保证和提高齿轮的加工精度。因此，国家对齿轮毛坯公差作了相关规定。

齿轮孔或轴颈的尺寸公差和形状公差以及齿顶圆柱面的尺寸公差见表 10－4，基准面径向和端面跳动公差见表 10－5，齿轮各主要表面的表面粗糙度要求见表 10－6。

表 10－4　齿坯公差

<table>
<tr><td colspan="2">齿轮精度等级</td><td>1</td><td>2</td><td>3</td><td>4</td><td>5</td><td>6</td><td>7</td><td>8</td><td>9</td><td>10</td><td>11</td></tr>
<tr><td rowspan="2">孔</td><td>尺寸公差</td><td>IT4</td><td>IT4</td><td>IT4</td><td rowspan="2">IT4</td><td rowspan="2">IT5</td><td rowspan="2">IT6</td><td rowspan="2" colspan="2">IT7</td><td rowspan="2" colspan="2">IT8</td><td rowspan="2">IT8</td></tr>
<tr><td>形状公差</td><td>IT1</td><td>IT2</td><td>IT3</td></tr>
<tr><td rowspan="2">轴</td><td>尺寸公差</td><td>IT4</td><td>IT4</td><td>IT4</td><td rowspan="2">IT4</td><td rowspan="2" colspan="2">IT5</td><td rowspan="2" colspan="2">IT6</td><td rowspan="2" colspan="2">IT7</td><td rowspan="2">IT8</td></tr>
<tr><td>形状公差</td><td>IT1</td><td>IT2</td><td>IT3</td></tr>
<tr><td colspan="2">顶圆直径公差</td><td colspan="2">IT6</td><td colspan="3">IT7</td><td colspan="3">IT8</td><td colspan="2">IT9</td><td>IT11</td></tr>
<tr><td colspan="2">基准面的径向跳动</td><td rowspan="2" colspan="11">见表 10－5</td></tr>
<tr><td colspan="2">基准面的端面跳动</td></tr>
</table>

表 10－5　齿坯基准面径向和端面跳动公差

分度圆直径/mm		精度等级/μm				
大于	到	1 和 2	3 和 4	5 和 6	7 和 8	9 到 11
—	125	2.8	7	11	18	28
125	400	3.6	9	14	22	36
400	800	5.0	12	20	32	50

表 10－6　齿轮各主要表面的表面粗糙度推荐值 *Ra*

模数/mm	精度等级/μm						
	5	6	7	8	9	10	11
$m<6$	0.5	0.8	1.25	2.0	3.2	5.0	10
$6<m<60$	0.63	1.00	0.6	2.5	4.0	6.3	12.5
$m>25$	0.8	1.25	2.0	3.2	5.0	8.0	16

10.4.6　齿轮精度的标注方法

国家标准规定，在技术文件需标注齿轮精度要求时，应注明 GB/T 10095.1—2022 或 GB/T 10095.2—2023。

具体标注示例如下：

(1)若齿轮检验项目的精度等级相同时，可标注精度等级和标准号。如齿轮检验项目同为 7 级，则标注为：7 GB/T 10095.1—2022 或 7 GB/T 10095.2—2023。

(2)若齿轮检验项目的精度等级不相同时，如齿廓总偏差 F_a 为 6 级，而齿距累积总偏差 F_p 和螺旋线总偏差 F_β 均为 7 级时，则标注为：6(F_a)、7(F_p、F_β)GB/T 10095.1—2022。

课后练习

1. 填空题

(1)在齿轮的加工误差中，影响齿轮副侧隙的是____________和____________。

(2)齿轮副的侧隙可分为______和______，其主要作用是________________。

(3)分度、读数齿轮用于传递精确的角位移，其主要要求是________________。

(4)现代工业对齿轮的传动要求可以概括为______________、______________、______________、______________四个方面。

(5)轧钢机、矿山机械及起重机械齿轮，其特点是传递功率较大、速度较低，其主要要求是______________________。

(6)齿轮加工误差的分类有________、________、________、________四种。

(7)齿轮加工方法有______________和______________两类。

(8)齿轮加工可分为齿坯加工和______________两个阶段。

(9)齿轮传动平稳性的综合指标有________________和________________。

2. 选择题

(1)齿轮误差项目中的公法线长度变动误差影响齿轮的(　　)。

A. 传递运动准确性　　B. 工作平稳性

C. 载荷分布均匀性　　D. 齿侧间隙合理性

(2)影响齿轮载荷分布均匀性的项目有(　　)。

A. 螺旋线总偏差　　B. 径向综合总偏差

C. 齿廓总偏差　　D. 一齿径向综合偏差

(3)影响齿轮传递运动准确性的综合项目是(　　)。

A. 齿轮累积总偏差　　B. 一齿切向综合偏差

C. 切向综合总偏差　　D. 公法线长度变动量

(4)影响齿轮啮合侧隙的误差项目有齿厚偏差和(　　)。

A. 齿距误差　　B. 公法线长度变动

C. 公法线长度偏差　　D. 齿形偏差

(5)公法线长度变动过大，将主要影响齿轮(　　)。

A. 传递运动的平稳性　　B. 传递运动的准确性

C. 齿轮载荷的均匀性　　D. 瞬时传动比

(6)GB/T 10095.2—2023 对齿轮径向综合偏差规定了 4～12 共 9 个精度等级，其中(　　)精度最高。

A. 9 级　　B. 4 级　　C. 8 级　　D. 6 级

3. 多选题

(1)在图样上进行齿轮精度等级标注时，需注明(　　)和(　　)。

A. 精度等级　　B. 误差项目

C. 标准号　　D. 公差等级

(2)齿厚游标卡尺可以用来测量齿轮的(　　)。

A. 齿根高　　B. 齿顶高　　C. 弦齿厚　　D. 弦齿高

(3)齿轮公法线公称长度值与(　　)有关。

A. 齿轮模数　　B. 齿数　　C. 变位系数　　D. 齿轮齿形角

(4)影响齿轮传递运动准确性的误差包括(　　)。

A. 齿圈径向跳动　　B. 公法线长度变动

C. 齿距累积误差和 K 个齿距累积误差　　D. 切向综合误差和径向综合误差

(5)影响齿轮载荷分布均匀性的误差有(　　)。

A. 齿向误差　　B. 轴向齿距偏差　　C. 接触线误差　　D. 人员误差

4. 判断题

(1)螺旋线总偏差不属于评定单个齿轮加工精度必检项目。(　　)

(2)检验齿轮齿厚误差时，可以用公法线千分尺测量公法线长度代替齿轮齿厚的测量。(　　)

(3)公法线长度变动影响齿轮载荷的均匀性。(　　)

(4)只需要控制齿轮的切向误差就可以控制传动的准确性。(　　)

5. 简答题

(1)齿轮的测量方法分为几大类？

(2)什么是齿轮的综合测量？其优缺点是什么？

(3)测量齿轮公法线长度的目的是什么？确定齿轮公法线平均长度偏差的意义是什么？

(4)齿轮传动的使用要求主要有哪几项？各有什么具体要求？

6. 计算题

(1) 某标准直齿圆柱齿轮，模数 $m=4$，齿数 $Z=36$，压力角 $\alpha=20°$，变位系数为 0.15，试计算其跨测齿数和公法线公称长度。

(2) 已知某标准直齿圆柱齿轮的模数 $m=4$、齿数 $Z=36$、压力角 $\alpha=20°$，试用查表法确定其跨测齿数和公法线公称长度。

(3) 测量某标准直齿圆柱齿轮，已知齿数 $Z=26$，模数 $m=2$，如果某次测得公法线长度数据依次如下：15.481、15.482、15.488、15.486、15.482、15.483，试确定该齿轮的公法线长度变动量和长度偏差。

参考文献

[1]GB/T 321—2005. 优先数和优先数系[S]. 北京：中国标准出版社，2005.

[2]GB/T 24634—2009. 产品几何技术规范(GPS) GPS 测量设备通用概念和要求[S]. 北京：中国标准出版社，2009.

[3]GB/T 1800. 1—2020. 产品几何技术规范(GPS) 线性尺寸公差 ISO 代号体系 第 1 部分：公差、偏差和配合的基础[S]. 北京：中国标准出版社，2020.

[4]GB/T 1800. 2—2020. 产品几何技术规范(GPS)) 线性尺寸公差 ISO 代号体系 第 2 部分：标准公差带代号和孔、轴的极限偏差表[S]. 北京：中国标准出版社，2020.

[5]GB/T 1804—2000. 一般公差 未注公差的线性和角度尺寸的公差[S]. 北京：中国标准出版社，2000.

[6]GB/T 3177—2009. 产品几何技术规范(GPS) 光滑工件尺寸的检验[S]. 北京：中国标准出版社，2009.

[7]GB/T 1957—2006. 光滑极限规 技术条件[S]. 北京：中国标准出版社，2006.

[8]GB/T 18779. 6—2020. 产品几何技术规范(GPS) 工件与测量设备的测量检验 第 6 部分：仪器和工件接受/拒收的通用判定规则[S]. 北京：中国标准出版社，2020.

[9]GB/T 13319—2020. 产品几何技术规范(GPS) 几何公差 成组(要素)与组合几何规范[S]. 北京：中国标准出版社，2020.

[10]GB/T 17851—2022. 产品几何技术规范(GPS) 几何公差 基准和基准体系[S]. 北京：中国标准出版社，2022.

[11]GB/T 24637. 3—2020. 产品几何技术规范(GPS) 通用概念 第 3 部分：被测要素[S]. 北京：中国标准出版社，2020.

[12]GB/T 38762. 1—2020. 产品几何技术规范(GPS) 尺寸公差 第 1 部分：线性尺寸[S]. 北京：中国标准出版社，2020.

[13]GB/T 38762. 2—2020. 产品几何技术规范(GPS) 尺寸公差 第 2 部分：除线性、角度尺寸外的尺寸[S]. 北京：中国标准出版社，2020.

[14]GB/T 38762. 3—2020. 产品几何技术规范(GPS) 尺寸公差 第 3 部分：角度尺寸[S]. 北京：中国标准出版社，2020.

[15]GB/T 24630. 1—2009. 产品几何技术规范(GPS) 平面度 第 1 部分：词汇和参数[S]. 北京：中国标准出版社，2009.

[16]GB/T 24631. 1—2009 产品几何技术规范(GPS) 直线度 第 1 部分：词汇和参数[S]. 北京：中国标准出版社，2009.

[17]GB/T 24632. 1—2009 产品几何技术规范(GPS) 圆度 第 1 部分：词汇和参数[S]. 北京：中国标准出版社，2009.

[18]GB/T 24633. 1—2009 产品几何技术规范(GPS) 圆柱度 第 1 部分：词汇和参数[S]. 北京：中国标准出版社，2009.

[19]GB/T 1182—2018. 产品几何技术规范(GPS) 几何公差形状、方向、位置和跳动公差标注[S]. 北京：中国标准出版社，2018.

[20] GB/T 4249—2018. 产品几何技术规范(GPS)　基础概念、原则和规则[S]. 北京：中国标准出版社，2018.

[21] GB/T 17852—2018. 产品几何技术规范(GPS)　几何公差　轮廓度公差标注[S]. 北京：中国标准出版社，2018.

[22] GB/T 16671—2018. 产品几何技术规范(GPS)　几何公差　最大实体要求、最小实体要求和可逆要求[S]. 北京：中国标准出版社，2018.

[23] GB/T 40742.1—2021. 产品几何技术规范(GPS)　几何精度的检测与验证　第1部分：基本概念和测量基础　符号、术语、测量条件和程序[S]. 北京：中国标准出版社，2021.

[24] GB/T 40742.2—2021. 产品几何技术规范(GPS)　几何精度的检测与验证　第2部分：形状、方向、位置、跳动和轮廓度特征的检测与验证[S]. 北京：中国标准出版社，2021.

[25] GB/T 40742.3—2021. 产品几何技术规范(GPS)　几何精度的检测与验证　第3部分：功能量规与夹具　应用最大实体要求和最小实体要求时的检测与验证[S]. 北京：中国标准出版社，2021.

[26] GB/T 40742.4—2021. 产品几何技术规范(GPS)　几何精度的检测与验证　第4部分：尺寸和几何误差评定、最小区域的判别模式[S]. 北京：中国标准出版社，2021.

[27] GB/T 40742.5—2021. 产品几何技术规范(GPS)　几何精度的检测与验证　第5部分：几何特征检测与验证中测量不确定度的评估[S]. 北京：中国标准出版社，2021.

[28] GB/T 33523.1—2020. 产品几何技术规范(GPS)　表面结构　区域法　第1部分：表面结构的表示法[S]. 北京：中国标准出版社，2020.

[29] GB/T 33523.2—2017. 产品几何技术规范(GPS)　表面结构　区域法　第2部分：术语、定义及表面结构参数[S]. 北京：中国标准出版社，2017.

[30] GB/T 3505—2009. 产品几何技术规范(GPS)　表面结构　轮廓法　术语、定义及表面结构参数[S]. 北京：中国标准出版社，2009.

[31] GB/T 16747—2009. 产品几何技术规范(GPS)　表面结构　轮廓法　表面波纹度词汇[S]. 北京：中国标准出版社，2009.

[32] GB/T 1031—2009. 产品几何技术规范(GPS)　表面结构　轮廓法　表面粗糙度参数及其数值[S]. 北京：中国标准出版社，2009.

[33] GB/T 1095—2003. 平键　键槽的剖面尺寸[S]. 北京：中国标准出版社，2003.

[34] GB/T 10919—2021. 矩形花键量规[S]. 北京：中国标准出版社，2021.

[35] GB/T 40310.1—2021. 滚动花键副　第1部分：一般特征和要求[S]. 北京：中国标准出版社，2021.

[36] GB/T 197—2018. 产品几何技术规范(GPS)　普通螺纹　公差[S]. 北京：中国标准出版社，2018.

[37] GB/T 192—2003. 产品几何技术规范(GPS)　普通螺纹　基本牙型[S]. 北京：中国标准出版社，2003.

[38] GB/T 196—2003. 产品几何技术规范(GPS)　普通螺纹　基本尺寸[S]. 北京：中国标准出版社，2003.

[39] GB/T 275—2015. 滚动轴承　配合[S]. 北京：中国标准出版社，2015.

[40] GB/T 305—2019. 滚动轴承　向心轴承止动槽和止动环　尺寸、产品几何技术规范(GPS)和公差值[S]. 北京：中国标准出版社，2019.

[41] GB/T 307.1—2017. 滚动轴承　向心轴承　产品几何技术规范(GPS)和公差值[S]. 北京：中国标准出版社，2017.

[42] GB/T 307.4—2017. 滚动轴承　推力轴承　产品几何技术规范(GPS)和公差值[S]. 北京：中国标准出版社，2017.
[43] GB/T 10095.1—2022. 圆柱齿轮 ISO 齿面公差分级制　第 1 部分：齿面偏差的定义和允许值[S]. 北京：中国标准出版社，2022.
[44] GB/T 10095.2—2023. 圆柱齿轮 ISO 齿面公差分级制　第 2 部分：径向综合偏差的定义和允许值[S]. 北京：中国标准出版社，2023.
[45] 王颖. 公差选用与零件测量[M]. 北京：高等教育出版社，2013.
[46] 荀占超. 公差配合与测量技术[M]. 北京：机械工业出版社，2023.
[47] 石岚. 公差配合与测量技术[M]. 上海：复旦大学出版社，2021.
[48] 徐茂功. 公差配合与技术测量：第 2 版[M]. 北京：机械工业出版社，2024.
[49] 黄清云. 公差配合与测量技术：第 4 版[M]. 北京：机械工业出版社，2024.
[50] 朱超. 公差配合与技术测量：第 2 版[M]. 北京：机械工业出版社，2024.